危险化学品应急处置手册（第二版）

主　编　孙万付
副主编　郭秀云　袁纪武

U0264089

中国石化出版社

内 容 提 要

本手册收录了 2800 多种物质,这些物质按照危险性进行分类,对应 63 个应急处置方案,每个应急处置方案包括潜在危害、公共安全、应急行动三方面内容。使用者可以通过运输标志、物质名称、UN 号三种方式找到相应的应急处置方案。

本手册还给出了 460 种有毒化学品泄漏时的初始隔离和防护距离、102 种遇水反应产生吸入性有毒气体的物质名单。

本手册是危险化学品事故指挥员、消防指战员和其他应急处置人员的工具书,也可作为危险化学品运输司机及押运人员的培训教材和工具书。

图书在版编目(CIP)数据

危险化学品应急处置手册/孙万付主编. —2 版.
—北京:中国石化出版社,2018.10(2022.8 重印)
ISBN 978-7-5114-5041-8

Ⅰ.①危… Ⅱ.①孙… Ⅲ.①化工产品-危险物品
管理-技术手册 Ⅳ.①TQ086.5-62

中国版本图书馆 CIP 数据核字(2018)第 222743 号

中国石化出版社出版发行

地址:北京市东城区安定门外大街 58 号
邮编:100011 电话:(010)57512500
发行部电话:(010)57512575
http://www.sinopec-press.com
E-mail:press@sinopec.com
北京富泰印刷有限责任公司印刷
全国各地新华书店经销
*
889×1194 毫米 32 开本 15.25 印张 464 千字
2019 年 1 月第 2 版 2022 年 8 月第 2 次印刷
定价:88.00 元

编　委　会

编审人员：

侯孝波	赵永华	张广文	张　海	杨　猛
陈金合	李　磊	王　正	卢均臣	翟良云
赵　灿	黄梅梅	宋岱珉	董　瑞	王延平
曲开顺	蒋　骏	慕晶霞	张　婷	郭宗舟
王禹轩	李　健	孙新鹏	刘小萌	张日鹏
朱先俊	马浩然	姜春雨		

第二版前言

《危险化学品应急处置手册》自 2010 年印刷出版以来，受到了危险化学品企业、政府部门相关人员的好评，为开展危险化学品事故应急救援工作提供了重要的培训教材和工具书。

2017 年，《危险化学品应急处置手册》的主要参考数据源应急响应手册出版了最新版本 ERG 2016。ERG 2016 在以下方面进行了修订或扩充：

- 物质名称索引和 UN 号索引按照《联合国关于危险货物运输的建设书》第 17 版进行了更新；

- 某些应急处置方案进行了调整；

- 调整了某些物质的初始隔离和防护距离；

- 增加了表 3 六种常见吸入毒性气体大量泄漏的初始隔离和防护距离；

- 增加了液化石油气沸腾液体蒸气扩展爆炸的安全距离；

- 增加了简易爆炸装置的安全隔离距离。

为了让国内同行能及时享用应急响应手册的最新版本，在国家安全生产应急救援指挥中心的指导下，国家安全生产监督管理总局化学品登记中心组织人员对《危险化学品应急处置手册》进行了修订，应急处置方案、初始隔离和防护距离等参考 ERG 2016 进行了调整，收录物质、物质名称、运输标志等则充分考虑我国危险化学品安全管理的实际情况，与现行法规要求尽可能保持一致。

《危险化学品应急处置手册》在修订过程中，得到了中国石化集团青岛安全工程研究院的大力支持和帮助，国内许多从事危险化学品事故应急救援的专家提出了很多宝贵的意见，在此表示衷心的感谢。

由于时间仓促以及编译人员水平的限制，疏漏和错误之处在所难免，敬请各位读者批评指正。

目　录

使 用 说 明

　　《危险化学品应急处置手册》供最先到达危险品运输事故现场的消防人员、警察和其他应急响应人员使用。为快速确认事故中危险品的特殊和一般危险、事故初发阶段自我保护和公众防护提供重要指导。可帮助到达危险品事故现场的第一响应人员作出初步决定。

　　本手册没有包罗危险品事故的所有可能情形，主要适用于高速公路或铁路运输时发生的危险品事故。对于固定设备场所发生的事故，本手册提供的应急处置方案有一定的局限性。

一、手册内容

　　（1）蓝边页　物质名称索引。根据事故物质的中文名称可快速找到对应的处置方案。例如：

物质中文名称	物质英文名称	处置方案编号	UN 号
硫酸	sulphuric acid	137	1830

　　（2）黄边页　UN 号索引。根据事故物质的 UN 号可快速找到对应的处置方案。例如：

UN 号	处置方案编号	物质中文名称
1090	127	丙酮

　　（3）橙边页　常见危险化学品应急处置方案。是手册的最重要部分，共包括 63 个独立的应急处置方案，分布在左、右两页中，每个应急处置方案提供安全建议以及自身和公众防护的应急响应信息。左手页提供与安全相关的信息，右手页提供应急响应以及消防措施、泄漏处置和急救信息。每个应急处置方案适用于一组具有类似化学和毒理学特性的物质，其标题概述了物质的危险性。

　　每个应急处置方案包括三部分内容。第一部分，描述潜在危害，列出物质的燃烧、爆炸特性和接触后的健康影响，主要危害放在前面。应急响应人员应首先阅读本部分，据此作出关于应急响应队伍以及周围公众防护的决定。

　　第二部分，在掌握情况的基础上简要提出公众安全措施，提供事故现场及时隔离的一般信息、推荐的防护服和呼吸防护的种类。列出了小量泄漏、大量泄漏以及火灾情况下（破裂危险）建议的撤离距离，当某物质在物质名称索引和 UN 号索引部分铺灰色底纹时，则需要参考绿边页的表 1、表 2 和表 3。

第三部分涵盖了应急响应措施，包括急救。概述了火灾、泄漏或接触化学品的防范措施，在每部分列出具体建议，进一步帮助决策。急救信息只是就医之前的一般性指导意见。

（4）绿边页　这部分包括三个表。危险化学品泄漏初始隔离和防护距离一览表（表 1）按 UN 号顺序列出吸入毒性危害（TIH）物质，包括某些化学战剂以及遇水反应产生有毒气体的物质。这些物质在黄边页和蓝边页中铺灰色底纹，容易辨认。对于小量泄漏（液体泄漏量不大于 208L，泄漏到水中的固体不大于 300kg）和大量泄漏（液体泄漏量大于 208L 或泄漏到水中的固体大于 300kg），本表提供"初始隔离距离"和"防护距离"，进一步细分为白天和夜间两种情况。由于气象条件的变动对危害区的范围有很大影响，这样细分很有必要。白天和夜间由于在空气中不同的混合和扩散使距离改变。在夜间，空气平静，化学物质扩散减弱，因此造成的中毒区会大于白天。在白天，大气运动更活跃，因而引起化学物质较大范围的扩散，形成较低的浓度，实际达到中毒浓度的范围就会比较小。

"初始隔离距离"是指泄漏源四周所有人员撤离的距离。以此距离为半径画出的圆形区即初始隔离区，在这一区域内，在泄漏源上风向，人员可能暴露于危险浓度下；在泄漏源下风向，人员可能暴露于危及生命的浓度下。

"防护距离"是指泄漏源下风向的距离。以此距离为边长画出的正方形即防护区，在此区域内，应急响应人员需要佩戴适当的个体防护用品，其他人员应撤离或就地避难。

与水反应产生有毒气体的物质一览表（表 2）按 UN 号顺序列出物质，当这些物质泄漏到水里时，会产生大量吸入毒性危害（TIH）气体，表中列出了所产生气体的名称。这些与水反应物质在表 1 中很易辨认，因为在名称后面带有"当泄漏到水里时"的注解。请注意，如果该物质不是泄漏到水里，表 1 和表 2 不适用，其隔离距离应在相应的处置方案中寻找。

六种常见吸入毒性危害物质的初始隔离和防护距离一览表（表3）按物质名称顺序列出物质。表中提供了大量泄漏（泄漏量大于208L）时不同容器类型（不同容积）、白天和夜间及不同风速情况下的初始隔离和防护距离。

二、事故时如何使用本手册

事故时可通过以下步骤找到有关信息：

1. 确定事故物质

可通过以下渠道首先确定事故物质：

- 从危险货物安全卡、货运单、化学品安全标签上找到物质名称；
- 从危险货物安全卡、货运单上找到 UN 号。

2. 确定处置方案编号

通过物质名称索引或 UN 号索引找到处置方案编号。

处置方案编号带有字母 P 的表示物质受热或遭污染时可能发生剧烈的聚合反应。

铺灰色底纹的索引条目是吸入毒性危害（TIH）物质、化学试剂或与水接触产生有毒气体的"与水反应危险物质"。如果没有着火，可用 UN 号和物质名称从表1（绿边页）查找初始隔离和防护距离；如果已着火，则参看橙边页相应的处置方案。如果表1的名称项附带有"当泄漏到水里时"的词语，而物质又未泄漏到水里，则不能使用表1的信息，其隔离距离可以在橙边页相应的处置方案中找到。

3. 找到对应的处置方案

根据确定的处置方案编号找到对应的处置方案（橙边页），仔细阅读。

1.4 类爆炸品使用处置方案编号 114 对应的处置方案，其他所有爆炸品（1.1 类，1.2 类，1.3 类，1.5 类）使用处置方案编号 112 对应的处置方案。

如果不能通过上述步骤找到相应的处置方案，但能看到运输标志，则可以利用下图中运输标志旁的处置方案编号找到相应的处置方案。如果运输标志也看不清，而且没有其他可利用的信息，则参照处置方案编号 111 对应的处置方案。

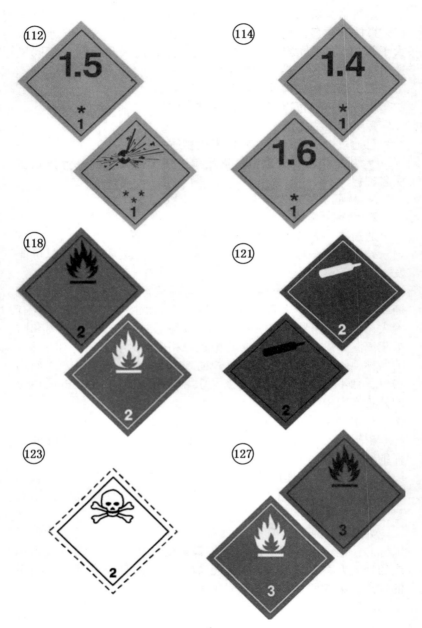

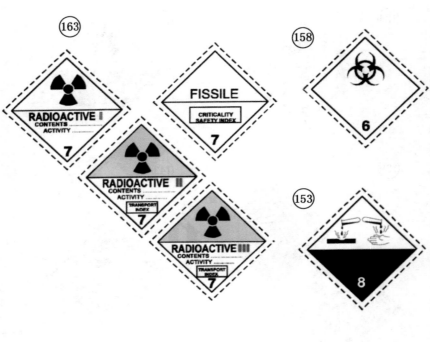

物质名称索引

物质名称索引

物质中文名称	物质英文名称	处置方案编号	UN号
A			
吖丙啶,稳定的	Ethyleneimine, stabilized	131P	1185
吖啶	Acridine	153	2713
安全装置	Safety devices	171	3268
安全带预拉装置	Seat-belt pre-tensioners	171	3268
安全火柴	Matches, safety	133	1944
氨,无水的	Ammonia, anhydrous	125	1005
氨基苯酚	Aminophenols	152	2512
氨基苯乙醚	Phenetidines	153	2311
氨基吡啶	Aminopyridines	153	2671
2-氨基-4,6-二硝基酚,含水量不低于20%	2-Amino-4, 6-dinitrophenol, wetted with not less than 20% water	113	3317
2-氨基-5-二乙氨基戊烷	2-Amino-5-diethylaminopentane	153	2946
氨基磺酸	Sulphamic acid; Sulfamic acid	154	2967
氨基甲酸酯农药,固体,有毒	Carbamate pesticide, solid, toxic	151	2757
氨基甲酸酯农药,液体,易燃,有毒	Carbamate pesticide, liquid, flammable, toxic	131	2758
氨基甲酸酯农药,液体,有毒	Carbamate pesticide, liquid, toxic	151	2992
氨基甲酸酯农药,液体,有毒,易燃	Carbamate pesticide, liquid, toxic, flammable	131	2991
氨基碱金属	Alkali metal amides	139	1390
2-氨基-4-氯苯酚	2-Amino-4-chlorophenol	151	2673
2-(2-氨基乙氧基)乙醇	2-(2-Aminoethoxy) ethanol	154	3055

续表

物质中文名称	物质英文名称	处置方案编号	UN 号
氨溶液,含氨 10% ~ 35%	Ammonia, solution, with more than 10% but not more than 35% Ammonia	154	2672
氨溶液,含氨 35% ~ 50%	Ammonia, solution, with more than 35% but not more than 50% Ammonia	125	2073
氨溶液,含氨高于 50%	Ammonia solution, with more than 50% Ammonia	125	3318
N-氨乙基哌嗪	N-Aminoethylpiperazine	153	2815
胺,固体,腐蚀,未另作规定的	Amines, solid, corrosive, n.o.s.	154	3259
胺,液体,腐蚀,未另作规定的	Amines, liquid, corrosive, n.o.s.	153	2735
胺,液体,腐蚀,易燃,未另作规定的	Amines, liquid, corrosive, flammable, n.o.s.	132	2734
胺,易燃,腐蚀,未另作规定的	Amines, flammable, corrosive, n.o.s.	132	2733
B			
八氟丙烷	Octafluoropropane	126	2424
八氟-2-丁烯	Octafluorobut-2-ene	126	2422
八氟环丁烷	Octafluorocyclobutane	126	1976
巴豆炔	Crotonylene	128	1144
巴豆酸	Crotonic acid	153	2823
巴豆酸,固体	Crotonic acid, solid	153	2823
巴豆酸,液体	Crotonic acid, liquid	153	2823
白磷,干的	White phosphorus, dry	136	1381
白磷,干的或浸没在水中或溶液中	Phosphorus, white, dry or under water or in solution	136	1381
白磷,浸没在溶液中	White phosphorus, in solution	136	1381
白磷,浸没在水中	White phosphorus, under water	136	1381
白磷,熔融的	White phosphorus, molten	136	2447

续表

物质中文名称	物质英文名称	处置方案编号	UN 号
白石棉	White asbestos；Asbestos，white	171	2590
爆炸剂，未另作规定的	Blasting agent，n. o. s.	112	—
爆炸品，1.1、1.2、1.3 或 1.5 类	Explosives，division 1. 1，1. 2，1. 3 or 1. 5	112	—
爆炸品，1.4 或 1.6 类	Explosives，division 1. 4 or 1. 6	114	—
钡	Barium	138	1400
钡合金，发火的	Barium alloys，pyrophoric	135	1854
钡化合物，未另作规定的	Barium compound，n. o. s.	154	1564
苯	Benzene	130	1114
苯胺	Aniline	153	1547
苯二胺	Phenylenediamines	153	1673
苯酚，固体	Phenol，solid	153	1671
苯酚，熔融的	Phenol，molten	153	2312
苯酚磺酸，液体	Phenolsulfonic acid，liquid	153	1803
苯酚溶液	Phenol solution	153	2821
苯酚盐，固体	Phenolates，solid	154	2905
苯酚盐，液体	Phenolates，liquid	154	2904
苯汞化合物，未另作规定的	Phenylmercuric compound，n.o.s.	151	2026
苯磺酰氯	Benzenesulfonyl chloride；Benzenesulphonyl chloride	156	2225
苯基二氯化磷	Phenylphosphorus dichloride；Benzene phosphorus dichloride	137	2798
苯基二氯胂	PD	152	1556
苯基硫代磷酰二氯	Phenylphosphorus thiodichloride；Benzene phosphorus thiodichloride	137	2799
苯基三氯硅烷	Phenyltrichlorosilane	156	1804
苯基乙腈，液体	Phenylacetonitrile，liquid	152	2470

续表

物质中文名称	物质英文名称	处置方案编号	UN 号
苯甲醛	Benzaldehyde	129	1990
苯甲酸汞	Mercury benzoate	154	1631
苯甲酰甲基溴	Phenacyl bromide	153	2645
苯甲酰氯	Benzoyl chloride	137	1736
苯肼	Phenylhydrazine	153	2572
苯胩化氯	Phenylcarbylamine chloride	151	1672
苯醌	Benzoquinone	153	2587
苯硫醇	Phenyl mercaptan	131	2337
苯氧基乙酸衍生物农药,固体,有毒	Phenoxyacetic acid derivative pesticide,solid,toxic	153	3345
苯氧基乙酸衍生物农药,液体,易燃,有毒	Phenoxyacetic acid derivative pesticide,liquid,flammable,toxic	131	3346
苯氧基乙酸衍生物农药,液体,有毒	Phenoxyacetic acid derivative pesticide,liquid,toxic	153	3348
苯氧基乙酸衍生物农药,液体,有毒,易燃	Phenoxyacetic acid derivative pesticide,liquid,toxic,flammable	131	3347
苯乙烯单体,稳定的	Styrene monomer,stabilized	128P	2055
苯乙酰氯	Phenylacetyl chloride	156	2577
吡啶	Pyridine	129	1282
吡咯烷	Pyrrolidine	132	1922
蓖麻籽、粉、油渣或片	Castor beans, meal, pomace or flake	171	2969
苄基碘	Benzyl iodide	156	2653
苄基二甲胺	Benzyldimethylamine	132	2619
苄基氯	Benzyl chloride	156	1738
苄基溴	Benzyl bromide	156	1737
苄腈	Benzonitrile	152	2224
标准丙醇	normal Propyl alcohol	129	1274
表氯醇	Epichlorohydrin	131P	2023
表溴醇	Epibromohydrin	131	2558

物质中文名称	物质英文名称	处置方案编号	UN号
冰醋酸	Acetic acid , glacial	132	2789
冰片	Borneol	133	1312
丙胺	Propylamine	132	1277
丙醇,标准的	Propyl alcohol , normal	129	1274
1,2-丙二胺	1,2-Propylenediamine	132	2258
丙二腈	Malononitrile	153	2647
丙二烯,稳定的	Propadiene , stabilized	116P	2200
丙二烯和甲基乙炔混合物,稳定的	Propadiene and Methylacetylene mixture , stabilized	116P	1060
丙基氯	Propyl chloride	129	1278
丙基三氯硅烷	Propyltrichlorosilane	155	1816
丙腈	Propionitrile	131	2404
丙硫醇	Propanethiols	130	2402
丙氯醇	Propylene chlorohydrin	131	2611
丙醛	Propionaldehyde	129	1275
丙酸	Propionic acid	132	1848
丙酸,含酸10%~90%	Propionic acid , with not less than 10% and less than 90% acid	132	1848
丙酸,含酸不低于90%	Propionic acid , with not less than 90% acid	132	3463
丙酸丁酯	Butyl propionates	130	1914
丙酸酐	Propionic anhydride	156	2496
丙酸甲酯	Methyl propionate	129	1248
丙酸乙酯	Ethyl propionate	129	1195
丙酸异丙酯	Isopropyl propionate	129	2409
丙酸异丁酯	Isobutyl propionate	129	2394
丙酮	Acetone	127	1090
丙酮氰醇,稳定的	Acetone cyanohydrin , stabilized	155	1541
丙酮油	Acetone oils	127	1091

续表

物质中文名称	物质英文名称	处置方案编号	UN 号
丙烷	Propane	115	1978
丙烷-乙烷混合物,冷冻液体	Propane-Ethane mixture, refrigerated liquid	115	1961
丙烯	Propylene	115	1077
丙烯、乙炔与乙烯混合物,冷冻液体,含乙烯至少 71.5%,乙炔不高于 22.5%,丙烯不高于 6%	Propylene, Ethylene and Acetylene in mixture, refrigerated liquid containing at least 71.5% Ethylene with not more than 22.5% Acetylene and not more than 6% Propylene	115	3138
丙烯腈,稳定的	Acrylonitrile, stabilized	131P	1093
丙烯醛,稳定的	Acrolein, stabilized	131P	1092
丙烯酸,稳定的	Acrylic acid, stabilized	132P	2218
丙烯酸丁酯,稳定的	Butyl acrylates, stabilized	129P	2348
丙烯酸 2-二甲氨基乙酯	2-Dimethylaminoethyl acrylate	152	3302
丙烯酸甲酯,稳定的	Methyl acrylate, stabilized	129P	1919
丙烯酸甲酯单体,稳定的	Methyl methacrylate monomer, stabilized	129P	1247
丙烯酸乙酯,稳定的	Ethyl acrylate, stabilized	129P	1917
丙烯酸异丁酯,稳定的	Isobutyl acrylate, stabilized	129P	2527
丙烯酰胺	Acrylamide	153P	2074
丙烯酰胺,固体	Acrylamide, solid	153P	2074
丙烯酰胺,溶液	Acrylamide, solution	153P	3426
丙烯亚胺,稳定的	Propyleneimine, stabilized	131P	1921
丙酰氯	Propionyl chloride	132	1815
C			
草酸乙酯	Ethyl oxalate	156	2525
柴油	Gas oil	128	1202
柴油机燃料	Diesel fuel	128	1202
柴油机燃料	Diesel fuel	128	1993

物质中文名称	物质英文名称	处置方案编号	UN 号
超氧化钾	Potassium superoxide	143	2466
超氧化钠	Sodium superoxide	143	2547
车辆,易燃气体产生动力的	Vehicle, flammable gas powered	128	3166
车辆,易燃液体产生动力的	Vehicle, flammable liquid powered	128	3166
车用汽油	Motor spirit	128	1203
充氨溶液化肥,含有游离氨	Fertilizer, ammoniating solution, with free Ammonia	125	1043
除草剂,液体（腐蚀性）	Compound, tree or weed killing, liquid（corrosive）	154	1760
除草剂,液体（易燃的）	Compound, tree or weed killing, liquid（flammable）	128	1993
除草剂,液体（有毒的）	Compound, tree or weed killing, liquid（toxic）	153	2810
传染性物质,感染人的	Infectious substance, affecting humans	158	2814
醇化物溶液,未另作规定的,在乙醇中	Alcoholates solution, n. o. s. , in alcohol	132	3274
醇类,未另作规定的	Alcohols, n. o. s.	127	1987
醇类,易燃,有毒,未另作规定的	Alcohols, flammable, toxic, n. o. s.	131	1986
醇类,易燃,有毒,未另作规定的	Alcohols, flammable, poisonous, n. o. s.	131	1986
磁化材料	Magnetized material	171	2807
次氯酸钡,含高于22%的氯	Barium hypochlorite, with more than 22% available Chlorine	141	2741
次氯酸钙,干的	Calcium hypochlorite, dry	140	1748
次氯酸钙,干的,腐蚀性,含有效氯高于 39%（含有效氧8.8%）	Calcium hypochlorite, dry, corrosive, with more than 39% available chlorine（8.8% available oxygen）	140	3485

物质中文名称	物质英文名称	处置方案编号	UN号
次氯酸钙,含水的,含水 5.5%~16%	Calcium hypochlorite, hydrated, with not less than 5.5% but not more than 16% water	140	2880
次氯酸钙,含水混合物,含水 5.5%~16%	Calcium hypochlorite, hydrated mixture, with not less than 5.5% but not more than 16% water	140	2880
次氯酸钙混合物,干的,腐蚀性,含有效氯 10%~39%	Calcium hypochlorite mixture, dry, corrosive, with more than 10% but not more than 39% available chlorine	140	3486
次氯酸钙混合物,干的,腐蚀性,含有效氯高于 39%（含有效氧 8.8%）	Calcium hypochlorite mixture, dry, corrosive, with more than 39% available chlorine (8.8% available oxygen)	140	3485
次氯酸钙混合物,干的,含有效氯 10%~39%	Calcium hypochlorite mixture, dry, with more than 10% but not more than 39% available Chlorine	140	2208
次氯酸钙混合物,干的,含有效氯高于 39%（有效氧 8.8%）	Calcium hypochlorite mixture, dry, with more than 39% available Chlorine (8.8% available Oxygen)	140	1748
次氯酸钙水合物混合物,腐蚀性,含水 5.5%~16%	Calcium hypochlorite, hydrated mixture, corrosive, with not less than 5.5% but not more than 16% water	140	3487
次氯酸锂,干的	Lithium hypochlorite, dry	140	1471
次氯酸锂混合物	Lithium hypochlorite mixture	140	1471
次氯酸锂混合物,干的	Lithium hypochlorite mixtures, dry	140	1471
次氯酸叔丁酯	tert-Butyl hypochlorite	135	3255
次氯酸盐,无机物,未另作规定的	Hypochlorites, inorganic, n.o.s.	140	3212
次氯酸盐溶液	Hypochlorite solution	154	1791

续表

物质中文名称	物质英文名称	处置方案编号	UN 号
催泪瓦斯毒气筒	Tear gas candles	159	1700
催泪瓦斯手榴弹	Tear gas grenades	159	1700
催泪瓦斯物质,固体,未另作规定的	Tear gas substance,solid,n.o.s.	159	1693
催泪瓦斯物质,液体,未另作规定的	Tear gas substance,liquid,n.o.s.	159	1693
催泪瓦斯装置	Tear gas devices	159	1693
催泪性毒气物质,固体,未另作规定的	Tear gas substance,solid,n.o.s.	159	3448
萃取调味剂,液体	Extracts,flavoring,liquid	127	1197
萃取香料,液体	Extracts,aromatic,liquid	127	1169
D			
打火机（香烟用）（易燃气体）	Lighters（cigarettes）（flammable gas）;Lighter refills（cigarettes）（flammable gas）	115	1057
代森锰	Maneb	135	2210
代森锰,稳定的	Maneb,stabilized	135	2968
代森锰制剂,含代森锰不低于 60%	Maneb preparation,with not less than 60% Maneb	135	2210
代森锰制剂,稳定的	Maneb preparation,stabilized	135	2968
单乙醇胺	Monoethanolamine	153	2491
弹药,含催泪剂,非爆炸性的	Ammunition,tear-producing,non-explosive	159	2017
弹药,有毒,非爆炸性的	Ammunition,toxic,non-explosive	151	2016
氮	Nitrogen	121	1066
氮,冷冻液体（低温液体）	Nitrogen,refrigerated liquid（cryogenic liquid）	120	1977
氮,压缩的	Nitrogen,compressed	121	1066
氮和稀有气体混合物,压缩的	Nitrogen and Rare gases mixture,compressed	121	1981

物质中文名称	物质英文名称	处置方案编号	UN 号
氮化锂	Lithium nitride	138	2806
氮芥-1	HN-1	153	2810
氮芥-2	HN-2	153	2810
氮芥-3	HN-3	153	2810
氘	Deuterium	115	1957
氘,压缩的	Deuterium, compressed	115	1957
稻草,浸水,潮湿或被油污染的	Straw, wet, damp or contaminated with oil	133	1327
碲化合物,无机,液体,未另作规定的	Antimony compound, inorganic, liquid, n. o. s.	157	3141
碲化合物,无机,固体,未另作规定的	Antimony compound, inorganic, solid, n. o. s.	157	1549
点火剂,固体,含易燃液体	Firelighters, solid, with flammable liquid	133	2623
碘	Iodine	154	3495
碘丙烷	Iodopropanes	129	2392
2-碘丁烷	2-Iodobutane	129	2390
碘化汞	Mercury iodide	151	1638
碘化汞钾	Mercury potassium iodide	151	1643
碘化氢,无水的	Hydrogen iodide, anhydrous	125	2197
碘甲基丙烷	Iodomethylpropanes	129	2391
电池,含钠	Cells, containing Sodium; Batteries, containing Sodium	138	3292
电池供电车辆(湿电池)	Battery-powered vehicle (wet battery)	154	3171
电池供电车辆(有锂离子电池)	Battery-powered vehicle (with lithium ion batteries)	147	3171
电池供电车辆(有钠电池)	Battery-powered vehicle (with sodium batteries)	138	3171

物质中文名称	物质英文名称	处置方案编号	UN号
电池供电设备（湿电池）	Battery-powered equipment（wet battery）	154	3171
电池供电设备（有锂离子电池）	Battery-powered equipment（with lithium ion batteries）	147	3171
电池供电设备（有锂金属电池）	Battery-powered equipment（with lithium metal batteries）	138	3171
电池供电设备（有钠电池）	Battery-powered equipment（with sodium batteries）	138	3171
电池液,酸性的	Battery fluid, acid	157	2796
电池液,碱性的	Battery fluid, alkali	154	2797
电动轮椅用电池	Wheelchair, electric, with batteries	154	3171
电容器,双电层	Capacitor, electric double layer	171	3499
电容器,非对称	Capacitor, asymmetric	171	3508
叠氮化钡,含水量不低于50%	Barium azide, wetted with not less than 50% water	113	1571
叠氮化钠	Sodium azide	153	1687
丁醇	Butanols	129	1120
丁二酮	Butanedione	127	2346
丁二烯,稳定的	Butadienes, stabilized	116P	1010
丁二烯和烃混合物,稳定的	Butadienes and hydrocarbon mixture, stabilized	116P	1010
丁基·甲基醚	Butyl methyl ether	127	2350
丁基·乙烯基醚,稳定的	Butyl vinyl ether, stabilized	127P	2352
丁基苯	Butylbenzenes	128	2709
N-丁基苯胺	N-Butylaniline	153	2738
丁基甲苯	Butyltoluenes	152	2667
丁基氯	Butyl chloride	130	1127
丁基三氯硅烷	Butyltrichlorosilane	155	1747

续表

物质中文名称	物质英文名称	处置方案编号	UN 号
丁间醇醛	Aldol	153	2839
丁腈	Butyronitrile	131	2411
丁硫醇	Butyl mercaptan	130	2347
丁醚	Butyl ethers	128	1149
丁醛	Butyraldehyde	129	1129
丁醛肟	Butyraldoxime	129	2840
1,4-丁炔二醇	1,4-Butynediol	153	2716
丁酸	Butyric acid	153	2820
丁酸酐	Butyric anhydride	156	2739
丁酸甲酯	Methyl butyrate	129	1237
丁酸戊酯	Amyl butyrates	130	2620
丁酸乙烯酯,稳定的	Vinyl butyrate, stabilized	129P	2838
丁酸乙酯	Ethyl butyrate	130	1180
丁酸异丙酯	Isopropyl butyrate	129	2405
丁烷	Butane	115	1011
丁烯	Butylene	115	1012
丁烯醛	Crotonaldehyde	131P	1143
丁烯醛,稳定的	Crotonaldehyde, stabilized	131P	1143
丁烯酸(巴豆酸),液体	Crotonic acid, liquid	153	3472
丁烯酸乙酯	Ethyl crotonate	130	1862
丁酰氯	Butyryl chloride	132	2353
动物、植物或合成纤维,未另作规定的,含油	Fibers, animal or vegetable or synthetic, n. o. s. with oil	133	1373
动物或植物纤维,燃烧,湿的或润湿的	Fibres, animal or vegetable, burnt, wet or damp	133	1372
动物或植物纤维,未另作规定的,燃烧,湿的或润湿的	Fiber, animal or vegetable, n. o. s., burnt, wet or damp	133	1372
GF 毒气	GF	153	2810

物质中文名称	物质英文名称	处置方案编号	UN 号
毒素	Toxins	153	—
毒素,从生物体提取的,固体,未另作规定的	Toxins, extracted from living sources, solid, n. o. s.	153	3462
毒素,从生物体提取的,未另作规定的	Toxins, extracted from living sources, n. o. s.	153	3172
毒素,固体,从生物体提取的,未另作规定的	Toxins, extracted from living sources, solid, n. o. s.	153	3172
毒素,液体,从生物体提取的,未另作规定的	Toxins, extracted from living sources, liquid, n. o. s.	153	3172
对氨苯基胂酸钠	Sodium arsanilate	154	2473
对苯二酚	Hydroquinone	153	2662
对苯二酚,溶液	Hydroquinone, solution	153	3435
对环境有害的物质,固体,未另作规定的	Environmentally hazardous substances, solid, n. o. s.	171	3077
对环境有害的物质,液体,未另作规定的	Environmentally hazardous substances, liquid, n. o. s.	171	3082
对硫磷和压缩气体混合物	Parathion and compressed gas mixture	123	1967
对亚硝基二甲基苯胺	*p*-Nitrosodimethylaniline	135	1369
多钒酸铵	Ammonium polyvanadate	151	2861
多硫化铵,溶液	Ammonium polysulfide, solution	154	2818
多卤联苯,固体	Polyhalogenated biphenyls, solid	171	3152
多卤联苯,液体	Polyhalogenated biphenyls, liquid	171	3151
多卤三联苯,固体	Polyhalogenated terphenyls, solid	171	3152
多卤三联苯,液体	Polyhalogenated terphenyls, liquid	171	3151
多氯联苯	PCB; Polychlorinated biphenyls	171	2315
多氯联苯,固体	Polychlorinated biphenyls, solid	171	3432
多氯联苯,液体	Polychlorinated biphenyls, liquid	171	2315

物质中文名称	物质英文名称	处置方案编号	UN号
E			
4,4'-二氨基二苯基甲烷	4,4'-Diaminodiphenylmethane	153	2651
二氨基镁	Magnesium diamide	135	2004
二苯胺氯胂	Diphenylamine chloroarsine	154	1698
二苯基二氯硅烷	Diphenyldichlorosilane	156	1769
二苯基镁	Magnesium diphenyl	135	2005
二苯甲基溴	Diphenylmethyl bromide	153	1770
二苯氯胂,固体	Diphenylchloroarsine, solid	151	3450
二苯氯胂,液体	Diphenylchloroarsine, liquid	151	1699
二苯氯胂(战争毒剂)	DA	151	1699
二苯羟乙酸(毕兹)	Buzz;BZ	153	2810
二苄基二氯硅烷	Dibenzyldichlorosilane	156	2434
二丙胺	Dipropylamine	132	2383
二丙醚	Dipropyl ether	127	2384
二丙酮	Dipropyl ketone	128	2710
二丁氨基乙醇	Dibutylaminoethanol	153	2873
二丁醚	Dibutyl ethers	128	1149
二噁烷	Dioxane	127	1165
1,2-二-(二甲氨基)乙烷	1,2-Di-(dimethylamino)ethane	129	2372
二氟化铵,固体	Ammonium bifluoride, solid	154	1727
二氟化合物,未另作规定的	Bifluorides, n. o. s.	154	1740
二氟化氢,未另作规定的	Hydrogendifluorides, n. o. s.	154	1740
二氟化氢铵,固体	Ammonium hydrogendifluoride, solid	154	1727
二氟化氢铵,溶液	Ammonium hydrogendifluoride, solution	154	2817

物质中文名称	物质英文名称	处置方案编号	UN号
二氟化氢钾	Potassium hydrogendifluoride	154	1811
二氟化氢钾,固体	Potassium hydrogendifluoride, solid	154	1811
二氟化氢钾,溶液	Potassium hydrogendifluoride, solution	154	3421
二氟化氢钠	Sodium hydrogendifluoride	154	2439
二氟化氧	Oxygen difluoride	124	2190
二氟化氧,压缩的	Oxygen difluoride, compressed	124	2190
二氟氢化物,未另作规定的	Hydrogendifluorides, n. o. s.	154	1740
二氟氢化物,固体,未另作规定的	Hydrogendifluorides, solid, n.o.s.	154	1740
二氟磷酸,无水的	Difluorophosphoric acid, anhydrous	154	1768
二氟氯甲烷	Chlorodifluoromethane	126	1018
二氟氯甲烷和五氟氯乙烷混合物	Chlorodifluoromethane and Chloropentafluoroethane mixture	126	1973
二氟氯乙烷	Difluorochloroethanes	115	2517
二氟甲烷	Difluoromethane	115	3252
二氟氢化物,溶液,未另作规定的	Hydrogendifluorides, solution, n.o.s.	154	3471
1,1-二氟乙烷	1,1-Difluoroethane	115	1030
二氟乙烷和二氯二氟甲烷的共沸混合物,含二氯二氟甲烷约74%	Difluoroethane and Dichlorodifluoromethane azeotropic mixture with approximately 74% dichlorodifluoromethane	126	2602
1,1-二氟乙烯	1,1-Difluoroethylene	116P	1959
二环[2.2.1]庚-2,5-二烯,稳定的	Bicyclo [2.2.1] hepta-2,5-diene, stabilized	128P	2251
二环己胺	Dicyclohexylamine	153	2565
二甲氨基甲酰氯	Dimethylcarbamoyl chloride	156	2262

续表

物质中文名称	物质英文名称	处置方案编号	UN号
二甲氨基氰磷酸乙酯	Tabun	153	2810
2-二甲氨基乙醇	2-Dimethylaminoethanol	132	2051
2-二甲氨基乙腈	2-Dimethylaminoacetonitrile	131	2378
二甲胺,溶液	Dimethylamine,solution	132	1160
二甲胺,水溶液	Dimethylamine,aqueous solution	132	1160
二甲胺,无水的	Dimethylamine,anhydrous	118	1032
二甲苯	Xylenes	130	1307
二甲苯酚	Xylenols	153	2261
二甲苯酚,固体	Xylenols,solid	153	2261
二甲苯酚,液体	Xylenols,liquid	153	3430
二甲苯麝香	Musk xylene	149	2956
二甲二硫	Dimethyl disulfide;Dimethyl disulphide	130	2381
N,N-二甲基苯胺	N,N-Dimethylaniline	153	2253
二甲基苯胺	Xylidines	153	1711
二甲基苯胺,固体	Xylidines,solid	153	3452
二甲基苯胺,液体	Xylidines,liquid	153	1711
N-二甲基丙胺	Dimethyl-N-propylamine	132	2266
2,2-二甲基丙烷	2,2-Dimethylpropane	115	2044
1,3-二甲基丁胺	1,3-Dimethylbutylamine	132	2379
2,3-二甲基丁烷	2,3-Dimethylbutane	128	2457
二甲基二噁烷	Dimethyldioxanes	127	2707
二甲基二氯硅烷	Dimethyldichlorosilane	155	1162
二甲基二乙氧基硅烷	Dimethyldiethoxysilane	127	2380
N,N-二甲基环己胺	N,N-Dimethylcyclohexylamine	132	2264
二甲基环己胺	Dimethylcyclohexylamine	132	2264
二甲基环己烷	Dimethylcyclohexanes	128	2263
N,N-二甲基甲酰胺	N,N-Dimethylformamide	129	2265

续表

物质中文名称	物质英文名称	处置方案编号	UN 号
二甲基硫代磷酰氯	Dimethyl thiophosphoryl chloride	156	2267
1,2-二甲肼	1,2-Dimethylhydrazine	131	2382
1,1-二甲肼	1,1-Dimethylhydrazine	131	1163
二甲肼,不对称的	Dimethylhydrazine,unsymmetrical	131	1163
二甲肼,对称的	Dimethylhydrazine,symmetrical	131	2382
二甲硫	Dimethyl sulfide	130	1164
二甲马钱子碱	Brucine	152	1570
二甲醚	Dimethyl ether	115	1033
二甲锌	Dimethylzinc	135	1370
1,2-二甲氧基乙烷	1,2-Dimethoxyethane	127	2252
1,1-二甲氧基乙烷	1,1-Dimethoxyethane	127	2377
二聚丙烯醛,稳定的	Acrolein dimer,stabilized	129P	2607
二聚环戊二烯	Dicyclopentadiene	130	2048
二聚戊烯	Dipentene	128	2052
二聚异丁烯异构物	Diisobutylene,isomeric compounds	128	2050
二苦硫,含水不低于10%	Dipicryl sulfide,wetted with not less than 10% water	113	2852
二磷化三镁	Magnesium phosphide	139	2011
二硫代氨基甲酸酯农药,固体,有毒	Dithiocarbamate pesticide,solid,toxic	151	2771
二硫代氨基甲酸酯农药,液体,易燃,有毒	Dithiocarbamate pesticide,liquid,flammable,toxic	131	2772
二硫代氨基甲酸酯农药,液体,有毒	Dithiocarbamate pesticide,liquid,toxic	151	3006
二硫代氨基甲酸酯农药,液体,有毒,易燃	Dithiocarbamate pesticide,liquid,toxic,flammable	131	3005

物质中文名称	物质英文名称	处置方案编号	UN 号
二硫代焦磷酸四乙酯	Tetraethyl dithiopyrophosphate	153	1704
二硫代焦磷酸四乙酯混合物,干燥的或液体	Tetraethyl dithiopyrophosphate, mixture, dry or liquid	153	1704
二硫化二砷	Arsenic disulfide	152	1557
二硫化钛	Titanium disulfide	135	3174
二硫化碳	Carbon disulfide;Carbon bisulfide	131	1131
二硫化硒	Selenium disulfide	153	2657
二氯苯胺,固体	Dichloroanilines, solid	153	3442
二氯苯胺,液体	Dichloroanilines, liquid	153	1590
二氯苯基三氯硅烷	Dichlorophenyltrichlorosilane	156	1766
1,3-二氯-2-丙醇	1,3-Dichloropropanol-2	153	2750
1,3-二氯丙酮	1,3-Dichloroacetone	153	2649
1,2-二氯丙烷	1,2-Dichloropropane	130	1279
二氯丙烯	Dichloropropenes	129	2047
二氯代均三嗪三酮钠	Sodium dichloro-s-triazinetrione	140	2465
二氯丁烯	Dichlorobutene	132	2920
二氯二氟甲烷	Dichlorodifluoromethane	126	1028
二氯二氟甲烷和环氧乙烷混合物,含环氧乙烷不高于12.5%	Dichlorodifluoromethane and Ethylene oxide mixture, with not more than 12.5% Ethylene oxide	126	3070
二氯二甲醚,对称的	Dichlorodimethyl ether, symmetrical	131	2249
2,2′-二氯二乙醚	2,2′-Dichlorodiethyl ether	152	1916
二氯(二)乙醚	Dichloroethyl ether	152	1916
二氯氟甲烷	Dichlorofluoromethane	126	1029
二氯硅烷	Dichlorosilane	119	2189
二氯(化)丙烯	Propylene dichloride	130	1279
二氯化苯胩	Phenylcarbylamine chloride	151	1672
二氯化甲基磷酸	Methyl phosphonic dichloride	137	9206
二氯化乙烯	Ethylene dichloride	131	1184

物质中文名称	物质英文名称	处置方案编号	UN 号
二氯甲基苯	Benzylidene chloride	156	1886
二氯甲烷	Dichloromethane；Methylene chloride	160	1593
二氯甲烷和氯甲烷混合物	Methylene chloride and Methyl chloride mixture	115	1912
二氯磷酸乙酯	Ethyl phosphorodichloridate	154	2927
二氯(2-氯乙烯)胂	DC	153	2810
3,5-二氯-2,4,6-三氟吡啶	3,5-Dichloro-2,4,6-trifluoropyridine	151	9264
1,2-二氯-1,1,2,2-四氟乙烷	1,2-Dichloro-1,1,2,2-tetrafluoroethane	126	1958
二氯戊烷	Dichloropentanes	130	1152
1,1-二氯-1-硝基乙烷	1,1-Dichloro-1-nitroethane	153	2650
二氯氧化硒	Selenium oxychloride	157	2879
二氯乙酸	Dichloroacetic acid	153	1764
二氯乙酸甲酯	Methyl dichloroacetate	155	2299
1,1-二氯乙烷	1,1-Dichloroethane	130	2362
1,2-二氯乙烯	1,2-Dichloroethylene	130P	1150
二氯乙酰氯	Dichloroacetyl chloride	156	1765
二氯异丙醚	Dichloroisopropyl ether	153	2490
二氯异氰脲酸,干的	Dichloroisocyanuric acid,dry	140	2465
二氯异氰脲酸钠	Sodium dichloroisocyanurate	140	2465
二氯异氰脲酸盐	Dichloroisocyanuric acid salts	140	2465
2,3-二氢吡喃	2,3-Dihydropyran	127	2376
二氢化镁	Magnesium hydride	138	2010
二烯丙基胺	Diallylamine	132	2359
二烯丙基醚	Diallyl ether	131P	2360
二硝基苯,固体	Dinitrobenzenes,solid	152	3443
二硝基苯,液体	Dinitrobenzenes,liquid	152	1597
二硝基苯胺	Dinitroanilines	153	1596

续表

物质中文名称	物质英文名称	处置方案编号	UN 号
二硝基苯酚,含水量不低于15%	Dinitrophenol,wetted with not less than 15% water	113	1320
二硝基苯酚,溶液	Dinitrophenol,solution	153	1599
二硝基苯酚盐,含水量不低于15%	Dinitrophenolates,wetted with not less than 15% water	113	1321
二硝基甲苯	Dinitrotoluenes	152	2038
二硝基甲苯,固体	Dinitrotoluenes,solid	152	3454
二硝基甲苯,熔融的	Dinitrotoluenes,molten	152	1600
二硝基甲苯,液体	Dinitrotoluenes,liquid	152	2038
二硝基间苯二酚,含水量不低于15%	Dinitroresorcinol,wetted with not less than 15% water	113	1322
二硝基邻甲苯酚钠,含水不低于10%	Sodium dinitro-o-cresolate,wetted with not less than 10% water	113	3369
二硝基邻甲苯酚钠,含水量不低于15%	Sodium dinitro-o-cresolate,wetted with not less than 15% water	113	1348
二硝基邻甲酚	Dinitro-o-cresol	153	1598
二硝基邻甲酚铵	Ammonium dinitro-o-cresolate	141	1843
二硝基邻甲酚铵,固体	Ammonium dinitro-o-cresolate,solid	141	1843
二硝基邻甲酚铵,溶液	Ammonium dinitro-o-cresolate,solution	141	3424
二硝基氯苯,固体	Chlorodinitrobenzenes,solid	153	1577
二硝基氯苯,固体	Chlorodinitrobenzenes,solid	153	3441
二硝基氯苯,液体	Chlorodinitrobenzenes,liquid	153	1577
1,2-二溴-3-丁酮	1,2-Dibromobutan-3-one	154	2648
二溴二氟甲烷	Dibromodifluoromethane	171	1941
二溴化乙烯	Ethylene dibromide	154	1605
二溴化乙烯和溴甲烷混合物,液体	Ethylene dibromide and Methyl bromide mixture,liquid	151	1647
二溴甲烷	Dibromomethane	160	2664

物质中文名称	物质英文名称	处置方案编号	UN 号
二溴氯丙烷	Dibromochloropropanes	159	2872
二亚乙基三胺	Diethylenetriamine	154	2079
二氧化氮	Nitrogen dioxide	124	1067
二氧化氮和一氧化氮混合物	Nitrogen dioxide and Nitric oxide mixture	124	1975
二氧化硫	Sulfur dioxide	125	1079
二氧化硫脲	Thiourea dioxide	135	3341
二氧化氯，水合物，冷冻的	Chlorine dioxide, hydrate, frozen	143	9191
二氧化铅	Lead dioxide	141	1872
二氧化碳	Carbon dioxide	120	1013
二氧化碳，固体	Carbon dioxide, solid	120	1845
二氧化碳，冷冻液体	Carbon dioxide, refrigerated liquid	120	2187
二氧化碳，压缩的	Carbon dioxide, compressed	120	1013
二氧化碳和环氧乙烷混合物，含环氧乙烷9%~87%	Carbon dioxide and Ethylene oxide mixture, with more than 9% but not more than 87% Ethylene oxide	115	1041
二氧化碳和环氧乙烷混合物，含环氧乙烷不高于6%	Carbon dioxide and Ethylene oxide mixtures, with not more than 6% Ethylene oxide	126	1952
二氧化碳和环氧乙烷混合物，含环氧乙烷高于87%	Carbon dioxide and Ethylene oxide mixture, with more than 87% Ethylene oxide	119P	3300
二氧化碳和氧化亚氮混合物	Carbon dioxide and Nitrous oxide mixture	126	1015
二氧化碳和氧混合物，压缩的	Carbon dioxide and Oxygen mixture, compressed	122	1014
二氧戊环	Dioxolane	127	1166
3-二乙氨基丙胺	3-Diethylaminopropylamine	132	2684

续表

物质中文名称	物质英文名称	处置方案编号	UN 号
二乙氨基丙胺	Diethylaminopropylamine	132	2684
2-二乙氨基乙醇	2-Diethylaminoethanol	132	2686
二乙胺	Diethylamine	132	1154
二乙基苯	Diethylbenzene	130	2049
N,*N*-二乙基苯胺	*N*,*N*-Diethylaniline	153	2432
二乙基二氯硅烷	Diethyldichlorosilane	155	1767
二乙基硫代磷酰氯	Diethylthiophosphoryl chloride	155	2751
二乙基锌	Diethylzinc	135	1366
N,*N*-二乙基乙二胺	*N*,*N*-Diethylethylenediamine	132	2685
二乙硫醚	Diethyl sulfide	129	2375
二乙醚	Diethyl ether	127	1155
二乙酮	Diethyl ketone	127	1156
二乙烯基醚,稳定的	Divinyl ether, stabilized	128P	1167
二乙酰	Diacetyl	127	2346
3,3-二乙氧基丙烯	3,3-Diethoxypropene	127	2374
二乙氧基甲烷	Diethoxymethane	127	2373
二异丙胺	Diisopropylamine	132	1158
二异丙醚	Diisopropyl ether	127	1159
二异丁胺	Diisobutylamine	132	2361
二异丁酮	Diisobutyl ketone	128	1157
二异氰酸异佛尔酮酯	IPDI;Isophorone diisocyanate	156	2290
二正丙醚	Di-n-propyl ether	127	2384
二正丁胺	Di-n-butylamine	132	2248
二正戊胺	Di-n-amylamine	131	2841
F			
发动机燃料抗爆剂	Motor fuel anti-knock mixture	131	1649
发动机燃料抗爆剂,易燃	Motor fuel anti-knock mixture, flammable	131	3483

物质中文名称	物质英文名称	处置方案编号	UN 号
发火固体,无机物,未另作规定的	Pyrophoric solid,inorganic,n.o.s.	135	3200
发火固体,有机物,未另作规定的	Pyrophoric solid,organic,n.o.s.	135	2846
发火合金,未另作规定的	Pyrophoric alloy,n. o. s.	135	1383
发火金属,未另作规定的	Pyrophoric metal,n. o. s.	135	1383
发火液体,未另作规定的	Pyrophoric liquid,n. o. s.	135	2845
发火液体,无机物,未另作规定的	Pyrophoric liquid,inorganic,n.o.s.	135	3194
发火液体,有机物,未另作规定的	Pyrophoric liquid,organic,n.o.s.	135	2845
发火有机金属化合物,遇水反应,未另作规定的	Pyrophoric organometallic compound,water-reactive,n. o. s.	135	3203
钒化合物,未另作规定的	Vanadium compound,n. o. s.	151	3285
钒酸铵钠	Sodium ammonium vanadate	154	2863
芳基磺酸,固体,含游离硫酸不高于5%	Aryl sulphonic acids,solid,with not more than 5% free Sulphuric acid; Aryl sulfonic acids, solid, with not more than 5% free Sulfuric acid	153	2585
芳基磺酸,固体,含游离硫酸高于5%	Aryl sulphonic acids,solid,with more than 5% free Sulphuric acid; Aryl sulfonic acids,solid,with more than 5% free Sulfuric acid	153	2583
芳基磺酸,液体,含游离硫酸不高于5%	Aryl sulfonic acids, liquid, with not more than 5% free Sulfuric acid;Aryl sulphonic acids,liquid, with not more than 5% free Sulphuric acid	153	2586

续表

物质中文名称	物质英文名称	处置方案编号	UN 号
芳基磺酸,液体,含游离硫酸高于 5%	Alkyl sulfonic acids, liquid, with more than 5% free Sulfuric acid; Alkyl sulfonic acids, liquid, with more than 5% free Sulphuric acid	153	2584
芳基金属,遇水反应,未另作规定的	Metal aryls, water-reactive, n.o.s.	135	2003
放射性物质,A 类包件,非特殊形态,不裂变或特殊情况裂变	Radioactive material, Type A package, non-special form, non fissile or fissile-excepted	163	2915
放射性物质,A 类包件,裂变的,非特殊形态	Radioactive material, Type A package, fissile, non-special form	165	3327
放射性物质,A 类包件,特殊形态,不裂变或特殊情况下裂变	Radioactive material, Type A package, special form, non fissile or fissile-excepted	164	3332
放射性物质,A 类包件,特殊形态,裂变的	Radioactive material, Type A package, special form, fissile	165	3333
放射性物质,B(M)类包件,不裂变或特殊情况下裂变	Radioactive material, Type B (M) package, non fissile or fissile-excepted	163	2917
放射性物质,B(M)类包件,裂变的	Radioactive material, Type B (M) package, fissile	165	3329
放射性物质,B(U)类包件,不裂变或特殊情况下裂变	Radioactive material, Type B (U) package, non fissile or fissile-excepted	163	2916
放射性物质,B(U)类包件,裂变的	Radioactive material, Type B (U) package, fissile	165	3328
放射性物质,C 类包件,不裂变或特殊情况下裂变	Radioactive material, Type C package, non fissile or fissile-excepted	163	3323
放射性物质,C 类包件,裂变的	Radioactive material, Type C package, fissile	165	3330
放射性物质,按照特别安排运输,不裂变或特殊情况下裂变	Radioactive material, transported under special arrangement, non fissile or fissile-excepted	163	2919

物质中文名称	物质英文名称	处置方案编号	UN号
放射性物质,按照特别安排运输,裂变的	Radioactive material, transported under special arrangement, fissile	165	3331
放射性物质,表面被污染物体(SCO-Ⅰ),不裂变或特殊情况下裂变	Radioactive material, surface contaminated objects(SCO-Ⅰ), non fissile or fissile-excepted	162	2913
放射性物质,表面被污染物体(SCO-Ⅰ),裂变的	Radioactive material, surface contaminated objects (SCO-Ⅰ), fissile	165	3326
放射性物质,表面被污染物体(SCO-Ⅱ),不裂变或特殊情况下裂变	Radioactive material, surface contaminated objects(SCO-Ⅱ), non fissile or fissile-excepted	162	2913
放射性物质,表面被污染物体(SCO-Ⅱ),裂变的	Radioactive material, surface contaminated objects (SCO-Ⅱ), fissile	165	3326
放射性物质,低比活度(LSA-Ⅱ),不裂变或特殊情况下裂变	Radioactive material, low specific activity(LSA-Ⅱ), non fissile or fissile-excepted	162	3321
放射性物质,低比活度(LSA-Ⅱ),裂变的	Radioactive material, low specific activity(LSA-Ⅱ), fissile	165	3324
放射性物质,低比活度(LSA-Ⅲ),不裂变或特殊情况下裂变	Radioactive material, low specific activity(LSA-Ⅲ), non fissile or fissile-excepted	162	3322
放射性物质,低比活度(LSA-Ⅲ),裂变的	Radioactive material, low specific activity(LSA-Ⅲ), fissile	165	3325
放射性物质,低比活度(LSA-Ⅰ),不裂变或特殊情况下裂变	Radioactive material, low specific activity(LSA-Ⅰ), non fissile or fissile-excepted	162	2912
放射性物质,例外包件—空包装	Radioactive material, excepted package, empty packaging	161	2908

物质中文名称	物质英文名称	处置方案编号	UN号
放射性物质,例外包件,限量物质	Radioactive material, excepted package, limited quantity of material	161	2910
放射性物质,例外包件,仪器或物品	Radioactive material, excepted package, instruments or articles	161	2911
放射性物质,例外包件—由贫化铀制造的物品	Radioactive material, excepted package, articles manufactured from depleted Uranium	161	2909
放射性物质,例外包件—由天然钍制造的物品	Radioactive material, excepted package, articles manufactured from natural Thorium	161	2909
放射性物质,例外包件—由天然铀制造的物品	Radioactive material, excepted package, articles manufactured from natural Uranium	161	2909
放射性物质,六氟化铀,不裂变或特殊情况下裂变	Radioactive material, Uranium hexafluoride, non fissile or fissile-excepted	166	2978
放射性物质,六氟化铀,裂变的	Radioactive material, Uranium hexafluoride, fissile	166	2977
飞行器液压动力装置燃料箱	Aircraft hydraulic power unit fuel tank	131	3165
非自动膨胀式救生设备	Life-saving appliances, not self-inflating	171	3072
废棉,含油的	Cotton waste, oily	133	1364
废橡胶,粉末或颗粒	Rubber scrap, powdered or granulated	133	1345
分散剂气体,未另作规定的	Dispersant gas, n. o. s.	126	1078
呋喃	Furan	128	2389
氟	Fluorine	124	1045
氟,压缩的	Fluorine, compressed	124	1045

物质中文名称	物质英文名称	处置方案编号	UN号
氟苯	Fluorobenzene	130	2387
氟苯胺	Fluoroanilines	153	2941
氟代甲苯	Fluorotoluenes	130	2388
氟硅酸	Fluosilicic acid；Fluorosilicic acid；Hydrofluorosilicic acid	154	1778
氟硅酸铵	Ammonium silicofluoride；Ammonium fluorosilicate	151	2854
氟硅酸钾	Potassium silicofluoride；Potassium fluorosilicate	151	2655
氟硅酸镁	Magnesium silicofluoride；Magnesium fluorosilicate	151	2853
氟硅酸钠	Sodium fluorosilicate；Sodium silicofluoride	154	2674
氟硅酸锌	Zinc fluorosilicate；Zinc silicofluoride	151	2855
氟硅酸盐(酯)，未另作规定的	Fluorosilicates, n.o.s.；Silicofluorides, n.o.s.	151	2856
氟化铵	Ammonium fluoride	154	2505
氟化铬,固体	Chromic fluoride, solid	154	1756
氟化铬,溶液	Chromic fluoride, solution	154	1757
氟化钾	Potassium fluoride	154	1812
氟化钾,固体	Potassium fluoride, solid	154	1812
氟化钾,溶液	Potassium fluoride, solution	154	3422
氟化钠	Sodium fluoride	154	1690
氟化钠,固体	Sodium fluoride, solid	154	1690
氟化钠,溶液	Sodium fluoride, solution	154	3415
氟化氢,无水的	Hydrogen fluoride, anhydrous	125	1052
氟化氢铵,固体	Ammonium hydrogen fluoride, solid	154	1727

物质中文名称	物质英文名称	处置方案编号	UN号
氟化氢铵,溶液	Ammonium hydrogen fluoride, solution;Ammonium bifluoride,solution	154	2817
氟磺酸	Fluorosulfonic acid	137	1777
氟磷酸,无水的	Fluorophosphoric acid, anhydrous	154	1776
氟硼酸	Fluoboric acid;Fluoroboric acid	154	1775
氟乙酸	Fluoroacetic acid	154	2642
氟乙酸钾	Potassium fluoroacetate	151	2628
氟乙酸钠	Sodium fluoroacetate	151	2629
腐蚀性固体,碱性,无机物,未另作规定的	Corrosive solid, basic, inorganic,n. o. s.	154	3262
腐蚀性固体,碱性,有机物,未另作规定的	Corrosive solid, basic, organic, n. o. s.	154	3263
腐蚀性固体,酸性,无机物,未另作规定的	Corrosive solid, acidic, inorganic,n. o. s.	154	3260
腐蚀性固体,酸性,有机物,未另作规定的	Corrosive solid, acidic, organic, n. o. s.	154	3261
腐蚀性固体,未另作规定的	Corrosive solid, n. o. s.	154	1759
腐蚀性固体,氧化性,未另作规定的	Corrosive solid, oxidizing, n.o.s.	140	3084
腐蚀性固体,易燃,未另作规定的	Corrosive solid, flammable, n.o.s.	134	2921
腐蚀性固体,有毒,未另作规定的	Corrosive solid, toxic, n.o.s.	154	2923
腐蚀性固体,有毒,未另作规定的	Corrosive solid, poisonous, n.o.s.	154	2923
腐蚀性固体,遇水反应,未另作规定的	Corrosive solid, water-reactive, n.o.s.	138	3096

物质中文名称	物质英文名称	处置方案编号	UN号
腐蚀性固体,自热性,未另作规定的	Corrosive solid, self-heating, n.o.s.	136	3095
腐蚀性液体,碱性,无机物,未另作规定的	Corrosive liquid, basic, inorganic, n.o.s.	154	3266
腐蚀性液体,碱性,有机物,未另作规定的	Corrosive liquid, basic, organic, n.o.s.	153	3267
腐蚀性液体,酸性,无机物,未另作规定的	Corrosive liquid, acidic, inorganic, n.o.s.	154	3264
腐蚀性液体,酸性,有机物,未另作规定的	Corrosive liquid, acidic, organic, n.o.s.	153	3265
腐蚀性液体,未另作规定的	Corrosive liquid, n.o.s.	154	1760
腐蚀性液体,氧化性,未另作规定的	Corrosive liquid, oxidizing, n.o.s.	140	3093
腐蚀性液体,易燃,未另作规定的	Corrosive liquid, flammable, n.o.s.	132	2920
腐蚀性液体,有毒,未另作规定的	Corrosive liquid, toxic, n.o.s.; Corrosive liquid, poisonous, n.o.s.	154	2922
腐蚀性液体,遇水反应,未另作规定的	Corrosive liquid, water-reactive, n.o.s.	138	3094
腐蚀性液体,自热性,未另作规定的	Corrosive liquid, self-heating, n.o.s.	136	3301
富马酰氯	Fumaryl chloride	156	1780
G			
钙	Calcium	138	1401
钙,发火的	Calcium, pyrophoric	135	1855
钙合金,发火的	Calcium alloys, pyrophoric	135	1855
钙锰硅合金	Calcium manganese silicon	138	2844
干冰	Dry ice	120	1845
干草,浸水、潮湿或被油污染的	Hay, wet, damp or contaminated with oil	133	1327

物质中文名称	物质英文名称	处置方案编号	UN号
干电池,含氢氧化钾固体	Batteries, dry, containing Potassium hydroxide solid	154	3028
甘氨酸锆,含水量不低于20%	Zirconium picramate, wetted with not less than 20% water	113	1517
甘氨酸钠,含水量不低于20%	Sodium picramate, wetted with not less than 20% water	113	1349
感染性物质,只感染动物的	Infectious substance, affecting animals only	158	2900
高氯酸,含酸50%~72%	Perchloric acid, with more than 50% but not more than 72% acid	143	1873
高氯酸,含酸不高于50%	Perchloric acid, with not more than 50% acid	140	1802
高氯酸铵	Ammonium perchlorate	143	1442
高氯酸钡	Barium perchlorate	141	1447
高氯酸钡,固体	Barium perchlorate, solid	141	1447
高氯酸钡,溶液	Barium perchlorate, solution	141	3406
高氯酸钙	Calcium perchlorate	140	1455
高氯酸钾	Potassium perchlorate	140	1489
高氯酸镁	Magnesium perchlorate	140	1475
高氯酸钠	Sodium perchlorate	140	1502
高氯酸铅	Lead perchlorate	141	1470
高氯酸铅,固体	Lead perchlorate, solid	141	1470
高氯酸铅,溶液	Lead perchlorate, solution	141	3408
高氯酸锶	Strontium perchlorate	140	1508
高氯酸盐,水溶液,无机物,未另作规定的	Perchlorates, inorganic, aqueous solution, n. o. s.	140	3211
高氯酸盐,无机物,未另作规定的	Perchlorates, inorganic, n. o. s.	140	1481
高氯酰氟	Perchloryl fluoride	124	3083
高锰酸钡	Barium permanganate	141	1448

物质中文名称	物质英文名称	处置方案编号	UN号
高锰酸钙	Calcium permanganate	140	1456
高锰酸钾	Potassium permanganate	140	1490
高锰酸钠	Sodium permanganate	140	1503
高锰酸锌	Zinc permanganate	140	1515
高锰酸盐,水溶液,无机物,未另作规定的	Permanganates,inorganic,aqueous solution,n.o.s.	140	3214
高锰酸盐,无机物,未另作规定的	Permanganates,inorganic,n.o.s.	140	1482
高温固体,未另作规定的,温度≥240℃	Elevated temperature solid,n.o.s.,at or above 240℃	171	3258
高温液体,未另作规定的,温度≥100℃且低于其闪点	Elevated temperature liquid,n.o.s.,at or above 100℃ and below its flash point	128	3257
高温液体,易燃,未另作规定的,闪点高于37.8℃,温度不低于其闪点	Elevated temperature liquid,flammable,n.o.s.,with flash point above 37.8℃,at or above its flash point	128	3256
高温液体,易燃,未另作规定的,闪点高于60.5℃,温度不低于其闪点	Elevated temperature liquid,flammable,n.o.s.,with flash point above 60.5℃,at or above its flash point	128	3256
锆,悬浮在易燃液体中	Zirconium suspended in a liquid(flammable);Zirconium suspended in a flammable liquid	170	1308
铝粉,干的	Zirconium powder,dry	135	2008
锆粉,含水量不低于25%	Zirconium powder,wetted with not less than 25% water	170	1358
锆金属,干的,成卷线材、成品金属片或带材	Zirconium,dry,coiled wire,finished metal sheets or strips	170	2858
锆金属,干的,成品薄片、带材或成卷线材	Zirconium,dry,finished sheets,strips or coiled wire	135	2009
锆金属碎屑	Zirconium scrap	135	1932

续表

物质中文名称	物质英文名称	处置方案编号	UN 号
镉化合物	Cadmium compound	154	2570
铬硫酸	Chromosulfuric acid	154	2240
铬酸,溶液	Chromic acid, solution	154	1755
庚烷	Heptanes	128	1206
汞	Mercury	172	2809
汞,制品中含有的	Mercury contained in manufactured articles	172	3506
汞化合物,固体,未另作规定的	Mercury compound, solid, n.o.s.	151	2025
汞化合物,液体,未另作规定的	Mercury compound, liquid, n.o.s.	151	2024
汞基农药,固体,有毒	Mercury based pesticide, solid, toxic	151	2777
汞基农药,液体,易燃,有毒	Mercury based pesticide, liquid, flammable, toxic	131	2778
汞基农药,液体,有毒	Mercury based pesticide, liquid, toxic	151	3012
汞基农药,液体,有毒,易燃	Mercury based pesticide, liquid, toxic, flammable	131	3011
汞金属	Mercury metal	172	2809
光气	Phosgene; CG	125	1076
硅粉,非晶形	Silicon powder, amorphous	170	1346
硅化钙	Calcium silicide	138	1405
硅化镁	Magnesium silicide	138	2624
硅锂合金	Lithium silicon	138	1417
硅铝粉,无涂层的	Aluminum silicon powder, uncoated	138	1398
硅铝铁合金粉	Aluminum ferrosilicon powder	139	1395
硅酸四乙酯	Tetraethyl silicate	129	1292
硅酸乙酯	Ethyl silicate	129	1292

物质中文名称	物质英文名称	处置方案编号	UN号
硅铁	Ferrosilicon	139	1408
硅烷	Silane	116	2203
硅烷,压缩的	Silane,compressed	116	2203
癸硼烷	Decaborane	134	1868
过硫酸铵	Ammonium persulphate	140	1444
过硫酸钾	Potassium persulphate	140	1492
过硫酸钠	Sodium persulphate	140	1505
过硫酸盐,水溶液,无机物,未另作规定的	Persulphates,inorganic,aqueous solution,n. o. s.	140	3216
过硫酸盐,无机物,未另作规定的	Persulphates,inorganic,n. o. s.	140	3215
过硼酸钠,无水的	Sodium peroxoborate,anhydrous	140	3247
过硼酸钠一水合物	Sodium perborate monohydrate	140	3377
过碳酸钠	Sodium percarbonates;Sodium Carbonate Peroxyhydrate	140	3378
过碳酸盐,无机物,未另作规定的	Percarbonates,inorganic,n. o. s.	140	3217
过氧化钡	Barium peroxide	141	1449
过氧化钙	Calcium peroxide	140	1457
过氧化钾	Potassium peroxide	144	1491
过氧化锂	Lithium peroxide	143	1472
过氧化镁	Magnesium peroxide	140	1476
过氧化钠	Sodium peroxide	144	1504
过氧化氢,水溶液,含过氧化氢20%~60%(必要时加稳定剂)	Hydrogen peroxide,aqueous solution,with not less than 20% but not more than 60% Hydrogen peroxide(stabilized as necessary)	140	2014
过氧化氢,水溶液,含过氧化氢8%~20%	Hydrogen peroxide,aqueous solution,with not less than 8% but less than 20% Hydrogen peroxide	140	2984

物质中文名称	物质英文名称	处置方案编号	UN号
过氧化氢,水溶液,稳定的,含过氧化氢高于60%	Hydrogen peroxide, aqueous solution, stabilized, with more than 60% Hydrogen peroxide	143	2015
过氧化氢,稳定的	Hydrogen peroxide, stabilized	143	2015
过氧化氢和过乙酸混合物,含酸(类)、水和不高于5%的过乙酸,稳定的	Hydrogen peroxide and Peroxyacetic acid mixture, with acid(s), water and not more than 5% Peroxyacetic acid, stabilized	140	3149
过氧化氢脲	Urea hydrogen peroxide	140	1511
过氧化锶	Strontium peroxide	143	1509
过氧化物,无机物,未另作规定的	Peroxides, inorganic, n. o. s.	140	1483
过氧化锌	Zinc peroxide	143	1516
H			
铪粉,干的	Hafnium powder, dry	135	2545
铪粉,含水量不低于25%	Hafnium powder, wetted with not less than 25% water	170	1326
海绵钛粉末	Titanium sponge powders	170	2878
海绵钛颗粒	Titanium sponge granules	170	2878
海绵状铁,废弃的	Iron sponge, spent	135	1376
氦	Helium	121	1046
氦,冷冻液体(低温液体)	Helium, refrigerated liquid (cryogenic liquid)	120	1963
氦,压缩的	Helium, compressed	121	1046
含腐蚀性液体的固体,未另作规定的	Solids containing corrosive liquid, n. o. s.	154	3244
含硫原油,易燃,有毒	Petroleum sour crude oil, flammable, toxic	131	3494
含砷农药,固体,有毒	Arsenical pesticide, solid, toxic	151	2759
含砷农药,液体,易燃,有毒	Arsenical pesticide, liquid, flammable, toxic	131	2760

物质中文名称	物质英文名称	处置方案编号	UN号
含砷农药,液体,有毒	Arsenical pesticide, liquid, toxic	151	2994
含砷农药,液体,有毒,易燃	Arsenical pesticide, liquid, toxic, flammable	131	2993
含易燃液体的固体,未另作规定的	Solids containing flammable liquid, n. o. s.	133	3175
含有毒液体的固体,未另作规定的	Solids containing toxic liquid, n. o. s.	151	3243
含有多氯联苯的物品	Articles containing Polychlorinated biphenyls（PCB）	171	2315
航空燃料,涡轮发动机用	Fuel, aviation, turbine engine	128	1863
核酸汞	Mercury nucleate	151	1639
黑色金属的镗屑、刨屑、旋屑或切屑	Ferrous metal borings, shavings, turnings or cuttings	170	2793
红磷	Red phosphorus	133	1338
化学试剂盒	Chemical kit	171	3316
化学氧气发生器	Oxygen generator, chemical	140	3356
化学氧气发生器,废弃的	Oxygen generator, chemical, spent	140	3356
化学样品,有毒的	Chemical sample, poisonous	151	3315
化学制品,压缩的,腐蚀性,未另作规定的	Chemical under pressure, corrosive, n. o. s.	125	3503
化学制品,压缩的,未另作规定的	Chemical under pressure, n.o.s.	126	3500
化学制品,压缩的,易燃,腐蚀性,未另作规定的	Chemical under pressure, flammable, corrosive, n. o. s.	118	3505
化学制品,压缩的,易燃,未另作规定的	Chemical under pressure, flammable, n. o. s.	115	3501
化学制品,压缩的,易燃,有毒,未另作规定的	Chemical under pressure, flammable, toxic, n. o. s.	119	3504

续表

物质中文名称	物质英文名称	处置方案编号	UN 号
化学制品,压缩的,有毒,未另作规定的	Chemical under pressure,toxic, n. o. s.	123	3502
环丙烷	Cyclopropane	115	1027
环丁烷	Cyclobutane	115	2601
环庚三烯	Cycloheptatriene	131	2603
环庚烷	Cycloheptane	128	2241
环庚烯	Cycloheptene	128	2242
环己胺	Cyclohexylamine	132	2357
环己基三氯硅烷	Cyclohexyltrichlorosilane	156	1763
环己硫醇	Cyclohexyl mercaptan; Cyclo-hexanethiol	129	3054
环己酮	Cyclohexanone	127	1915
环己烷	Cyclohexane	128	1145
环己烯	Cyclohexene	130	2256
环己烯基三氯硅烷	Cyclohexenyltrichlorosilane	156	1762
1,5,9-环十二碳三烯	1,5,9-Cyclododecatriene	153	2518
环烷酸钴粉	Cobalt naphthenates,powder	133	2001
环戊醇	Cyclopentanol	129	2244
环戊酮	Cyclopentanone	128	2245
环戊烷	Cyclopentane	128	1146
环戊烯	Cyclopentene	128	2246
环辛二烯	Cyclooctadienes	130P	2520
环辛二烯膦	Cyclooctadiene phosphines	135	2940
环辛四烯	Cyclooctatetraene	128P	2358
1,2-环氧丁烷,稳定的	1,2-Butylene oxide,stabilized	127P	3022
环氧乙烷	Ethylene oxide	119P	1040
环氧乙烷,含氮的	Ethylene oxide with Nitrogen	119P	1040
环氧乙烷和二氯二氟甲烷混合物,含环氧乙烷不高于12%	Ethylene oxide and Dichlorodif-luoromethane mixture, with not more than 12% Ethylene oxide	126	3070

续表

物质中文名称	物质英文名称	处置方案编号	UN号
环氧乙烷和二氧化碳混合物,含环氧乙烷9%~87%	Ethylene oxide and Carbon dioxide mixture,with more than 9% but not more than 87% Ethylene oxide	115	1041
环氧乙烷和二氧化碳混合物,含环氧乙烷不高于6%	Ethylene oxide and Carbon dioxide mixtures,with not more than 6% Ethylene oxide	126	1952
环氧乙烷和二氧化碳混合物,含环氧乙烷不高于9%	Ethylene oxide and Carbon dioxide mixtures,with not more than 9% Ethylene oxide	126	1952
环氧乙烷和二氧化碳混合物,含环氧乙烷高于87%	Ethylene oxide and Carbon dioxide mixture, with more than 87% Ethylene oxide	119P	3300
环氧乙烷和四氟氯乙烷混合物,含环氧乙烷不高于8.8%	Ethylene oxide and Chlorotetrafluoroethane mixture, with not more than 8.8% Ethylene oxide	126	3297
环氧乙烷和四氟乙烷混合物,含环氧乙烷不高于5.6%	Ethylene oxide and Tetrafluoroethane mixture,with not more than 5.6% Ethylene oxide	126	3299
环氧乙烷和五氟乙烷混合物,含环氧乙烷不高于7.9%	Ethylene oxide and Pentafluoroethane mixture,with not more than 7.9% Ethylene oxide	126	3298
环氧乙烷和氧化丙烯混合物,含环氧乙烷不高于30%	Ethylene oxide and Propylene oxide mixture,with not more than 30% Ethylene oxide	129P	2983
1,2-环氧-3-乙氧基丙烷	1,2-Epoxy-3-ethoxypropane	127	2752
黄磷,干的	Yellow phosphorus,dry	136	1381
黄磷,浸没在溶液中	Yellow phosphorus,in solution	136	1381
黄磷,浸没在水中	Yellow phosphorus,under water	136	1381
黄原酸盐	Xanthates	135	3342
磺酰氯	Sulfuryl chloride	137	1834
回收废橡胶,粉末或颗粒	Rubber shoddy, powdered or granulated	133	1345

物质中文名称	物质英文名称	处置方案编号	UN 号
茴香胺	Anisidines	153	2431
茴香胺,固体	Anisidines, solid	153	2431
茴香胺,液体	Anisidines, liquid	153	2431
茴香醚	Anisole	128	2222
茴香酰氯	Anisoyl chloride	156	1729
混合酸,含硝酸高于50%	Nitrating acid mixture, with more than 50% nitric acid	157	1796
混合酸,含硝酸不高于50%	Nitrating acid mixture with not more than 50% nitric acid	157	1796
混合酸,废弃的,含硝酸高于50%	Nitrating acid mixture, spent, with more than 50% nitric acid	157	1826
混合酸,废弃的,含硝酸不高于50%	Nitrating acid mixture, spent, with not more than 50% nitric acid	157	1826
混合硝基二甲苯	Nitroxylenes	152	1665
混合硝基二甲苯,固体	Nitroxylenes, solid	152	1665
混合硝基二甲苯,液体	Nitroxylenes, liquid	152	1665
活性炭	Carbon, activated	133	1362
火柴,"可随处划燃"	Matches, "strike anywhere"	133	1331
火柴,耐风的	Matches, fusee	133	2254
J			
机器中的危险货物	Dangerous goods in machinery	171	3363
急救箱	First aid kit	171	3316
己醇	Hexanols	129	2282
己二腈	Adiponitrile	153	2205
己二烯	Hexadiene	130	2458
1,6-己二异氰酸酯	Hexamethylene diisocyanate	156	2281
己基三氯硅烷	Hexyltrichlorosilane	156	1784
己醛	Hexaldehyde	130	1207
己酸	Hexanoic acid;Caproic acid	153	2829
己烷	Hexanes	128	1208

续表

物质中文名称	物质英文名称	处置方案编号	UN号
1-己烯	1-Hexene	128	2370
季戊四醇四硝酸酯混合物,减敏的,固体,未另作规定的,含季戊四醇四硝酸酯 10%~20%	Pentaerythrite tetranitrate mixture,desensitized,solid,n.o.s.,with more than 10% but not more than 20% PETN	113	3344
镓	Gallium	172	2803
甲胺,水溶液	Methylamine,aqueous solution	132	1235
甲胺,无水的	Methylamine,anhydrous	118	1061
甲苯	Toluene	130	1294
甲苯胺,液体	Toluidines,liquid	153	1708
甲苯胺,固体	Toluidines,solid	153	3451
2,4-甲苯二胺	2,4-Toluenediamine	151	1709
2,4-甲苯二胺,溶液	2,4-Toluylenediamine,solution	151	3418
甲苯二异氰酸酯	Toluene diisocyanate	156	2078
甲苯基酸	Cresylic acid	153	2022
甲苄基溴	Xylyl bromide	152	1701
甲苄基溴,固体	Xylyl bromide,solid	152	3417
甲苄基溴,液体	Xylyl bromide,liquid	152	1701
甲醇	Methyl alcohol；Methanol	131	1230
甲醇钠	Sodium methylate	138	1431
甲醇钠,干的	Sodium methylate,dry	138	1431
甲醇钠的酒精溶液	Sodium methylate,solution in alcohol	132	1289
2,4-甲代苯二胺	2,4-Toluylenediamine	151	1709
2,4-甲代苯二胺,固体	2,4-Toluylenediamine,solid	151	1709
甲代烯丙醇	Methallyl alcohol	129	2614
甲酚,固体	Cresols,solid	153	2076
甲酚,固体	Cresols,solid	153	3455
甲酚,液体	Cresols,liquid	153	2076
甲磺酰氯	Methanesulfonyl chloride	156	3246

物质中文名称	物质英文名称	处置方案编号	UN 号
甲基·丙基醚	Methyl propyl ether	127	2612
甲基·丙基酮	Methyl propyl ketone	127	1249
甲基·氯甲基醚	Methyl chloromethyl ether	131	1239
甲基·叔丁基醚	Methyl tert-butyl ether	127	2398
甲基·乙基酮	Methyl ethyl ketone	127	1193
甲基·乙烯基酮,稳定的	Methyl vinyl ketone,stabilized	131P	1251
甲基·异丙烯基酮,稳定的	Methyl isopropenyl ketone,stabilized	127P	1246
甲基·异丁基酮	Methyl isobutyl ketone	127	1245
2-甲基-5-乙基吡啶	2-Methyl-5-ethylpyridine	153	2300
N-甲基苯胺	N-Methylaniline	153	2294
甲基苯基二氯硅烷	Methylphenyldichlorosilane	156	2437
甲基吡啶	Picolines	129	2313
α-甲基苄基醇	Alpha-Methylbenzyl alcohol	153	2937
α-甲基苄基醇,固体	Alpha-Methylbenzyl alcohol,solid	153	3438
α-甲基苄基醇,液体	Alpha-Methylbenzyl alcohol,liquid	153	2937
甲基丙烯腈,稳定的	Methacrylonitrile,stabilized	131P	3079
甲基丙烯醛,稳定的	Methacrylaldehyde,stabilized	131P	2396
甲基丙烯酸,稳定的	Methacrylic acid,stabilized	153P	2531
甲基丙烯酸乙酯	Ethyl methacrylate	130P	2277
甲基丙烯酸乙酯,稳定的	Ethyl methacrylate,stabilized	130P	2277
甲基丙烯酸异丁酯,稳定的	Isobutyl methacrylate,stabilized	130P	2283
甲基丙烯酸正丁酯,稳定的	n-Butyl methacrylate,stabilized	130P	2227
甲基碘	Methyl iodide	151	2644

物质中文名称	物质英文名称	处置方案编号	UN号
N-甲基丁胺	N-Methylbutylamine	132	2945
2-甲基丁醛	2-Methylbutanal	129	3371
3-甲基-2-丁酮	3-Methylbutan-2-one	127	2397
3-甲基-1-丁烯	3-Methyl-1-butene	128	2561
2-甲基-1-丁烯	2-Methyl-1-butene	128	2459
2-甲基-2-丁烯	2-Methyl-2-butene	128	2460
甲基二氯硅烷	Methyldichlorosilane	139	1242
甲基二氯膦	Methyl phosphonous dichloride	135	2845
甲基二氯胂	Methyldichloroarsine；MD	152	1556
2-甲基呋喃	2-Methylfuran	128	2301
甲基氟	Methyl fluoride	115	2454
2-甲基-2-庚硫醇	2-Methyl-2-hepthanethiol	131	3023
甲基环己醇	Methylcyclohexanols	129	2617
甲基环己酮	Methylcyclohexanone	128	2297
甲基环己烷	Methylcyclohexane	128	2296
甲基环戊烷	Methylcyclopentane	128	2298
5-甲基-2-己酮	5-Methylhexan-2-one	127	2302
甲基肼	Methylhydrazine	131	1244
甲基氯	Methyl chloride	115	1063
甲基氯苯胺,液体	Chlorotoluidines，liquid	153	3429
甲基氯苯胺	Chlorotoluidines	153	2239
甲基氯苯胺,固体	Chlorotoluidines，solid	153	2239
甲基氯硅烷	Methylchlorosilane	119	2534
4-甲基吗啉	4-Methylmorpholine	132	2535
N-甲基吗啉	N-Methylmorpholine	132	2535
1-甲基哌啶	1-Methylpiperidine	132	2399
甲基三氯硅烷	Methyltrichlorosilane	155	1250
甲基四氢呋喃	Methyltetrahydrofuran	127	2536
2-甲基-2-戊醇	2-Methylpentan-2-ol	129	2560

续表

物质中文名称	物质英文名称	处置方案编号	UN 号
甲基戊醇	Methylamyl alcohol	129	2053
甲基戊二烯	Methylpentadiene	128	2461
α-甲基戊醛	Methyl valeraldehyde（alpha）; alpha-Methylvaleraldehyde	130	2367
甲基烯丙基氯	Methylallyl chloride	130P	2554
甲基溴	Methyl bromide	123	1062
甲基乙基醚	Methyl ethyl ether	115	1039
甲基乙炔和丙二烯混合物,稳定的	Methylacetylene and Propadiene mixture, stabilized	116P	1060
甲基异丁基甲醇	Methyl isobutyl carbinol	129	2053
甲硫醇	Methyl mercaptan	117	1064
甲醛,溶液（福尔马林）	Formaldehyde, solutions（Formalin）	132	1198
甲醛,溶液（福尔马林）(腐蚀性的)	Formaldehyde, solutions（Formalin）（corrosive）	132	2209
甲醛,溶液,易燃	Formaldehyde, solution, flammable	132	1198
甲醛缩二甲醇	Methylal	127	1234
甲酸	Formic acid	153	1779
甲酸,含85%以上酸	Formic acid, with more than 85% acid	153	1779
甲酸,含酸在 10% ~ 85%	Formic acid, with not less than 10% but not more than 85% acid	153	3412
甲酸,含酸在 5% ~ 10%	Formic acid, with not less than 5% but less than 10% acid	153	3412
甲酸丙酯	Propyl formates	129	1281
甲酸甲酯	Methyl formate	129	1243
甲酸戊酯	Amyl formates	129	1109
甲酸烯丙酯	Allyl formate	131	2336
甲酸乙酯	Ethyl formate	129	1190

物质中文名称	物质英文名称	处置方案编号	UN 号
甲酸异丁酯	Isobutyl formate	132	2393
甲酸正丁酯	N-Butyl formate	129	1128
甲烷	Methane	115	1971
甲烷,冷冻液体(低温液体)	Methane, refrigerated liquid (cryogenic liquid)	115	1972
甲烷,压缩的	Methane, compressed	115	1971
甲烷和氢混合物,压缩的	Methane and Hydrogen mixture, compressed	115	2034
1-甲氧基-2-丙醇	1-Methoxy-2-propanol	129	3092
4-甲氧基-4-甲基-2-戊酮	4-Methoxy-4-methylpentan-2-one	128	2293
3-甲氧基乙酸丁酯	Butoxyl	127	2708
钾	Potassium	138	2257
钾金属	Potassium, metal	138	2257
钾金属合金	Potassium, metal alloys	138	1420
钾金属合金,固体	Potassium, metal alloys, solid	138	3403
钾金属合金,液体	Potassium, metal alloys, liquid	138	1420
钾钠合金	Potassium sodium alloys	138	1422
钾钠合金,固体	Potassium sodium alloys, solid	138	3404
钾钠合金,液体	Potassium sodium alloys, liquid	138	1422
间苯二酚	Resorcinol	153	2876
减敏爆炸物,固体,未另作规定的	Desensitized explosive, solid, n. o. s.	133	3380
减敏爆炸物,液体,未另作规定的	Desensitized explosive, liquid, n. o. s.	128	3379
碱金属醇化物,自热性,腐蚀,未另作规定的	Alkali metal alcoholates, self-heating, corrosive, n. o. s.	136	3206
碱金属分散体	Alkali metal dispersion	138	1391
碱金属分散体,易燃	Alkali metal dispersion, flammable	138	3482

物质中文名称	物质英文名称	处置方案编号	UN 号
碱金属汞齐	Alkali metal amalgam	138	1389
碱金属汞齐,固体	Alkali metal amalgam,solid	138	3401
碱金属汞齐,液体	Alkali metal amalgam,liquid	138	1389
碱金属合金,液体,未另作规定的	Alkali metal alloy,liquid,n.o.s.	138	1421
碱石灰,含氢氧化钠高于4%	Soda lime,with more than 4% Sodium hydroxide	154	1907
碱土金属醇化物,未另作规定的	Alkaline earth metal alcoholates,n. o. s.	135	3205
碱土金属分散体	Alkaline earth metal dispersion	138	1391
碱土金属分散体,易燃	Alkaline earth metal dispersion,flammable	138	3482
碱土金属汞齐	Alkaline earth metal amalgam	138	1392
碱土金属汞齐,固体	Alkaline earth metal amalgam,solid	138	3402
碱土金属汞齐,液体	Alkaline earth metal amalgam,liquid	138	1392
碱土金属合金,未另作规定的	Alkaline earth metal alloy,n.o.s.	138	1393
碱性电池液	Battery fluid,alkali	154	2797
2,5-降冰片二烯,稳定的	2,5-Norbornadiene,stabilized	128P	2251
胶片,以硝化纤维素为基料	Films,nitrocellulose base	133	1324
焦硫酰氯	Pyrosulfuryl chloride	137	1817
焦油,液体	Tars,liquid	130	1999
芥末路易斯(毒气)	Mustard Lewisite	153	2810
芥子气	Mustard	153	2810
芥子气纯品	HL	153	2810
芥子气-路易斯气	Mustard Lewisite	153	2810
金属催化剂,干的	Metal catalyst,dry	135	2881

物质中文名称	物质英文名称	处置方案编号	UN号
金属催化剂,湿的	Metal catalyst,wetted	170	1378
金属粉,易燃,未另作规定的	Metal powder,flammable,n.o.s.	170	3089
金属氢储存系统中的氢	Hydrogen in a metal hydride storage system	115	3468
金属氢化物,易燃,未另作规定的	Metal hydrides,flammable,n.o.s.	170	3182
金属氢化物,遇水反应,未另作规定的	Metal hydrides,water-reactive,n.o.s.	138	1409
金属氢化物中吸收的氢	Hydrogen absorbed in metal hydride	115	9279
金属物质,遇水反应,未另作规定的	Metallic substance,water-reactive,n.o.s.	138	3208
金属物质,遇水反应,自热性,未另作规定的	Metallic substance,water-reactive,self-heating,n.o.s.	138	3209
腈类,易燃,有毒,未另作规定的	Nitriles,flammable,toxic,n.o.s.	131	3273
腈类,有毒,固体,未另作规定的	Nitriles,toxic,solid,n.o.s.	151	3439
腈类,有毒,未另作规定的	Nitriles,toxic,n.o.s.	151	3276
腈类,有毒,液体,未另作规定的	Nitriles,toxic,liquid,n.o.s.	151	3276
腈类,有毒,易燃,未另作规定的	Nitriles,toxic,flammable,n.o.s.	131	3275
肼,水溶液,含肼37%~64%	Hydrazine, aqueous solution, with not less than 37% but not more than 64% Hydrazine	153	2030
肼,水溶液,含肼不高于37%	Hydrazine, aqueous solution, with not more than 37% Hydrazine	152	3293
肼,水溶液,含肼高于37%	Hydrazine, aqueous solution, with more than 37% Hydrazine	153	2030

续表

物质中文名称	物质英文名称	处置方案编号	UN 号
肼,无水的	Hydrazine,anhydrous	132	2029
酒精饮料	Alcoholic beverages	127	3065
酒精	Ethyl alcohol	127	1170
酒精,溶液	Ethyl alcohol,solution	127	1170
酒精-汽油混合燃料	Gasohol	128	1203
酒石酸烟碱	Nicotine tartrate	151	1659
酒石酸氧锑钾	Antimony potassium tartrate	151	1551
救生设备,自动膨胀式	Life-saving appliances, self-inflating	171	2990
聚胺,固体,腐蚀,未另作规定的	Polyamines, solid, corrosive, n. o. s.	154	3259
聚胺,液体,腐蚀,未另作规定的	Polyamines, liquid, corrosive, n. o. s.	153	2735
聚胺,液体,腐蚀,易燃,未另作规定的	Polyamines, liquid, corrosive, flammable, n. o. s.	132	2734
聚胺,易燃,腐蚀,未另作规定的	Polyamines, flammable, corrosive, n. o. s.	132	2733
聚苯乙烯珠粒,可膨胀的	Polystyrene beads, expandable	133	2211
聚合物珠粒,可膨胀的	Polymeric beads, expandable	133	2211
聚烷基胺,未另作规定的	Polyalkylamines, n. o. s.	132	2733
聚烷基胺,未另作规定的	Polyalkylamines, n. o. s.	132	2734
聚烷基胺,未另作规定的	Polyalkylamines, n. o. s.	153	2735
聚乙醛	Metaldehyde	133	1332
聚酯树脂器材	Polyester resin kit	128	3269
K			
卡可酸钠	Sodium cacodylate	152	1688
糠胺	Furfurylamine	132	2526

物质中文名称	物质英文名称	处置方案编号	UN 号
糠醇	Furfuryl alcohol	153	2874
糠醛	Furfuraldehydes；Furaldehydes；Furfural	132P	1199
苛性钾,干的,固体	Caustic potash,dry,solid	154	1813
苛性钾,溶液	Caustic potash,solution	154	1814
苛性钾,液体	Caustic potash,liquid	154	1814
苛性碱液体,未另作规定的	Caustic alkali liquid,n. o. s.	154	1719
苛性钠,薄片	Caustic soda,flake	154	1823
苛性钠,固体	Caustic soda,solid	154	1823
苛性钠,颗粒	Caustic soda,granular	154	1823
苛性钠,溶液	Caustic soda,solution	154	1824
苛性钠,珠粒	Caustic soda,bead	154	1823
可卡基酸	Cacodylic acid	151	1572
可燃液体,未另作规定的	Combustible liquid,n. o. s.	128	1993
可溶性铅化合物,未另作规定的	Lead compound,soluble,n.o.s.	151	2291
可塑成型化合物	Plastic molding compound；Plastics moulding compound	171	3314
氪	Krypton	121	1056
氪,冷冻液体(低温液体)	Krypton, refrigerated liquid (cryogenic liquid)	120	1970
氪,压缩的	Krypton,compressed	121	1056
空气,冷冻液体(低温液体)	Air, refrigerated liquid (cryogenic liquid)	122	1003
空气,冷冻液体(低温液体),未压缩的	Air, refrigerated liquid (cryogenic liquid),non-pressurized	122	1003
空气,压缩的	Air,compressed	122	1002
空运受控的固体,未另作规定的	Aviation regulated solid,n. o. s.	171	3335

物质中文名称	物质英文名称	处置方案编号	UN 号
空运受控的液体,未另作规定的	Aviation regulated liquid, n.o.s.	171	3334
苦橄岩,湿的	Picrite, wetted	113	1336
苦基氯,含水不低于10%	Picryl chloride, wetted with not less than 10% water	113	3365
苦味酸,含水不低于10%	Picric acid, wetted with not less than 10% water; Trinitrophenol, wetted with not less than 10% water	113	3364
苦味酸,含水不低于30%	Picric acid, wetted with not less than 30% water	113	1344
苦味酸,湿的,含水不低于10%	Picric acid, wet, with not less than 10% water	113	1344
苦味酸铵,含水不低于10%	Ammonium picrate, wetted with not less than 10% water	113	1310
苦味酸银,含水不低于30%	Silver picrate, wetted with not less than 30% water	113	1347
喹啉	Quinoline	154	2656
	L		
蓝石棉	Blue asbestos	171	2212
冷冻机械,含易燃、无毒、无腐蚀性的液化气体	Refrigerating machines, containing flammable, non-poisonous, non-corrosive, liquefied gas	115	1954
冷冻气体,未另作规定的(易燃)	Refrigerant gas, n.o.s.(flammable)	115	1954
锂	Lithium	138	1415
锂电池	Lithium batteries	138	3090
锂电池,同设备包装在一起的	Lithium batteries packed with equipment	138	3091
锂电池,液体或固体负极	Lithium batteries, liquid or solid cathode	138	3090
锂电池,装在设备中的	Lithium batteries contained in equipment	138	3091

物质中文名称	物质英文名称	处置方案编号	UN 号
锂硅铁	Lithium ferrosilicon	139	2830
锂金属电池组(包括锂合金电池组)	Lithium metal batteries (including lithium alloy batteries)	138	3090
锂离子电池组(包括聚合物锂离子电池)	Lithium ion batteries (including lithium ion polymer batteries)	147	3480
锂离子电池组(包括聚合物锂离子电池),同设备包装在一起的	Lithium ion batteries packed with equipment (including lithium ion polymer batteries)	147	3481
锂离子电池组(包括聚合物锂离子电池),装在设备上的	Lithium ion batteries contained in equipment (including lithium ion polymer batteries)	147	3481
锂离子电池组(包括锂合金电池组),同设备包装在一起的	Lithium metal batteries packed with equipment (including lithium alloy batteries)	138	3091
锂离子电池组(包括锂合金电池组),装在设备上的	Lithium metal batteries contained in equipment (including lithium alloy batteries)	138	3091
沥青	Asphalt	130	1999
沥青,稀释	Asphalt, cut back	130	1999
连二亚硫酸钙	Calcium dithionite	135	1923
连二亚硫酸钾	Potassium dithionite	135	1929
连二亚硫酸钠	Sodium dithionite	135	1384
连二亚硫酸锌	Zinc dithionite	171	1931
联苯胺	Benzidine	153	1885
联吡啶农药,固体,有毒	Bipyridilium pesticide, solid, toxic	151	2781
联吡啶农药,液体,易燃,有毒	Bipyridilium pesticide, liquid, flammable, toxic	131	2782
联吡啶农药,液体,有毒	Bipyridilium pesticide, liquid, toxic	151	3016
联吡啶农药,液体,有毒,易燃	Bipyridilium pesticide, liquid, toxic, flammable	131	3015

物质中文名称	物质英文名称	处置方案编号	UN 号
邻苯二甲酸酐	Phthalic anhydride	156	2214
邻二氯苯	o-Dichlorobenzene	152	1591
临床废物,非特指的,未另作规定的	Clinical waste, unspecified, n. o. s.	158	3291
磷,非晶形	Phosphorus, amorphous	133	1338
磷化钙	Calcium phosphide	139	1360
磷化钾	Potassium phosphide	139	2012
磷化铝	Aluminum phosphide	139	1397
磷化铝镁	Magnesium aluminum phosphide	139	1419
磷化铝农药	Aluminum phosphide pesticide	157	3048
磷化钠	Sodium phosphide	139	1432
磷化氢	Phosphine	119	2199
磷化氢,吸附的	Phosphine, adsorbed	173	3525
磷化锶	Strontium phosphide	139	2013
磷化锡	Stannic phosphides	139	1433
磷化锌	Zinc phosphide	139	1714
磷酸,固体	Phosphoric acid, solid	154	1805
磷酸,固体	Phosphoric acid, solid	154	3453
磷酸,溶液	Phosphoric acid, solution	154	1805
磷酸,液体	Phosphoric acid, liquid	154	1805
磷酸三甲苯酯	Tricresyl phosphate	151	2574
磷虾粉	Krill meal	133	3497
9-磷杂二环壬烷	9-Phosphabicyclononanes	135	2940
硫	Sulfur; Sulphur	133	1350
硫醇,液体,易燃,未另作规定的	Mercaptans, liquid, flammable, n. o. s.	130	3336
硫醇,液体,易燃,有毒,未另作规定的	Mercaptans, liquid, flammable, toxic, n. o. s.	131	1228

物质中文名称	物质英文名称	处置方案编号	UN 号
硫醇，液体，有毒，易燃，未另作规定的	Mercaptans, liquid, toxic, flammable, n. o. s.	131	3071
硫醇混合物，液体，易燃，未另作规定的	Mercaptan mixture, liquid, flammable, n. o. s.	130	3336
硫醇混合物，液体，易燃，有毒，未另作规定的	Mercaptan mixture, liquid, flammable, toxic, n. o. s.	131	1228
硫醇混合物，液体，有毒，易燃，未另作规定的	Mercaptan mixture, liquid, toxic, flammable, n. o. s.	131	3071
硫代磷酰氯	Thiophosphoryl chloride	157	1837
硫代乳酸	Thiolactic acid	153	2936
硫代乙酸	Thioacetic acid	129	2436
硫甘醇	Thioglycol	153	2966
硫光气	Thiophosgene	157	2474
硫化铵，溶液	Ammonium sulfide, solution	132	2683
硫化钾，含化合水低于30%	Potassium sulfide, with less than 30% water of hydration	135	1382
硫化钾，含结晶水低于30%	Potassium sulfide, with less than 30% water of crystallization	135	1382
硫化钾，水合物，含结晶水不低于30%	Potassium sulfide, hydrated, with not less than 30% water of crystallization	153	1847
硫化钾，无水的	Potassium sulfide, anhydrous	135	1382
硫化钠，含结晶水低于30%	Sodium sulfide, with less than 30% water of crystallization	135	1385
硫化钠，水合物，含水不低于30%	Sodium sulfide, hydrated, with not less than 30% water	153	1849
硫化钠，无水的	Sodium sulfide, anhydrous	135	1385
硫化氢	Hydrogen sulfide	117	1053
硫化羰	Carbonyl sulfide	119	2204
硫磺，熔融的	Sulfur, molten	133	2448
硫氰酸汞	Mercury thiocyanate	151	1646

物质中文名称	物质英文名称	处置方案编号	UN 号
硫酸	Sulphuric acid;Sulfuric acid	137	1830
硫酸,发烟的	Sulfuric acid,fuming	137	1831
硫酸,发烟的,含游离三氧化硫不低于30%	Sulfuric acid,fuming,with not less than 30% free Sulfur trioxide	137	1831
硫酸,发烟的,含游离三氧化硫低于30%	Sulfuric acid,fuming,with less than 30% free Sulfur trioxide	137	1831
硫酸,含酸不高于51%	Sulfuric acid,with not more than 51% acid	157	2796
硫酸,含酸高于51%	Sulfuric acid,with more than 51% acid	137	1830
硫酸二甲酯	Dimethyl sulfate	156	1595
硫酸二乙酯	Diethyl sulfate	152	1594
硫酸废液	Sulfuric acid,spent	137	1832
硫酸汞	Mercury sulfate;Mercuric sulphate	151	1645
硫酸胲	Hydroxylamine sulfate	154	2865
硫酸和氢氟酸混合物	Sulfuric acid and Hydrofluoric acid mixtures	157	1786
硫酸铅,含游离酸高于3%	Lead sulphate,with more than 3% free acid	154	1794
硫酸氢铵	Ammonium hydrogen sulfate	154	2506
硫酸氢钾	Potassium hydrogen sulfate	154	2509
硫酸氢钠,溶液	Sodium hydrogen sulfate,solution;Sodium bisulphate,solution	154	2837
硫酸氢盐,水溶液	Bisulfates,aqueous solution	154	2837
硫酸铊,固体	Thallium sulfate,solid	151	1707
硫酸烟碱,固体	Nicotine sulfate,solid	151	3445
硫酸烟碱,溶液	Nicotine sulfate,solution	151	1658
硫酸氧钒	Vanadyl sulphate	151	2931
硫酰氟	Sulfuryl fluoride	123	2191

物质中文名称	物质英文名称	处置方案编号	UN号
4-硫杂戊醛	4-Thiapentanal	152	2785
硫杂-4-戊醛	Thia-4-pentanal	152	2785
六胺	Hexamine	133	1328
六氟丙酮	Hexafluoroacetone	125	2420
六氟丙烯	Hexafluoropropylene	126	1858
六氟化碲	Tellurium hexafluoride	125	2195
六氟化硫	Sulfur hexafluoride	126	1080
六氟化钨	Tungsten hexafluoride	125	2196
六氟化硒	Selenium hexafluoride	125	2194
六氟化铀,放射性物质,除外包装,每包不少于0.1kg,非裂变或裂变除外	Uranium hexafluoride, radioactive material, excepted package, less than 0.1 kg per package, non-fissile or fissile-excepted	166	3507
六氟化铀,放射性物质,裂变的	Uranium hexafluoride, radioactive material, fissile	166	2977
六氟化铀,放射性物质,不裂变或特殊情况下裂变	Uranium hexafluoride, radioactive material, non fissile or fissile-excepted	166	2978
六氟环氧丙烷	Hexafluoropropylene oxide	126	1956
六氟磷酸	Hexafluorophosphoric acid	154	1782
六氟乙烷	Hexafluoroethane	126	2193
六氟乙烷,压缩的	Hexafluoroethane, compressed	126	2193
六氯苯	Hexachlorobenzene	152	2729
六氯丙酮	Hexachloroacetone	153	2661
六氯丁二烯	Hexachlorobutadiene	151	2279
六氯酚	Hexachlorophene	151	2875
六氯环戊二烯	Hexachlorocyclopentadiene	151	2646
六亚甲基二胺,固体	Hexamethylenediamine, solid	153	2280
六亚甲基二胺,溶液	Hexamethylenediamine, solution	153	1783
六亚甲基四胺	Hexamethylenetetramine	133	1328

物质中文名称	物质英文名称	处置方案编号	UN号
六亚甲基亚胺	Hexamethyleneimine	132	2493
卤化芳基金属,遇水反应,未另作规定的	Metal aryl halides, water-reactive, n. o. s.	138	3049
卤化烷基金属,遇水反应,未另作规定的	Metal alkyl halides, water-reactive, n. o. s.	138	3049
卤化烷基铝,固体	Aluminum alkyl halides, solid	135	3052
卤化烷基铝,固体	Aluminum alkyl halides, solid	135	3461
卤化烷基铝,液体	Aluminum alkyl halides, liquid	135	3052
路易斯(毒)气	Lewisite	153	2810
铝,熔融的	Aluminum, molten	169	9260
铝粉,发火的	Aluminum powder, pyrophoric	135	1383
铝粉,无涂层的	Aluminum powder, uncoated	138	1396
铝粉,有涂层的	Aluminum powder, coated	170	1309
铝加工副产品	Aluminum processing by-products	138	3170
铝熔炼副产品	Aluminum smelting by-products	138	3170
铝酸钠,固体	Sodium aluminate, solid	154	2812
铝酸钠,溶液	Sodium aluminate, solution	154	1819
铝渣	Aluminum dross	138	3170
铝重熔副产品	Aluminum remelting by-products	138	3170
氯	Chlorine	124	1017
氯,吸附的	Chlorine, adsorbed	173	3520
氯苯	Chlorobenzene	130	1134
氯苯胺,固体	Chloroanilines, solid	152	2018
氯苯胺,液体	Chloroanilines, liquid	152	2019
氯苯酚,固体	Chlorophenols, solid	153	2020
氯苯酚,液体	Chlorophenols, liquid	153	2021
氯苯酚盐,固体	Chlorophenolates, solid	154	2905
氯苯酚盐,液体	Chlorophenolates, liquid	154	2904
氯苯基三氯硅烷	Chlorophenyltrichlorosilane	156	1753

物质中文名称	物质英文名称	处置方案编号	UN号
氯苯甲基氯,固体	Chlorobenzyl chlorides,solid	153	3427
2-氯吡啶	2-Chloropyridine	153	2822
氯苄基氯	Chlorobenzyl chlorides	153	2235
氯苄基氯,液体	Chlorobenzyl chlorides,liquid	153	2235
3-氯-1-丙醇	3-Chloropropanol-1	153	2849
3-氯-1,2-丙三醇	Glycerol alpha-monochlorohydrin	153	2689
2-氯丙酸	2-Chloropropionic acid	153	2511
2-氯丙酸,固体	2-Chloropropionic acid,solid	153	2511
2-氯丙酸,溶液	2-Chloropropionic acid,solution	153	2511
2-氯丙酸甲酯	Methyl 2-chloropropionate	129	2933
2-氯丙酸乙酯	Ethyl 2-chloropropionate	129	2935
2-氯丙酸异丙酯	Isopropyl 2-chloropropionate	129	2934
氯丙酮,稳定的	Chloroacetone,stabilized	131	1695
1-氯丙烷	1-Chloropropane	129	1278
2-氯丙烷	2-Chloropropane	129	2356
2-氯丙烯	2-Chloropropene	130P	2456
氯铂酸,固体	Chloroplatinic acid,solid	154	2507
氯代茴香胺	Chloroanisidines	152	2233
氯丁二烯,稳定的	Chloroprene,stabilized	131P	1991
氯丁烷	Chlorobutanes	130	1127
1-氯-1,1-二氟乙烷	1-Chloro-1,1-difluoroethane	115	2517
氯二氟乙烷	Chlorodifluoroethanes	115	2517
氯仿	Chloroform	151	1888
氯硅烷,腐蚀性,未另作规定的	Chlorosilanes,corrosive,n.o.s.	156	2987
氯硅烷,腐蚀性,易燃,未另作规定的	Chlorosilanes, corrosive, flammable,n.o.s.	155	2986
氯硅烷,易燃,腐蚀性,未另作规定的	Chlorosilanes, flammable, corrosive,n.o.s.	155	2985

物质中文名称	物质英文名称	处置方案编号	UN 号
氯硅烷,有毒,腐蚀性,未另作规定的	Chlorosilanes, toxic, corrosive, n. o. s. ; Chlorosilanes, poisonous, corrosive, n. o. s.	156	3361
氯硅烷,有毒,腐蚀性,易燃,未另作规定的	Chlorosilanes, toxic, corrosive, flammable, n. o. s. ; Chlorosilanes, poisonous, corrosive flammable, n. o. s.	155	3362
氯硅烷,遇水反应,易燃,腐蚀,未另作规定的	Chlorosilanes, water-reactive, flammable, corrosive, n. o. s.	139	2988
氯化汞	Mercuric chloride	154	1624
氯化汞铵	Mercury ammonium chloride	151	1630
氯化硫	Sulfur chlorides	137	1828
氯化铝,溶液	Aluminum chloride, solution	154	2581
氯化铝,无水的	Aluminum chloride, anhydrous	137	1726
氯化镁和氯酸盐混合物	Magnesium chloride and Chlorate mixture	140	1459
氯化镁和氯酸盐混合物,固体	Magnesium chloride and Chlorate mixture, solid	140	1459
氯化镁和氯酸盐混合物,溶液	Magnesium chloride and Chlorate mixture, solution	140	3407
氯化氢,冷冻液体	Hydrogen chloride, refrigerated liquid	125	2186
氯化氢,无水的	Hydrogen chloride, anhydrous	125	1050
氯化氰(战争毒剂)	CK	125	1589
氯化氰,稳定的	Cyanogen chloride, stabilized	125	1589
氯化铁,溶液	Ferric chloride, solution	154	2582
氯化铁,无水的	Ferric chloride, anhydrous	157	1773
氯化铜	Copper chloride	154	2802
氯化锡,无水的	Stannic chloride, anhydrous	137	1827
氯化锌,溶液	Zinc chloride, solution	154	1840
氯化锌,无水的	Zinc chloride, anhydrous	154	2331

续表

物质中文名称	物质英文名称	处置方案编号	UN 号
氯化溴	Bromine chloride	124	2901
氯化亚铁,固体	Ferrous chloride,solid	154	1759
氯化亚铁,溶液	Ferrous chloride,solution	154	1760
氯化亚硝酰	Nitrosyl chloride	125	1069
1-氯-2,3-环氧丙烷	1-Chloro-2,3-epoxypropane	131P	2023
氯磺酸(与或不与三氧化硫混合物)	Chlorosulfonic acid（with or without sulfur trioxide mixture）	137	1754
氯磺酸(与或不与三氧化硫混合物)	Chlorosulphonic acid（with or without sulphur trioxide mixture）	137	1754
氯甲苯	Chlorotoluenes	129	2238
氯甲苯胺	Chlorotoluidines	153	2239
氯甲苯胺,固体	Chlorotoluidines,solid	153	2239
氯甲苯胺,液体	Chlorotoluidines,liquid	153	2239
氯甲酚	Chlorocresols	152	2669
氯甲酚,固体	Chlorocresols,solid	152	3437
氯甲酚,液体	Chlorocresols,liquid	152	2669
氯甲基乙醚	Chloromethyl ethyl ether	131	2354
氯甲酸苯酯	Phenyl chloroformate	156	2746
氯甲酸苄酯	Benzyl chloroformate	137	1739
氯甲酸环丁酯	Cyclobutyl chloroformate	155	2744
氯甲酸甲酯	Methyl chloroformate	155	1238
氯甲酸氯甲酯	Chloromethyl chloroformate	157	2745
氯甲酸叔丁基环己酯	Tert-Butylcyclohexyl chloroformate	156	2747
氯甲酸烯丙酯	Allyl chloroformate	155	1722
氯甲酸-2-乙基己酯	2-Ethylhexyl chloroformate	156	2748
氯甲酸乙酯	Ethyl chloroformate	155	1182
氯甲酸异丙酯	Isopropyl chloroformate	155	2407
氯甲酸异丁酯	Isobutyl chloroformate	155	2742

物质中文名称	物质英文名称	处置方案编号	UN号
氯甲酸正丙酯	N-Propyl chloroformate	155	2740
氯甲酸正丁酯	N-Butyl chloroformate	155	2743
氯甲酸酯,有毒,腐蚀,未另作规定的	Chloroformates, poisonous, corrosive, n. o. s.	154	3277
氯甲酸酯,有毒,腐蚀,易燃,未另作规定的	Chloroformates, poisonous, corrosive, flammable, n. o. s.	155	2742
氯甲酸仲丁酯	Sec-Butyl chloroformate	155	2742
氯甲烷和二氯甲烷混合物	Methyl chloride and Methylene chloride mixture	115	1912
氯甲烷和三氯硝基甲烷混合物	Methyl chloride and Chloropicrin mixtures	119	1582
4-氯邻甲苯胺盐酸盐	4-Chloro-o-toluidine hydrochloride	153	1579
4-氯邻甲苯胺盐酸盐,固体	4-Chloro-o-toluidine hydrochloride, solid	153	1579
氯硫代甲酸乙酯	Ethyl chlorothioformate	155	2826
氯醛,无水的,稳定的	Chloral, anhydrous, stabilized	153	2075
氯(三氟甲基)苯	Chlorobenzotrifluorides	130	2234
氯三氟乙烷	Chlorotrifluoroethane	126	1983
1-氯-1,2,2,2-四氟乙烷	1-Chloro-1,2,2,2-tetrafluoroethane	126	1021
氯酸,水溶液,含氯酸不高于10%	Chloric acid, aqueous solution, with not more than 10% Chloric acid	140	2626
氯酸钡	Barium chlorate	141	1445
氯酸钡,溶液	Barium chlorate, solution	141	3405
氯酸钡,固体	Barium chlorate, solid	141	1445
氯酸钙	Calcium chlorate	140	1452
氯酸钙溶液	Calcium chlorate, solution	140	2429
氯酸钙,水溶液	Calcium chlorate, aqueous solution	140	2429

物质中文名称	物质英文名称	处置方案编号	UN 号
氯酸钾	Potassium chlorate	140	1485
氯酸钾溶液	Potassium chlorate, solution	140	2427
氯酸钾,水溶液	Potassium chlorate, aqueous solution	140	2427
氯酸镁	Magnesium chlorate	140	2723
氯酸钠	Sodium chlorate	140	1495
氯酸钠,水溶液	Sodium chlorate, aqueous solution	140	2428
氯酸锶	Strontium chlorate	143	1506
氯酸铊	Thallium chlorate	141	2573
氯酸酮	Copper chlorate	141	2721
氯酸锌	Zinc chlorate	140	1513
氯酸盐,水溶液,无机物,未另作规定的	Chlorates, inorganic, aqueous solution, n. o. s.	140	3210
氯酸盐,无机物,未另作规定的	Chlorates, inorganic, n. o. s.	140	1461
氯酸盐和氯化镁混合物	Chlorate and Magnesium chloride mixture	140	1459
氯酸盐和氯化镁混合物,固体	Chlorate and Magnesium chloride mixture, solid	140	1459
氯酸盐和氯化镁混合物,溶液	Chlorate and Magnesium chloride mixture, solution	140	3407
氯酸盐和硼酸盐混合物	Chlorate and Borate mixtures	140	1458
氯碳酸烯丙酯	Allyl chlorocarbonate	155	1722
氯新戊酰氯	Chloropivaloyl chloride	156	9263
1-氯-3-溴丙烷	1-Chloro-3-bromopropane	159	2688
氯氧化铬	Chromium oxychloride	137	1758
2-氯乙醇	Ethylene chlorohydrin	131	1135
氯乙腈	Chloroacetonitrile	131	2668
2-氯乙醛	2-Chloroethanal	153	2232

物质中文名称	物质英文名称	处置方案编号	UN 号
氯乙醛	Chloroacetaldehyde	153	2232
氯乙酸,固体	Chloroacetic acid, solid	153	1751
氯乙酸,溶液	Chloroacetic acid, solution	153	1750
氯乙酸,熔融的	Chloroacetic acid, molten	153	3250
氯乙酸甲酯	Methyl chloroacetate	155	2295
氯乙酸钠	Sodium chloroacetate	151	2659
氯乙酸乙烯酯	Vinyl chloroacetate	155	2589
氯乙酸乙酯	Ethyl chloroacetate	155	1181
氯乙酸异丙酯	Isopropyl chloroacetate	155	2947
氯乙酰苯	Chloroacetophenone	153	1697
氯乙酰苯,固体	Chloroacetophenone, solid	153	1697
氯乙酰苯,液体	Chloroacetophenone, liquid	153	3416
氯乙酰苯(战争毒剂)	CN	153	1697
氯乙酰苯(战争毒剂)	CN	153	3416
氯乙酰氯	Chloroacetyl chloride	156	1752
伦敦紫	London purple	151	1621
M			
马来酸	Maleic acid	156	2215
马来酸酐	Maleic anhydride	156	2215
马来酸酐,熔融的	Maleic anhydride, molten	156	2215
马钱子碱	Strychnine	151	1692
马钱子碱盐	Strychnine salts	151	1692
吗啉	Morpholine	132	2054
煤焦油馏出物,易燃的	Coal tar distillates, flammable	128	1136
煤气	Coal gas	119	1023
煤气,压缩的	Coal gas, compressed	119	1023
煤油	Kerosene	128	1223
镁	Magnesium	138	1869

物质中文名称	物质英文名称	处置方案编号	UN 号
镁,丸状、旋屑或带状	Magnesium, in pellets, turnings or ribbons	138	1869
镁粉	Magnesium powder	138	1418
镁合金,含镁高于50%,丸状、旋屑或带状	Magnesium alloys, with more than 50% Magnesium, in pellets, turnings or ribbons	138	1869
镁合金粉	Magnesium alloys powder	138	1418
镁颗粒,有涂层的	Magnesium granules, coated	138	2950
醚类,未另作规定的	Ethers, n. o. s.	127	3271
棉花	Cotton	133	1365
棉花,潮湿的	Cotton, wet	133	1365
灭火器,装有压缩气体	Fire extinguishers with compressed gas	126	1044
灭火器,装有液化气体	Fire extinguishers with liquefied gas	126	1044
灭火器装料,腐蚀性液体	Fire extinguisher charges, corrosive liquid	154	1774
抹布,带油的	Rags, oily	133	1856
木材防腐剂,液体	Wood preservatives, liquid	129	1306
木炭	Charcoal	133	1361
N			
内燃机	Engines, internal combustion	128	3166
内燃机,易燃气体产生动力的	Engines, internal combustion, flammable gas powered	128	3166
内燃机,易燃液体产生动力的	Engines, internal combustion, flammable liquid powered	128	3166
钠	Sodium	138	1428
钠钾合金	Sodium potassium alloys	138	1422
钠钾合金,固体	Sodium potassium alloys, solid	138	3404
钠钾合金,液体	Sodium potassium alloys, liquid	138	1422

物质中文名称	物质英文名称	处置方案编号	UN 号
氖	Neon	121	1065
氖,冷冻液体(低温液体)	Neon,refrigerated liquid（cryogenic liquid）	120	1913
氖,压缩的	Neon,compressed	121	1065
萘,精制的	Naphthalene,refined	133	1334
萘,熔融的	Naphthalene,molten	133	2304
萘,未加工的	Naphthalene,crude	133	1334
α-萘胺	Alpha-Naphthylamine	153	2077
β-萘胺	Beta-Naphthylamine	153	1650
β-萘胺,固体	Beta-Naphthylamine,solid	153	1650
β-萘胺,溶液	Beta-Naphthylamine,solution	153	3411
萘基硫脲	Naphthylthiourea	153	1651
萘基脲	Naphthylurea	153	1652
拟除虫菊酯农药,固体,有毒	Pyrethroid pesticide,solid,toxic	151	3349
拟除虫菊酯农药,液体,易燃,有毒	Pyrethroid pesticide,liquid,flammable,toxic	131	3350
拟除虫菊酯农药,液体,有毒	Pyrethroid pesticide,liquid,toxic	151	3352
拟除虫菊酯农药,液体,有毒,易燃	Pyrethroid pesticide,liquid,toxic,flammable	131	3351
黏合剂(易燃的)	Adhesives（flammable）	128	1133
镍催化剂,干的	Nickel catalyst,dry	135	2881
农药,固体,有毒,未另作规定的	Pesticide,solid,poisonous,n.o.s.	151	2588
农药,固体,有毒,未另作规定的	Pesticide,solid,toxic,n.o.s.	151	2588
农药,液体,易燃,有毒	Pesticide,liquid,flammable,toxic	131	3021

续表

物质中文名称	物质英文名称	处置方案编号	UN 号
农药,液体,有毒,未另作规定的	Pesticide,liquid,toxic,n. o. s.	151	2902
农药,液体,有毒,易燃,未另作规定的	Pesticide,liquid,toxic,flammable,n. o. s.	131	2903
O			
偶氮二酰胺	Azodicarbonamide	149	3242
P			
哌啶	Piperidine	132	2401
哌嗪	Piperazine	153	2579
α-蒎烯	Pinene（alpha）;alpha-Pinene	128	2368
硼氢化钾	Potassium borohydride	138	1870
硼氢化锂	Lithium borohydride	138	1413
硼氢化钠和氢氧化钠溶液,含硼氢化钠不高于12%,含氢氧化钠不高于40%	Sodium borohydride and Sodium hydroxide solution,with not more than 12% Sodium borohydride and not more than 40% Sodium hydroxide	157	3320
硼酸三甲酯	Trimethyl borate	129	2416
硼酸三烯丙酯	Triallyl borate	156	2609
硼酸三异丙酯	Triisopropyl borate	129	2616
硼酸盐和氯酸盐混合物	Borate and Chlorate mixtures	140	1458
硼酸乙酯	Ethyl borate	129	1176
铍粉	Beryllium powder	134	1567
铍化合物,未另作规定的	Beryllium compound,n. o. s.	154	1566
皮鞋包头,以硝化纤维素为基料	Toe puffs,nitrocellulose base	133	1353
偏钒酸铵	Ammonium metavanadate	154	2859
偏钒酸钾	Potassium metavanadate	151	2864

物质中文名称	物质英文名称	处置方案编号	UN 号
漂白粉	Bleaching powder	140	2208
葡萄糖酸汞	Mercury gluconate	151	1637
Q			
七氟丙烷	Heptafluoropropane	126	3296
七硫化四磷,不含黄磷和白磷	Phosphorus heptasulfide, free from yellow and white Phosphorus	139	1339
其他受控物质,固体,未另作规定的	Other regulated substances, solid, n. o. s.	171	3077
其他受控物质,液体,未另作规定的	Other regulated substances, liquid, n. o. s.	171	3082
气袋充气器	Air bag inflators	171	3268
气袋模件	Air bag modules	171	3268
气体,冷冻液体,未另作规定的	Gas, refrigerated liquid, n. o. s.	120	3158
气体,冷冻液体,氧化性,未另作规定的	Gas, refrigerated liquid, oxidizing, n. o. s.	122	3311
气体,冷冻液体,易燃,未另作规定的	Gas, refrigerated liquid, flammable, n. o. s.	115	3312
气体分散剂,未另作规定的(易燃)	Dispersant gas, n. o. s. (flammable)	115	1954
气体鉴别装置	Gas identification set	123	9035
气体杀虫剂,未另作规定的	Insecticide gas, n. o. s.	126	1968
气体杀虫剂,易燃,未另作规定的	Insecticide gas, flammable, n. o. s.	115	3354
气体杀虫剂,有毒,未另作规定的	Insecticide gas, toxic, n. o. s.	123	1967
气体杀虫剂,有毒,易燃,未另作规定的	Insecticide gas, toxic, flammable, n. o. s.	119	3355

物质中文名称	物质英文名称	处置方案编号	UN 号
气体样品,未压缩,易燃,未另作规定的,非冷冻液体	Gas sample, non-pressurized, flammable, n. o. s., not refrigerated liquid	115	3167
气体样品,未压缩,有毒,未另作规定的,非冷冻液体	Gas sample, non-pressurized, toxic, n. o. s., not refrigerated liquid	123	3169
气体样品,未压缩,有毒,易燃,未另作规定的,非冷冻液体	Gas sample, non-pressurized, toxic, flammable, n. o. s., not refrigerated liquid	119	3168
气压物品(含不燃气体)	Articles, pressurized, pneumatic (containing non-flammable gas)	126	3164
汽油	Gasoline; Petrol	128	1203
汽油和乙醇混合物,含乙醇高于10%	Gasoline and ethanol mixture, with more than 10% ethanol	127	3475
羟基苯丙三唑,含水不低于20%	1-Hydroxybenzotriazole, anhydrous, wetted with not less than 20% water	113	3474
1-羟基苯丙三唑,一水合物	1-Hydroxybenzotriazole, monohydrate	113	3474
氢	Hydrogen	115	1049
氢,冷冻液体(低温液体)	Hydrogen, refrigerated liquid (cryogenic liquid)	115	1966
氢,压缩的	Hydrogen, compressed	115	1049
氢碘酸	Hydriodic acid	154	1787
氢氟酸	Hydrofluoric acid	157	1790
氢氟酸和硫酸混合物	Hydrofluoric acid and Sulfuric acid mixture	157	1786
氢和甲烷混合物,压缩的	Hydrogen and Methane mixture, compressed	115	2034
氢和一氧化碳混合物,压缩的	Hydrogen and Carbon monoxide mixture, compressed	119	2600

物质中文名称	物质英文名称	处置方案编号	UN 号
氢化芳基金属,遇水反应,未另作规定的	Metal aryl hydrides, water-reactive, n. o. s.	138	3050
氢化钙	Calcium hydride	138	1404
氢化锆	Zirconium hydride	138	1437
氢化锂	Lithium hydride	138	1414
氢化锂,熔融固体	Lithium hydride, fused solid	138	2805
氢化铝	Aluminum hydride	138	2463
氢化铝锂	Lithium aluminum hydride	138	1410
氢化铝锂,醚溶液	Lithium aluminum hydride, ethereal	138	1411
氢化铝钠	Sodium aluminum hydride	138	2835
氢化钠	Sodium hydride	138	1427
氢化钛	Titanium hydride	170	1871
氢化烷基金属,遇水反应,未另作规定的	Metal alkyl hydrides, water-reactive, n. o. s.	138	3050
氢化烷基铝	Aluminum alkyl hydrides	138	3076
氢醌	Hydroquinone	153	2662
氢硫化钠,固体,含结晶水低于25%	Sodium hydrosulfide, solid, with less than 25% water of crystallization	135	2318
氢硫化钠,含结晶水不低于25%	Sodium hydrosulfide, with not less than 25% water of crystallization	154	2949
氢硫化钠,含结晶水低于25%	Sodium hydrosulfide, with less than 25% water of crystallization	135	2318
氢硫化钠,溶液	Sodium hydrosulfide, solution	154	2922
氢硼化铝	Aluminum borohydride	135	2870
氢硼化铝,在装置中	Aluminum borohydride in devices	135	2870
氢硼化钠	Sodium borohydride	138	1426
氢气和一氧化碳的混合物,压缩的	Hydrogen and Carbon monoxide mixture, compressed	119	2600

续表

物质中文名称	物质英文名称	处置方案编号	UN 号
氢氰酸,水溶液,含氰化氢不高于20%	Hydrocyanic acid,aqueous solution,with not more than 20% Hydrogen cyanide	154	1613
氢氰酸,水溶液,含氰化氢低于5%	Hydrocyanic acid,aqueous solution,with less than 5% Hydrogen cyanide	154	1613
氢氰酸,水溶液,含氰化氢高于20%	Hydrocyanic acid,aqueous solutions,with more than 20% Hydrogen cyanide	117	1051
氢溴酸	Hydrobromic acid	154	1788
氢溴酸,溶液	Hydrobromic acid,solution	154	1788
氢氧化铵,含氨10%~35%	Ammonium hydroxide,with more than 10% but not more than 35% Ammonia	154	2672
氢氧化苯汞	Phenylmercuric hydroxide	151	1894
氢氧化钾,固体	Potassium hydroxide,solid	154	1813
氢氧化钾,溶液	Potassium hydroxide,solution	154	1814
氢氧化锂	Lithium hydroxide	154	2680
氢氧化锂,固体	Lithium hydroxide,solid	154	2680
氢氧化锂,溶液	Lithium hydroxide,solution	154	2679
氢氧化锂,水合物	Lithium hydroxide,monohydrate	154	2680
氢氧化钠,固体	Sodium hydroxide,solid	154	1823
氢氧化钠,溶液	Sodium hydroxide,solution	154	1824
氢氧化铷	Rubidium hydroxide	154	2678
氢氧化铷,固体	Rubidium hydroxide,solid	154	2678
氢氧化铷,溶液	Rubidium hydroxide,solution	154	2677
氢氧化铯	Cesium hydroxide	157	2682
氢氧化铯,溶液	Cesium hydroxide,solution	154	2681
氢氧化四甲铵	Tetramethylammonium hydroxide	153	1835

续表

物质中文名称	物质英文名称	处置方案编号	UN 号
氢氧化四甲铵,固体	Tetramethylammonium hydroxide,solid	153	3423
氢氧化四甲铵,溶液	Tetramethylammonium hydroxide,solution	153	1835
轻武器的无烟火药	Smokeless powder for small arms	133	3178
轻质加热油	Heating oil,light	128	1202
清洁剂,液体(腐蚀性)	Compounds,cleaning,liquid(corrosive)	154	1760
清洁剂,液体(易燃的)	Compound,cleaning,liquid(flammable)	128	1993
氰氨化钙,含碳化钙高于0.1%	Calcium cyanamide,with more than 0.1% Calcium carbide	138	1403
氰化钡	Barium cyanide	157	1565
氰化钙	Calcium cyanide	157	1575
氰化汞	Mercury cyanide	154	1636
氰化汞钾	Mercuric potassium cyanide	157	1626
氰化钾	Potassium cyanide	157	1680
氰化钾,固体	Potassium cyanide,solid	157	1680
氰化钾,溶液	Potassium cyanide,solution	157	3413
氰化钠	Sodium cyanide	157	1689
氰化钠,固体	Sodium cyanide,solid	157	1689
氰化钠,溶液	Sodium cyanide,solution	157	3414
氰化镍	Nickel cyanide	151	1653
氰化铅	Lead cyanide	151	1620
氰化氢(战争毒剂)	AC	117	1051
氰化氢,水溶液,含氰化氢不高于20%	Hydrogen cyanide,aqueous solution,with not more than 20% Hydrogen cyanide	154	1613
氰化氢,稳定的	Hydrogen cyanide,stabilized	117	1051

物质中文名称	物质英文名称	处置方案编号	UN号
氰化氢,稳定的(被吸收的)	Hydrogen cyanide, stabilized (absorbed)	152	1614
氰化氢,无水,稳定的	Hydrogen cyanide, anhydrous, stabilized	117	1051
氰化氢,乙醇溶液,含氰化氢不高于45%	Hydrogen cyanide, solution in alcohol, with not more than 45% Hydrogen cyanide	131	3294
氰化铜	Copper cyanide	151	1587
氰化物,无机物,固体,未另作规定的	Cyanides, inorganic, solid, n.o.s.	157	1588
氰化物溶液,未另作规定的	Cyanide solution, n. o. s.	157	1935
氰化锌	Zinc cyanide	151	1713
氰化银	Silver cyanide	151	1684
氰尿酰氯	Cyanuric chloride	157	2670
氰气	Cyanogen gas	119	1026
氰亚铜酸钾	Potassium cuprocyanide	157	1679
氰亚铜酸钠,固体	Sodium cuprocyanide, solid	157	2316
氰亚铜酸钠,溶液	Sodium cuprocyanide, solution	157	2317
氰氧化汞	Mercuric oxycyanide	151	1642
氰氧化汞,减敏的	Mercury oxycyanide, desensitized	151	1642
巯基乙酸	Thioglycolic acid	153	1940
取代硝基苯酚农药,固体,有毒	Substituted nitrophenol pesticide, solid, toxic	153	2779
取代硝基苯酚农药,液体,易燃,有毒	Substituted nitrophenol pesticide, liquid, flammable, toxic	131	2780
取代硝基苯酚农药,液体,有毒	Substituted nitrophenol pesticide, liquid, toxic	153	3014
取代硝基苯酚农药,液体,有毒,易燃	Substituted nitrophenol pesticide, liquid, toxic, flammable	131	3013

续表

物质中文名称	物质英文名称	处置方案编号	UN号
全氟(甲基乙烯基醚)	Perfluoro(methyl vinyl ether)	115	3153
全氟(乙基乙烯基醚)	Perfluoro(ethyl vinyl ether)	115	3154
全氟甲基乙烯基醚	Perfluoromethyl vinyl ether	115	3153
全氟乙基乙烯基醚	Perfluoroethyl vinyl ether	115	3154
全氯甲硫醇	Perchloromethyl mercaptan	157	1670
全氯乙烯	Perchloroethylene	160	1897
醛类,易燃,毒性,未另作规定的	Aldehydes, flammable, poisonous, n. o. s.	131	1988
醛类,未另作规定的	Aldehydes, n. o. s.	129	1989
醛类,易燃,有毒,未另作规定的	Aldehydes,flammable,toxic,n.o.s.	131	1988
R			
燃料电池车辆,易燃气体产生动力的	Vehicle, fuel cell, flammable gas powered	128	3166
燃料电池车辆,易燃液体产生动力的	Vehicle, fuel cell, flammable liquid powered	128	3166
燃料电池发动机,易燃气体产生动力的	Engine,fuel cell,flammable gas powered	128	3166
燃料电池发动机,易燃液体产生动力的	Engine,fuel cell,flammable liquid powered	128	3166
燃料电池盒,含腐蚀性物质	Fuel cell cartridges, containing corrosive substances	153	3477
燃料电池盒,含液化易燃气体	Fuel cell cartridges, containing liquefied flammable gas	115	3478
燃料电池盒,含易燃液体	Fuel cell cartridges containing flammable liquids	128	3473
燃料电池盒,含遇水反应物质	Fuel cell cartridges, containing water-reactive substances	138	3476
燃料电池盒,与设备包装在一起的,含腐蚀性物质	Fuel cell cartridges packed with equipment, containing corrosive substances	153	3477

物质中文名称	物质英文名称	处置方案编号	UN号
燃料电池盒,与设备包装在一起的,含液化易燃气体	Fuel cell cartridges packed with equipment, containing liquefied flammable gas	115	3478
燃料电池盒,与设备包装在一起的,含易燃液体	Fuel cell cartridges packed with equipment,containing flammable liquids	128	3473
燃料电池盒,与设备包装在一起的,在氢化金属中含有氢	Fuel cell cartridges packed with equipment,containing hydrogen in metal hydride	115	3479
燃料电池盒,与设备包装在一起的,含遇水反应物质	Fuel cell cartridges packed with equipment, containing water-reactive substances	138	3476
燃料电池盒,在氢化金属中含有氢	Fuel cell cartridges, containing hydrogen in metal hydride	115	3479
燃料电池盒,装在设备上的,含腐蚀性物质	Fuel cell cartridges contained in equipment, containing corrosive substances	153	3477
燃料电池盒,装在设备上的,含液化易燃气体	Fuel cell cartridges contained in equipment, containing liquefied flammable gas	115	3478
燃料电池盒,装在设备上的,含易燃液体	Fuel cell cartridges contained in equipment, containing flammable liquids	128	3473
燃料电池盒,装在设备上的,含遇水反应物质	Fuel cell cartridges contained in equipment, containing water-reactive substances	138	3476
燃料电池盒,装在设备上的,在氢化金属中含有氢	Fuel cell cartridges contained in equipment,containing hydrogen in metal hydride	115	3479
燃料油	Fuel oil	128	1202
燃料油	Fuel oil	128	1993
染料,固体,腐蚀,未另作规定的	Dye,solid,corrosive,n. o. s.	154	3147
染料,固体,有毒,未另作规定的	Dye,solid,toxic,n. o. s.	151	3143

物质中文名称	物质英文名称	处置方案编号	UN号
染料, 液体, 腐蚀, 未另作规定的	Dye, liquid, corrosive, n. o. s.	154	2801
染料, 液体, 有毒, 未另作规定的	Dye, liquid, toxic, n. o. s.	151	1602
染料中间体, 固体, 腐蚀, 未另作规定的	Dye intermediate, solid, corrosive, n. o. s.	154	3147
染料中间体, 固体, 有毒, 未另作规定的	Dye intermediate, solid, toxic, n. o. s.	151	3143
染料中间体, 液体, 腐蚀, 未另作规定的	Dye intermediate, liquid, corrosive, n. o. s.	154	2801
染料中间体, 液体, 有毒, 未另作规定的	Dye intermediate, liquid, toxic, n. o. s.	151	1602
壬基三氯硅烷	Nonyltrichlorosilane	156	1799
壬烷	Nonanes	128	1920
日用消费品	Consumer commodity	171	8000
铷	Rubidium	138	1423
铷金属	Rubidium metal	138	1423
乳酸锑	Antimony lactate	151	1550
乳酸乙酯	Ethyl lactate	129	1192
S			
噻吩	Thiophene	130	2414
赛璐珞, 块、棒、卷、片、管等, 碎屑除外	Celluloid, in blocks, rods, rolls, sheets, tubes, etc. , except scrap	133	2000
赛璐珞, 碎屑	Celluloid, scrap	135	2002
三丙胺	Tripropylamine	132	2260
三丁胺	Tributylamine	153	2542
三丁基膦烷	Tributylphosphane	135	3254
三丁基膦	Tributylphosphine	135	3254
三氟化氮	Nitrogen trifluoride	122	2451
三氟化氮, 压缩的	Nitrogen trifluoride, compressed	122	2451
三氟化氯	Chlorine trifluoride	124	1749

物质中文名称	物质英文名称	处置方案编号	UN 号
三氟化硼	Boron trifluoride	125	1008
三氟化硼,二水合物	Boron trifluoride,dihydrate	157	2851
三氟化硼,吸附的	Boron trifluoride,adsorbed	173	3519
三氟化硼,压缩的	Boron trifluoride,compressed	125	1008
三氟化硼合丙酸	Boron trifluoride propionic acid complex	157	1743
三氟化硼合丙酸,固体	Boron trifluoride propionic acid complex,solid	157	3420
三氟化硼合丙酸,液体	Boron trifluoride propionic acid complex,liquid	157	1743
三氟化硼合二甲醚	Boron trifluoride dimethyl etherate	139	2965
三氟化硼合二乙醚	Boron trifluoride diethyl etherate	132	2604
三氟化硼合乙酸	Boron trifluoride acetic acid complex	157	1742
三氟化硼合乙酸,固体	Boron trifluoride acetic acid complex,solid	157	3419
三氟化硼合乙酸,液体	Boron trifluoride acetic acid complex,liquid	157	1742
三氟化溴	Bromine trifluoride	144	1746
三氟甲苯	Benzotrifluoride	127	2338
2-三氟甲基苯胺	2-Trifluoromethylaniline	153	2942
3-三氟甲基苯胺	3-Trifluoromethylaniline	153	2948
三氟甲烷	Trifluoromethane	126	1984
三氟甲烷,冷冻液体	Trifluoromethane,refrigerated liquid	120	3136
三氟甲烷和三氟氯甲烷的共沸混合物,含三氟氯甲烷约60%	Trifluoromethane and Chlorotrifluoromethane azeotropic mixture with approximately 60% Chlorotrifluoromethane	126	2599
三氟氯甲烷	Trifluorochloromethane	126	1022

物质中文名称	物质英文名称	处置方案编号	UN 号
三氟氯乙烯,稳定的	Trifluorochloroethylene, stabilized	119P	1082
三氟乙酸	Trifluoroacetic acid	154	2699
1,1,1-三氟乙烷	1,1,1-Trifluoroethane	115	2035
三氟乙酰氯	Trifluoroacetyl chloride	125	3057
三甲胺,水溶液	Trimethylamine, aqueous solution	132	1297
三甲胺,无水的	Trimethylamine, anhydrous	118	1083
1,3,5-三甲苯	1,3,5-Trimethylbenzene	129	2325
三甲基环己胺	Trimethylcyclohexylamine	153	2326
三甲基六亚甲基二胺	Trimethylhexamethylenediamines	153	2327
三甲基六亚甲基二异氰酸酯	Trimethylhexamethylene diisocyanate	156	2328
三甲基氯硅烷	Trimethylchlorosilane	155	1298
三甲基乙酰氯	Trimethylacetyl chloride	132	2438
三甲氧基硅烷	Trimethoxysilane	132	9269
三聚丙烯	Tripropylene	128	2057
三聚异丁烯	Triisobutylene	128	2324
三硫化二磷,不含黄磷和白磷	Phosphorus trisulfide, free from yellow and white Phosphorus	139	1343
三硫化四磷,不含黄磷和白磷	Phosphorus sesquisulfide, free from yellow and white Phosphorus	139	1341
三氯苯,液体	Trichlorobenzenes, liquid	153	2321
三氯丁烯	Trichlorobutene	152	2322
三氯硅烷	Trichlorosilane	139	1295
三氯化钒	Vanadium trichloride	157	2475
三氯化磷	Phosphorus trichloride	137	1809
三氯化硼	Boron trichloride	125	1741
三氯化砷	Arsenic trichloride	157	1560
三氯化钛,发火的	Titanium trichloride, pyrophoric	135	2441
三氯化钛混合物	Titanium trichloride mixture	157	2869

物质中文名称	物质英文名称	处置方案编号	UN 号
三氯化钛混合物,发火的	Titanium trichloride mixture, pyrophoric	135	2441
三氯化锑	Antimony trichloride	157	1733
三氯化锑,固体	Antimony trichloride, solid	157	1733
三氯化锑,液体	Antimony trichloride, liquid	157	1733
三氯甲苯	Benzotrichloride	156	2226
三氯硝基甲烷	Chloropicrin	154	1580
三氯硝基甲烷和氯甲烷混合物	Chloropicrin and Methyl chloride mixture	119	1582
三氯硝基甲烷和溴甲烷混合物	Chloropicrin and Methyl bromide mixture	123	1581
三氯硝基甲烷混合物,未另作规定的	Chloropicrin mixture, n. o. s.	154	1583
三氯氧化钒	Vanadium oxytrichloride	137	2443
三氯氧化磷	Phosphorus oxychloride	137	1810
三氯乙酸	Trichloroacetic acid	153	1839
三氯乙酸,溶液	Trichloroacetic acid, solution	153	2564
三氯乙酸甲酯	Methyl trichloroacetate	156	2533
1,1,1-三氯乙烷	1,1,1-Trichloroethane	160	2831
三氯乙烯	Trichloroethylene	160	1710
三氯乙酰氯	Trichloroacetyl chloride	156	2442
三氯异氰脲酸,干的	Trichloroisocyanuric acid, dry	140	2468
三嗪农药,固体,有毒	Triazine pesticide, solid, toxic	151	2763
三嗪农药,液体,易燃,有毒	Triazine pesticide, liquid, flammable, toxic	131	2764
三嗪农药,液体,有毒	Triazine pesticide, liquid, toxic	151	2998
三嗪农药,液体,有毒,易燃	Triazine pesticide, liquid, toxic, flammable	131	2997
三烯丙胺	Triallylamine	132	2610

续表

物质中文名称	物质英文名称	处置方案编号	UN 号
三硝基苯,含水不低于10%	Trinitrobenzene, wetted with not less than 10% water	113	3367
三硝基苯,含水不低于30%	Trinitrobenzene, wetted with not less than 30% water	113	1354
三硝基苯酚,含水不低于30%	Trinitrophenol, wetted with not less than 30% water	113	1344
三硝基苯甲酸,含水不低于10%	Trinitrobenzoic acid, wetted with not less than 10% water	113	3368
三硝基苯甲酸,含水不低于30%	Trinitrobenzoic acid, wetted with not less than 30% water	113	1355
三硝基甲苯,含水不低于10%	Trinitrotoluene, wetted with not less than 10% water	113	3366
三硝基甲苯,含水不低于30%	Trinitrotoluene, wetted with not less than 30% water	113	1356
三硝基氯苯,含水不低于10%	Trinitrochlorobenzene, wetted with not less than 10% water	113	3365
三溴化磷	Phosphorus tribromide	137	1808
三溴化硼	Boron tribromide	157	2692
三溴氧化磷	Phosphorus oxybromide	137	1939
三溴氧化磷,固体	Phosphorus oxybromide, solid	137	1939
三亚乙基四胺	Triethylenetetramine	153	2259
三氧硅酸二钠	Disodium trioxosilicate	154	3253
三氧化二氮	Nitrogen trioxide	124	2421
三氧化二磷	Phosphorus trioxide	157	2578
三氧化二砷	Arsenic trioxide	151	1561
三氧化铬,无水的	Chromium trioxide, anhydrous	141	1463
三氧化硫,稳定了的	Sulfur trioxide, stabilized	137	1829
三氧化硫和氯磺酸混合物	Sulfur trioxide and Chlorosulphonic acid mixture	137	1754
三乙胺	Triethylamine	132	1296
伞花烃	Cymenes	130	2046

续表

物质中文名称	物质英文名称	处置方案编号	UN 号
铯	Caesium；Cesium	138	1407
沙林	Sarin；GB	153	2810
砷	Arsenic	152	1558
胂,吸附的	Arsine，adsorbed	173	3522
砷粉	Arsenical dust	152	1562
砷化合物,固体,未另作规定的	Arsenic compound，solid，n.o.s.	152	1557
砷化合物,固体,无机物,未另作规定的	Arsenic compound，solid，n.o.s.，inorganic	152	1557
砷化合物,液体,未另作规定的	Arsenic compound，liquid，n.o.s.	152	1556
砷化合物,液体,无机物,未另作规定的	Arsenic compound，liquid，n.o.s.，inorganic	152	1556
砷酸,固体	Arsenic acid，solid	154	1554
砷酸,液体	Arsenic acid，liquid	154	1553
砷酸铵	Ammonium arsenate	151	1546
砷酸钙	Calcium arsenate	151	1573
砷酸钙和亚砷酸钙混合物,固体	Calcium arsenate and Calcium arsenite mixture，solid	151	1574
砷酸汞	Mercuric arsenate	151	1623
砷酸钾	Potassium arsenate	151	1677
砷酸镁	Magnesium arsenate	151	1622
砷酸钠	Sodium arsenate	151	1685
砷酸铅	Lead arsenates	151	1617
砷酸铁	Ferric arsenate	151	1606
砷酸锌	Zinc arsenate	151	1712
砷酸锌和亚砷酸锌混合物	Zinc arsenate and Zinc arsenite mixture	151	1712
砷酸亚铁	Ferrous arsenate	151	1608
胂	SA；Arsine	119	2188

物质中文名称	物质英文名称	处置方案编号	UN号
生物碱,固体,未另作规定的(有毒)	Alkaloids, solid, n. o. s. (poisonous)	151	1544
生物碱,液体,未另作规定的(有毒)	Alkaloids, liquid, n. o. s. (poisonous)	151	3140
生物碱盐类,固体,未另作规定的(有毒)	Alkaloid salts, solid, n. o. s. (poisonous)	151	1544
生物碱盐类,液体,未另作规定的(有毒)	Alkaloid salts, liquid, n. o. s. (poisonous)	151	3140
生物物质,B类	Biological substance, category B	158	3373
(生物)医用废物,未另作规定的	(Bio) Medical waste, n. o. s.	158	3291
生物制剂	Biological agents	158	—
十八烷基三氯硅烷	Octadecyltrichlorosilane	156	1800
十二烷基苯磺酸	Dodecylbenzenesulfonic acid	153	2584
十二烷基三氯硅烷	Dodecyltrichlorosilane	156	1771
十六烷基三氯硅烷	Hexadecyltrichlorosilane	156	1781
十氢化萘	Decahydronaphthalene	130	1147
十一烷	Undecane	128	2330
石棉	Asbestos	171	2212
石棉,蓝色	Asbestos, blue	171	2212
石棉,棕色	Asbestos, brown	171	2212
石棉,闪石	Asbestos, amphibole	171	2212
石棉,温石棉	Asbestos, chrysotile	171	2590
石棉,白色	Asbestos, white	171	2590
石油	Petroleum oil	128	1270
石油产品,未另作规定的	Petroleum products, n. o. s.	128	1268
石油馏出物,未另作规定的	Petroleum distillates, n. o. s.	128	1268
石油气,液化的	Petroleum gases, liquefied	115	1075

物质中文名称	物质英文名称	处置方案编号	UN 号
石油原油	Petroleum crude oil	128	1267
铈，板、锭或棒	Cerium，slabs，ingots or rods	170	1333
铈，切屑或砂砾屑	Cerium，turnings or gritty powder	138	3078
铈铁合金	Ferrocerium	170	1323
受控医用废物，未另作规定的	Regulated medical waste，n.o.s.	158	3291
5-叔丁基-2，4，6-三硝基间二甲苯	5-tert-Butyl-2，4，6-trinitro-m-xylene	149	2956
叔辛硫醇	Tert-Octyl mercaptan	131	3023
树脂溶液	Resin solution	127	1866
树脂酸钙	Calcium resinate	133	1313
树脂酸钙，熔融的	Calcium resinate，fused	133	1314
树脂酸钴，沉淀的	Cobalt resinate，precipitated	133	1318
树脂酸铝	Aluminum resinate	133	2715
树脂酸锰	Manganese resinate	133	1330
树脂酸锌	Zinc resinate	133	2714
双丙酮醇	Diacetone alcohol	129	1148
双光气	DP；Diphosgene	125	1076
双烯酮，稳定的	Diketene，stabilized	131P	2521
水合肼	Hydrazine hydrate	153	2030
水合肼溶液，易燃，含肼（按质量）高于37%	Hydrazine aqueous solution，flammable，with more than 37% hydrazine，by mass	132	3484
水合六氟丙酮	Hexafluoroacetone hydrate	151	2552
水合六氟丙酮，固体	Hexafluoroacetone hydrate，solid	151	3436
水合六氟丙酮，液体	Hexafluoroacetone hydrate，liquid	151	2552
水杨酸汞	Mercury salicylate	151	1644
水杨酸烟碱	Nicotine salicylate	151	1657

续表

物质中文名称	物质英文名称	处置方案编号	UN 号
四氟化硅	Silicon tetrafluoride	125	1859
四氟化硅,压缩的	Silicon tetrafluoride,compressed	125	1859
四氟化硅,吸附的	Silicon tetrafluoride,adsorbed	173	3521
四氟化硫	Sulphur tetrafluoride;Sulfur tetrafluoride	125	2418
四氟甲烷	Tetrafluoromethane	126	1982
四氟甲烷,压缩的	Tetrafluoromethane,compressed	126	1982
四氟氯乙烷和环氧乙烷混合物,含环氧乙烷不高于8.8%	Chlorotetrafluoroethane and Ethylene oxide mixture,with not more than 8.8% Ethylene oxide	126	3297
1,1,1,2-四氟乙烷	1,1,1,2-Tetrafluoroethane	126	3159
四氟乙烷和环氧乙烷混合物,含环氧乙烷不高于5.6%	Tetrafluoroethane and Ethylene oxide mixture,with not more than 5.6% Ethylene oxide	126	3299
四氟乙烯,稳定的	Tetrafluoroethylene,stabilized	116P	1081
四甲基硅烷	Tetramethylsilane	130	2749
四聚丙烯	Propylene tetramer	128	2850
四磷酸六乙酯	Hexaethyl tetraphosphate	151	1611
四磷酸六乙酯和压缩气体混合物	Hexaethyl tetraphosphate and compressed gas mixture	123	1612
四氯化钒	Vanadium tetrachloride	137	2444
四氯化锆	Zirconium tetrachloride	137	2503
四氯化硅	Silicon tetrachloride	157	1818
四氯化钛	Titanium tetrachloride	137	1838
四氯化碳	Carbon tetrachloride	151	1846
四氯化锡	Tin tetrachloride	137	1827
四氯乙烷	Tetrachloroethane	151	1702
1,1,2,2-四氯乙烷	1,1,2,2-Tetrachloroethane	151	1702
四氯乙烯	Tetrachloroethylene	160	1897

续表

物质中文名称	物质英文名称	处置方案编号	UN号
1,2,3,6-四氢苯甲醛	1,2,3,6-Tetrahydrobenzalde-hyde	129	2498
1,2,3,6-四氢吡啶	1,2,3,6-Tetrahydropyridine	129	2410
1,2,5,6-四氢吡啶	1,2,5,6-Tetrahydropyridine	129	2410
四氢呋喃	Tetrahydrofuran	127	2056
四氢化糠胺	Tetrahydrofurfurylamine	129	2943
四氢化邻苯二甲酸酐	Tetrahydrophthalic anhydrides	156	2698
四氢噻吩	Tetrahydrothiophene	130	2412
四硝基甲烷	Tetranitromethane	143	1510
四溴化碳	Carbon tetrabromide	151	2516
四溴乙烷	Tetrabromoethane	159	2504
四亚乙基五胺	Tetraethylenepentamine	153	2320
四氧化锇	Osmium tetroxide	154	2471
四氧化二氮	Dinitrogen tetroxide	124	1067
四氧化二氮和一氧化氮混合物	Dinitrogen tetroxide and Nitric oxide mixture	124	1975
松节油	Turpentine	128	1299
松节油代用品	Turpentine substitute	128	1300
松香油	Rosin oil	127	1286
松油	Pine oil	129	1272
塑料,以硝化纤维素为基料,自热,未另作规定的	Plastics, nitrocellulose-based, self-heating, n.o.s.	135	2006
酸,淤泥	Acid, sludge	153	1906
酸式磷酸丁酯	Butyl acid phosphate; Acid butyl phosphate	153	1718
酸式磷酸二异辛酯	Diisooctyl acid phosphate	153	1902
酸式磷酸戊酯	Amyl acid phosphate	153	2819
酸式磷酸异丙酯	Isopropyl acid phosphate	153	1793
碎稻草和稻壳,浸水,潮湿或被油污染的	Bhusa, wet, damp or contaminated with oil	133	1327

物质中文名称	物质英文名称	处置方案编号	UN 号
缩水甘油醛	Glycidaldehyde	131P	2622
索曼	GD；Soman	153	2810
T			
铊化合物，未另作规定的	Thallium compound，n. o. s.	151	1707
塔崩	GA；Thickened GD	153	2810
钛粉，干的	Titanium powder，dry	135	2546
钛粉，含水量不低于25%	Titanium powder，wetted with not less than 25% water	170	1352
碳，来源于动物或植物	Carbon，animal or vegetable origin	133	1361
碳化钙	Calcium carbide	138	1402
碳化铝	Aluminum carbide	138	1394
碳酸二甲酯	Dimethyl carbonate	129	1161
碳酸二乙酯	Diethyl carbonate	128	2366
碳酰氟	Carbonyl fluoride	125	2417
碳酰氟，压缩的	Carbonyl fluoride，compressed	125	2417
羰基金属，固体，未另作规定的	Metal carbonyls，solid，n. o. s.	151	3466
羰基金属，未另作规定的	Metal carbonyls，n. o. s.	151	3281
羰基金属，液体，未另作规定的	Metal carbonyls，liquid，n. o. s.	151	3281
羰基镍	Nickel carbonyl	131	1259
梯恩梯，含水不低于10%	TNT，wetted with not less than 10% water	113	3366
梯恩梯，含水不低于30%	TNT，wetted with not less than 30% water	113	1356
锑粉	Antimony powder	170	2871
锑化合物，无机物，固体，未另作规定的	Antimony compound，inorganic，solid，n. o. s.	157	1549

续表

物质中文名称	物质英文名称	处置方案编号	UN 号
锑化合物,无机物,未另作规定的	Antimony compound, inorganic, n. o. s.	157	1549
锑化合物,无机物,液体,未另作规定的	Antimony compound, inorganic, liquid, n. o. s.	157	3141
锑化氢	Stibine	119	2676
天然气,冷冻液体(低温液体)	Natural gas, refrigerated liquid (cryogenic liquid)	115	1972
天然气,压缩的	Natural gas, compressed	115	1971
萜品油烯	Terpinolene	128	2541
萜烃,未另作规定的	Terpene hydrocarbons, n. o. s.	128	2319
烃类,液体,未另作规定的	Hydrocarbons, liquid, n. o. s.	128	3295
烃类气体混合物,压缩,未另作规定的	Hydrocarbon gas mixture, compressed, n. o. s.	115	1964
烃类气体混合物,液化,未另作规定的	Hydrocarbon gas mixture, liquefied, n. o. s.	115	1965
铜基农药,固体,有毒	Copper based pesticide, solid, toxic	151	2775
铜基农药,液体,易燃,有毒	Copper based pesticide, liquid, flammable, toxic	131	2776
铜基农药,液体,有毒	Copper based pesticide, liquid, toxic	151	3010
铜基农药,液体,有毒,易燃	Copper based pesticide, liquid, toxic, flammable	131	3009
铜乙二胺,溶液	Cupriethylenediamine, solution	154	1761
酮类,液体,未另作规定的	Ketones, liquid, n. o. s.	127	1224
涂料(腐蚀性)	Paint (corrosive)	153	3066
涂料,腐蚀性,易燃	Paint, corrosive, flammable	132	3470
涂料,易燃,腐蚀性	Paint, flammable, corrosive	132	3469
涂料的相关材料,腐蚀性,易燃	Paint related material, corrosive, flammable	132	3470

物质中文名称	物质英文名称	处置方案编号	UN 号
涂料的相关材料,易燃,腐蚀性	Paint related material, flammable, corrosive	132	3469
涂料溶液	Coating solution	127	1139
涂料相关材料(腐蚀性)	Paint related material (corrosive)	153	3066
钍金属,发火的	Thorium metal, pyrophoric	162	2975
W			
烷基苯酚,固体,未另作规定的(包括 $C_2 \sim C_{12}$ 的同系物)	Alkyl phenols, solid, n.o.s. (including $C_2 \sim C_{12}$ homologues)	153	2430
烷基苯酚,液体,未另作规定的(包括 $C_2 \sim C_{12}$ 的同系物)	Alkyl phenols, liquid, n.o.s. (including $C_2 \sim C_{12}$ homologues)	153	3145
烷基磺酸,固体,含游离硫酸不高于5%	Alkyl sulfonic acids, solid, with not more than 5% free Sulfuric acid	153	2585
烷基磺酸,固体,含游离硫酸高于5%	Alkyl sulfonic acids, solid, with more than 5% free Sulfuric acid	153	2583
烷基磺酸,液体,含游离硫酸不高于5%	Alkyl sulfonic acids, liquid, with not more than 5% free Sulfuric acid	153	2586
烷基磺酸,液体,含游离硫酸高于5%	Alkyl sulfonic acids, liquid, with more than 5% free Sulfuric acid	153	2584
烷基金属,遇水反应,未另作规定的	Metal alkyls, water-reactive, n.o.s.	135	2003
烷基锂	Lithium alkyls	135	2445
烷基锂,固体	Lithium alkyls, solid	135	3433
烷基锂,液体	Lithium alkyls, liquid	135	2445
烷基铝	Aluminum alkyls	135	3051
烷基铝氢化物,固体	Aluminum alkyl halides, solid	135	3461
烷基镁	Magnesium alkyls	135	3053

物质中文名称	物质英文名称	处置方案编号	UN 号
王水	Aqua regia；Nitrohydrochloric acid	157	1798
维埃克斯(战争毒剂)	VX	153	2810
"维斯塔"蜡火柴	Matches，wax "vesta"	133	1945
无水氨	Anhydrous ammonia	125	1005
五氟化碘	Iodine pentafluoride	144	2495
五氟化磷	Phosphorus pentafluoride	125	2198
五氟化磷，吸附的	Phosphorus pentafluoride，adsorbed	173	3524
五氟化氯	Chlorine pentafluoride	124	2548
五氟化锑	Antimony pentafluoride	157	1732
五氟化溴	Bromine pentafluoride	144	1745
五氟氯乙烷	Chloropentafluoroethane	126	1020
五氟氯乙烷和二氟氯甲烷混合物	Chloropentafluoroethane and Chlorodifluoromethane mixture	126	1973
五氟乙烷	Pentafluoroethane	126	3220
五氟乙烷和环氧乙烷混合物，含环氧乙烷不高于 7.9%	Pentafluoroethane and Ethylene oxide mixture，with not more than 7.9% Ethylene oxide	126	3298
五甲基庚烷	Pentamethylheptane	128	2286
五硫化二磷，不含黄磷和白磷	Phosphorus pentasulfide，free from yellow and white Phosphorus	139	1340
五氯苯酚	Pentachlorophenol	154	3155
五氯苯酚钠	Sodium pentachlorophenate	154	2567
五氯化磷	Phosphorus pentachloride	137	1806
五氯化钼	Molybdenum pentachloride	156	2508
五氯化砷	Arsenic chloride	157	1560
五氯化锑，溶液	Antimony pentachloride，solution	157	1731
五氯化锑，液体	Antimony pentachloride，liquid	157	1730

物质中文名称	物质英文名称	处置方案编号	UN 号
五氯乙烷	Pentachloroethane	151	1669
五水合四氯化锡	Stannic chloride, pentahydrate; Tin tetrachloride, pentahydrate	154	2440
五羰铁	Iron pentacarbonyl	131	1994
五溴化磷	Phosphorus pentabromide	137	2691
五氧化二钒	Vanadium pentoxide	151	2862
五氧化二磷	Phosphorus pentoxide	137	1807
五氧化二砷	Arsenic pentoxide	151	1559
戊胺	Amylamines	132	1106
1-戊醇	1-Pentol	153P	2705
2,4-戊二酮	Pentane-2,4-dione; 2,4-Pentanedione; Pentan-2,4-dione	131	2310
戊基·甲基酮	Amyl methyl ketone	127	1110
戊基氯	Amyl chloride	129	1107
戊基三氯硅烷	Amyltrichlorosilane	155	1728
戊硫醇	Amyl mercaptan	130	1111
戊硼烷	Pentaborane	135	1380
戊醛	Valeraldehyde	129	2058
戊烷	Pentanes	128	1265
1-戊烯	1-Pentene	128	1108
戊酰氯	Valeryl chloride	132	2502
X			
西埃斯	CS	153	2810
烯丙胺	Allylamine	131	2334
烯丙醇	Allyl alcohol	131	1098
烯丙基·乙基醚	Allyl ethyl ether	131	2335
烯丙基碘	Allyl iodide	132	1723
烯丙基氯	Allyl chloride	131	1100

物质中文名称	物质英文名称	处置方案编号	UN 号
烯丙基三氯硅烷,稳定的	Allyltrichlorosilane, stabilized	155	1724
烯丙基缩水甘油醚	Allyl glycidyl ether	129	2219
烯丙基溴	Allyl bromide	131	1099
烷基磺酸,液体,含游离硫酸高于 5%	Alkyl sulfonic acids, liquid, with more than 5% free Sulfuric acid	153	2584
吸附气体,易燃,未另作规定的	Adsorbed gas, flammable, n. o. s.	174	3510
吸附气体,未另作规定的	Adsorbed gas, n. o. s.	174	3511
吸附气体,氧化性,未另作规定的	Adsorbed gas, oxidizing, n. o. s.	174	3513
吸附气体,毒性,腐蚀性,未另作规定的	Adsorbed gas, poisonous, corrosive, n. o. s.	173	3516
吸附气体,毒性,腐蚀性,未另作规定的(吸入危害 A 区)	Adsorbed gas, poisonous, corrosive, n. o. s. (Inhalation hazard zone A)	173	3516
吸附气体,毒性,腐蚀性,未另作规定的(吸入危害 B 区)	Adsorbed gas, poisonous, corrosive, n. o. s. (Inhalation hazard zone B)	173	3516
吸附气体,毒性,腐蚀性,未另作规定的(吸入危害 C 区)	Adsorbed gas, poisonous, corrosive, n. o. s. (Inhalation hazard zone C)	173	3516
吸附气体,毒性,腐蚀性,未另作规定的(吸入危害 D 区)	Adsorbed gas, poisonous, corrosive, n. o. s. (Inhalation hazard zone D)	173	3516
吸附气体,毒性,易燃,腐蚀性,未另作规定的	Adsorbed gas, poisonous, flammable, corrosive, n. o. s.	173	3517
吸附气体,毒性,易燃,腐蚀性,未另作规定的(吸入危害 A 区)	Adsorbed gas, poisonous, flammable, corrosive, n. o. s. (Inhalation hazard zone A)	173	3517
吸附气体,毒性,易燃,腐蚀性,未另作规定的(吸入危害 B 区)	Adsorbed gas, poisonous, flammable, corrosive, n. o. s. (Inhalation hazard zone B)	173	3517

物质中文名称	物质英文名称	处置方案编号	UN 号
吸附气体,毒性,易燃,腐蚀性,未另作规定的(吸入危害 C 区)	Adsorbed gas, poisonous, flammable, corrosive, n.o.s. (Inhalation hazard zone C)	173	3517
吸附气体,毒性,易燃,腐蚀性,未另作规定的(吸入危害 D 区)	Adsorbed gas, poisonous, flammable, corrosive, n.o.s. (Inhalation hazard zone D)	173	3517
吸附气体,毒性,易燃,未另作规定的	Adsorbed gas, poisonous, flammable, n.o.s.	173	3514
吸附气体,毒性,易燃,未另作规定的(吸入危害 A 区)	Adsorbed gas, poisonous, flammable, n.o.s. (Inhalation hazard zone A)	173	3514
吸附气体,毒性,易燃,未另作规定的(吸入危害 B 区)	Adsorbed gas, poisonous, flammable, n.o.s. (Inhalation hazard zone B)	173	3514
吸附气体,毒性,易燃,未另作规定的(吸入危害 C 区)	Adsorbed gas, poisonous, flammable, n.o.s. (Inhalation hazard zone C)	173	3514
吸附气体,毒性,易燃,未另作规定的(吸入危害 D 区)	Adsorbed gas, poisonous, flammable, n.o.s. (Inhalation hazard zone D)	173	3514
吸附气体,毒性,未另作规定的	Adsorbed gas, poisonous, n.o.s.	173	3512
吸附气体,毒性,未另作规定的(吸入危害 A 区)	Adsorbed gas, poisonous, n.o.s. (Inhalation hazard zone A)	173	3512
吸附气体,毒性,未另作规定的(吸入危害 B 区)	Adsorbed gas, poisonous, n.o.s. (Inhalation hazard zone B)	173	3512
吸附气体,毒性,未另作规定的(吸入危害 C 区)	Adsorbed gas, poisonous, n.o.s. (Inhalation hazard zone C)	173	3512
吸附气体,毒性,未另作规定的(吸入危害 D 区)	Adsorbed gas, poisonous, n.o.s. (Inhalation hazard zone D)	173	3512

物质中文名称	物质英文名称	处置方案编号	UN 号
吸附气体,毒性,氧化性,腐蚀性,未另作规定的	Adsorbed gas, poisonous, oxidizing, corrosive, n. o. s.	173	3518
吸附气体,毒性,氧化性,腐蚀性,未另作规定的(吸入危害 A 区)	Adsorbed gas, poisonous, oxidizing, corrosive, n. o. s. (Inhalation hazard zone A)	173	3518
吸附气体,毒性,氧化性,腐蚀性,未另作规定的(吸入危害 B 区)	Adsorbed gas, poisonous, oxidizing, corrosive, n. o. s. (Inhalation hazard zone B)	173	3518
吸附气体,毒性,氧化性,腐蚀性,未另作规定的(吸入危害 C 区)	Adsorbed gas, poisonous, oxidizing, corrosive, n. o. s. (Inhalation hazard zone C)	173	3518
吸附气体,毒性,氧化性,腐蚀性,未另作规定的(吸入危害 D 区)	Adsorbed gas, poisonous, oxidizing, corrosive, n. o. s. (Inhalation hazard zone D)	173	3518
吸附气体,毒性,氧化性,未另作规定的	Adsorbed gas, poisonous, oxidizing, n. o. s.	173	3515
吸附气体,毒性,氧化性,未另作规定的(吸入危害 A 区)	Adsorbed gas, poisonous, oxidizing, n. o. s. (Inhalation hazard zone A)	173	3515
吸附气体,毒性,氧化性,未另作规定的(吸入危害 B 区)	Adsorbed gas, poisonous, oxidizing, n. o. s. (Inhalation hazard zone B)	173	3515
吸附气体,毒性,氧化性,未另作规定的(吸入危害 C 区)	Adsorbed gas, poisonous, oxidizing, n. o. s. (Inhalation hazard zone C)	173	3515
吸附气体,毒性,氧化性,未另作规定的(吸入危害 D 区)	Adsorbed gas, poisonous, oxidizing, n. o. s. (Inhalation hazard zone D)	173	3515
吸附气体,毒性,腐蚀性,未另作规定的	Adsorbed gas, toxic, corrosive, n. o. s.	173	3516
吸附气体,毒性,腐蚀性,未另作规定的(吸入危害 A 区)	Adsorbed gas, toxic, corrosive, n. o. s. (Inhalation hazard zone A)	173	3516

物质中文名称	物质英文名称	处置方案编号	UN 号
吸附气体,毒性,腐蚀性,未另作规定的(吸入危害 B 区)	Adsorbed gas, toxic, corrosive, n. o. s. (Inhalation hazard zone B)	173	3516
吸附气体,毒性,腐蚀性,未另作规定的(吸入危害 C 区)	Adsorbed gas, toxic, corrosive, n. o. s. (Inhalation hazard zone C)	173	3516
吸附气体,毒性,腐蚀性,未另作规定的(吸入危害 D 区)	Adsorbed gas, toxic, corrosive, n. o. s. (Inhalation hazard zone D)	173	3516
吸附气体,毒性,易燃,腐蚀性,未另作规定的	Adsorbed gas, toxic, flammable, corrosive, n. o. s.	173	3517
吸附气体,毒性,易燃,腐蚀性,未另作规定的(吸入危害 A 区)	Adsorbed gas, toxic, flammable, corrosive, n. o. s. (Inhalation hazard zone A)	173	3517
吸附气体,毒性,易燃,腐蚀性,未另作规定的(吸入危害 B 区)	Adsorbed gas, toxic, flammable, corrosive, n. o. s. (Inhalation hazard zone B)	173	3517
吸附气体,毒性,易燃,腐蚀性,未另作规定的(吸入危害 C 区)	Adsorbed gas, toxic, flammable, corrosive, n. o. s. (Inhalation hazard zone C)	173	3517
吸附气体,毒性,易燃,腐蚀性,未另作规定的(吸入危害 D 区)	Adsorbed gas, toxic, flammable, corrosive, n. o. s. (Inhalation hazard zone D)	173	3517
吸附气体,毒性,易燃,未另作规定的	Adsorbed gas, toxic, flammable, n. o. s.	173	3514
吸附气体,毒性,易燃,未另作规定的(吸入危害 A 区)	Adsorbed gas, toxic, flammable, n. o. s. (Inhalation hazard zone A)	173	3514
吸附气体,毒性,易燃,未另作规定的(吸入危害 B 区)	Adsorbed gas, toxic, flammable, n. o. s. (Inhalation hazard zone B)	173	3514
吸附气体,毒性,易燃,未另作规定的(吸入危害 C 区)	Adsorbed gas, toxic, flammable, n. o. s. (Inhalation hazard zone C)	173	3514

物质中文名称	物质英文名称	处置方案编号	UN 号
吸附气体,毒性,易燃,未另作规定的(吸入危害 D 区)	Adsorbed gas, toxic, flammable, n. o. s. （Inhalation hazard zone D)	173	3514
吸附气体,毒性,未另作规定的	Adsorbed gas, toxic, n. o. s.	173	3512
吸附气体,毒性,未另作规定的(吸入危害 A 区)	Adsorbed gas, toxic, n. o. s. (Inhalation hazard zone A)	173	3512
吸附气体,毒性,未另作规定的(吸入危害 B 区)	Adsorbed gas, toxic, n. o. s. (Inhalation hazard zone B)	173	3512
吸附气体,毒性,未另作规定的(吸入危害 C 区)	Adsorbed gas, toxic, n. o. s. (Inhalation hazard zone C)	173	3512
吸附气体,毒性,未另作规定的(吸入危害 D 区)	Adsorbed gas, toxic, n. o. s. (Inhalation hazard zone D)	173	3512
吸附气体,毒性,氧化性,腐蚀性,未另作规定的	Adsorbed gas, toxic, oxidizing, corrosive, n. o. s.	173	3518
吸附气体,毒性,氧化性,腐蚀性,未另作规定的(吸入危害 A 区)	Adsorbed gas, toxic, oxidizing, corrosive, n. o. s. （Inhalation hazard zone A)	173	3518
吸附气体,毒性,氧化性,腐蚀性,未另作规定的(吸入危害 B 区)	Adsorbed gas, toxic, oxidizing, corrosive, n. o. s. （Inhalation hazard zone B)	173	3518
吸附气体,毒性,氧化性,腐蚀性,未另作规定的(吸入危害 C 区)	Adsorbed gas, toxic, oxidizing, corrosive, n. o. s. （Inhalation hazard zone C)	173	3518
吸附气体,毒性,氧化性,腐蚀性,未另作规定的(吸入危害 D 区)	Adsorbed gas, toxic, oxidizing, corrosive, n. o. s. （Inhalation hazard zone D)	173	3518
吸附气体,毒性,氧化性,未另作规定的	Adsorbed gas, toxic, oxidizing, n. o. s.	173	3515

续表

物质中文名称	物质英文名称	处置方案编号	UN 号
吸附气体,毒性,氧化性,未另作规定的(吸入危害 A 区)	Adsorbed gas, toxic, oxidizing, n. o. s. （Inhalation hazard zone A）	173	3515
吸附气体,毒性,氧化性,未另作规定的(吸入危害 B 区)	Adsorbed gas, toxic, oxidizing, n. o. s. （Inhalation hazard zone B）	173	3515
吸附气体,毒性,氧化性,未另作规定的(吸入危害 C 区)	Adsorbed gas, toxic, oxidizing, n. o. s. （Inhalation hazard zone C）	173	3515
吸附气体,毒性,氧化性,未另作规定的(吸入危害 D 区)	Adsorbed gas, toxic, oxidizing, n. o. s. （Inhalation hazard zone D）	173	3515
硒粉	Selenium powder	152	2658
硒化合物,固体,未另作规定的	Selenium compound, solid, n.o.s.	151	3283
硒化合物,未另作规定的	Selenium compound, n. o. s.	151	3283
硒化合物,液体,未另作规定的	Selenium compound, liquid, n.o.s.	151	3440
硒化氢,无水的	Hydrogen selenide, anhydrous	117	2202
硒化氢,吸附的	Hydrogen selenide, adsorbed	173	3526
硒酸	Selenic acid	154	1905
硒酸盐	Selenates	151	2630
稀有气体和氮混合物,压缩的	Rare gases and Nitrogen mixture, compressed	121	1981
稀有气体和氧混合物,压缩的	Rare gases and Oxygen mixture, compressed	121	1980
稀有气体混合物,压缩的	Rare gases mixture, compressed	121	1979
纤维,用轻度硝化的硝酸纤维素浸渍的,未另作规定的	Fibers impregnated with weakly nitrated Nitrocellulose, n. o. s.	133	1353

物质中文名称	物质英文名称	处置方案编号	UN 号
纤维织品,用轻度硝化的硝酸纤维素浸渍的,未另作规定的	Fabrics impregnated with weakly nitrated Nitrocellulose, n. o. s.	133	1353
氙	Xenon	121	2036
氙,冷冻液体(低温液体)	Xenon, refrigerated liquid (cryogenic liquid)	120	2591
氙,压缩的	Xenon, compressed	121	2036
酰胺类农药,液体,有毒	Phenyl urea pesticide, liquid, toxic	151	3002
香豆素衍生物农药,固体,有毒	Coumarin derivative pesticide, solid, toxic	151	3027
香豆素衍生物农药,液体,易燃,有毒	Coumarin derivative pesticide, liquid, flammable, toxic	131	3024
香豆素衍生物农药,液体,有毒	Coumarin derivative pesticide, liquid, toxic	151	3026
香豆素衍生物农药,液体,有毒,易燃	Coumarin derivative pesticide, liquid, toxic, flammable	131	3025
香料制品,含有易燃溶剂	Perfumery products, with flammable solvents	127	1266
橡胶溶液	Rubber solution	127	1287
消毒剂,腐蚀性,液体,未另作规定的	Disinfectants, corrosive, liquid, n. o. s.	153	1903
消毒剂,固体,未另作规定的(有毒)	Disinfectants, solid, n. o. s. (poisonous)	151	1601
消毒剂,固体,有毒,未另作规定的	Disinfectant, solid, toxic, n. o. s.	151	1601
硝化淀粉,含水量不低于 20%	Nitrostarch, wetted with not less than 20% water	113	1337
硝化甘油,酒精溶液,含硝化甘油 1%~5%	Nitroglycerin, solution in alcohol, with more than 1% but not more than 5% Nitroglycerin	127	3064

物质中文名称	物质英文名称	处置方案编号	UN 号
硝化甘油,酒精溶液,含硝化甘油不高于 1%	Nitroglycerin, solution in alcohol, with not more than 1% Nitroglycerin	127	1204
硝化甘油混合物,减敏的,固体,含硝化甘油 2%～10%	Nitroglycerin mixture, desensitized, solid, n.o.s., with more than 2% but not more than 10% Nitroglycerin	113	3319
硝化甘油混合物,减敏的,液体,易燃,未另作规定的,含硝化甘油不高于 30%	Nitroglycerin mixture, desensitized, liquid, flammable, n.o.s., with not more than 30% Nitroglycerin	113	3343
硝化甘油混合物,减敏的,液体,未另作规定的,含硝化甘油不高于 30%	Nitroglycerin mixture, desensitized, liquid, n.o.s., with not more than 30% Nitroglycerin	113	3357
硝基苯	Nitrobenzene	152	1662
硝基苯胺	Nitroanilines	153	1661
硝基苯酚	Nitrophenols	153	1663
硝基苯磺酸	Nitrobenzenesulfonic acid	153	2305
硝基苯甲醚	Nitroanisoles	152	2730
硝基苯甲醚,固体	Nitroanisoles, solid	152	3458
硝基苯甲醚,液体	Nitroanisoles, liquid	152	2730
4-硝基苯肼,含水不低于 30%	4-Nitrophenylhydrazine, with not less than 30% water	113	3376
硝基丙烷	Nitropropanes	129	2608
硝基二甲苯,固体	Nitroxylenes, solid	152	3447
硝基胍,含水量不低于 20%	Nitroguanidine, wetted with not less than 20% water	113	1336
硝基甲苯,固体	Nitrotoluenes, solid	152	1664
硝基甲苯,固体	Nitrotoluenes, solid	152	3446
硝基甲苯,液体	Nitrotoluenes, liquid	152	1664
硝基甲(苯)酚	Nitrocresols	153	2446

物质中文名称	物质英文名称	处置方案编号	UN号
硝基甲(苯)酚,固体	Nitrocresols,solid	153	2446
硝基甲(苯)酚,液体	Nitrocresols,liquid	153	3434
硝基甲烷	Nitromethane	129	1261
硝基氯苯	Chloronitrobenzenes	152	1578
硝基氯苯,固体	Chloronitrobenzenes,solid	152	1578
硝基氯苯,液体	Chloronitrobenzenes,liquid	152	3409
硝基氯苯胺	Chloronitroanilines	153	2237
硝基氯甲苯,固体	Chloronitrotoluenes,solid	152	3457
硝基氯甲苯,液体	Chloronitrotoluenes,liquid	152	2433
硝基氯甲苯,固体	Chloronitrotoluenes,solid	152	2433
3-硝基-4-氯三氟甲苯	3-Nitro-4-chlorobenzotrifluoride	152	2307
硝基萘	Nitronaphthalene	133	2538
硝基三氟甲苯	Nitrobenzotrifluorides	152	2306
硝基三氟甲苯,固体	Nitrobenzotrifluorides,solid	152	3431
硝基三氟甲苯,液体	Nitrobenzotrifluorides,liquid	152	2306
硝基溴苯	Nitrobromobenzene	152	2732
硝基溴苯,固体	Nitrobromobenzene,solid	152	3459
硝基溴苯,液体	Nitrobromobenzene,liquid	152	2732
硝基乙烷	Nitroethane	129	2842
硝酸,发红烟的	Nitric acid,red fuming	157	2032
硝酸,发红烟的除外	Nitric acid,other than red fuming	157	2031
硝酸铵,含可燃物质不高于0.2%	Ammonium nitrate,with not more than 0.2% combustible substances	140	1942
硝酸铵,液体(热的浓溶液)	Ammonium nitrate,liquid(hot concentrated solution)	140	2426
硝酸铵肥料	Ammonium nitrate based fertilizer	140	2067
硝酸铵肥料	Ammonium nitrate based fertilizer	140	2071
硝酸铵肥料	Ammonium nitrate fertilizers	140	2067

物质中文名称	物质英文名称	处置方案编号	UN 号
硝酸铵肥料,含磷酸盐或碳酸钾	Ammonium nitrate fertilizers, with Phosphate or Potash	143	2070
硝酸铵肥料,含硫酸铵	Ammonium nitrate fertilizers, with Ammonium sulfate	140	2069
硝酸铵肥料,含碳酸钙	Ammonium nitrate fertilizers, with Calcium carbonate	140	2068
硝酸铵肥料,未另作规定的	Ammonium nitrate fertilizer, n. o. s.	140	2072
硝酸铵混合肥料	Ammonium nitrate mixed fertilizers	140	2069
硝酸铵凝胶	Ammonium nitrate gel	140	3375
硝酸铵-燃料油混合物	Ammonium nitrate-fuel oil mixtures	112	—
硝酸铵乳胶	Ammonium nitrate emulsion	140	3375
硝酸铵悬浮体	Ammonium nitrate suspension	140	3375
硝酸钡	Barium nitrate	141	1446
硝酸苯汞	Phenylmercuric nitrate	151	1895
硝酸钙	Calcium nitrate	140	1454
硝酸锆	Zirconium nitrate	140	2728
硝酸铬	Chromium nitrate	141	2720
硝酸汞	Mercuric nitrate	141	1625
硝酸胍	Guanidine nitrate	143	1467
硝酸钾	Potassium nitrate	140	1486
硝酸钾和硝酸钠混合物	Potassium nitrate and Sodium nitrate mixture	140	1499
硝酸钾和亚硝酸钠混合物	Potassium nitrate and Sodium nitrite mixture	140	1487
硝酸锂	Lithium nitrate	140	2722
硝酸铝	Aluminum nitrate	140	1438
硝酸镁	Magnesium nitrate	140	1474

续表

物质中文名称	物质英文名称	处置方案编号	UN 号
硝酸锰	Manganese nitrate	140	2724
硝酸钠	Sodium nitrate	140	1498
硝酸钠和硝酸钾混合物	Sodium nitrate and Potassium nitrate mixture	140	1499
硝酸脲,含水不低于10%	Urea nitrate, wetted with not less than 10% water	113	3370
硝酸脲,含水不低于20%	Urea nitrate, wetted with not less than 20% water	113	1357
硝酸镍	Nickel nitrate	140	2725
硝酸钕镨	Didymium nitrate	140	1465
硝酸铍	Beryllium nitrate	141	2464
硝酸铅	Lead nitrate	141	1469
硝酸铯	Caesium nitrate；Cesium nitrate	140	1451
硝酸锶	Strontium nitrate	140	1507
硝酸铊	Thallium nitrate	141	2727
硝酸铁	Ferric nitrate	140	1466
硝酸钍,固体	Thorium nitrate, solid	162	2976
硝酸戊酯	Amyl nitrate	140	1112
硝酸纤维薄膜滤器	Nitrocellulose membrane filters	133	3270
硝酸纤维素	Nitrocellulose	133	2557
硝酸纤维素,含水不低于25%	Nitrocellulose with water, not less than 25% water	113	2555
硝酸纤维素,含乙醇	Nitrocellulose with alcohol	113	2556
硝酸纤维素,含乙醇不低于25%	Nitrocellulose with not less than 25% alcohol	113	2556
硝酸纤维素,溶液,易燃	Nitrocellulose, solution, flammable	127	2059
硝酸纤维素,溶液,在易燃液体中	Nitrocellulose, solution, in a flammable liquid	127	2059
硝酸纤维素混合物,不含颜料	Nitrocellulose mixture, without pigment	133	2557

物质中文名称	物质英文名称	处置方案编号	UN 号
硝酸纤维素混合物,不含增塑剂	Nitrocellulose mixture, without plasticizer	133	2557
硝酸纤维素混合物,含颜料	Nitrocellulose mixture, with pigment	133	2557
硝酸纤维素混合物,含增塑剂	Nitrocellulose mixture, with plasticizer	133	2557
硝酸纤维素混合物,含增塑剂和颜料	Nitrocellulose mixture, with pigment and plasticizer	133	2557
硝酸锌	Zinc nitrate	140	1514
硝酸亚汞	Mercurous nitrate	141	1627
硝酸盐,水溶液,无机物,未另作规定的	Nitrates, inorganic, aqueous solution, n. o. s.	140	3218
硝酸盐,无机物,未另作规定的	Nitrates, inorganic, n. o. s.	140	1477
硝酸异丙酯	Isopropyl nitrate	130	1222
硝酸银	Silver nitrate	140	1493
硝酸铀酰,固体	Uranyl nitrate, solid	162	2981
硝酸铀酰,六水合物,溶液	Uranyl nitrate, hexahydrate, solution	162	2980
硝酸正丙酯	n-Propyl nitrate	131	1865
小型装置,以烃类气体作能源,带有释放装置	Devices, small, hydrocarbon gas powered, with release device	115	3150
小型装置的烃类气体充气罐,带有释放装置	Hydrocarbon gas refills for small devices, with release device	115	3150
辛二烯	Octadiene	128P	2309
辛基三氯硅烷	Octyltrichlorosilane	156	1801
辛醛	Octyl aldehydes	129	1191
辛烷	Octanes	128	1262
锌尘	Zinc dust	138	1436
锌粉	Zinc powder	138	1436
锌浮沫	Zinc skimmings	138	1435

续表

物质中文名称	物质英文名称	处置方案编号	UN号
锌浮渣	Zinc dross	138	1435
锌灰	Zinc ashes	138	1435
锌渣	Zinc residue	138	1435
新己烷	Neohexane	128	1208
溴	Bromine	154	1744
溴,溶液	Bromine,solution	154	1744
溴苯	Bromobenzene	130	2514
溴苯基乙腈,固体	Bromobenzyl cyanides,solid	159	1694
溴苯基乙腈,液体	Bromobenzyl cyanides,liquid	159	1694
溴苄基氰,固体	Bromobenzyl cyanides,solid	159	3449
溴苄基氰(战争毒剂)	CA	159	1694
3-溴丙炔	3-Bromopropyne	130	2345
溴丙酮	Bromoacetone	131	1569
溴丙烷	Bromopropanes	129	2344
2-溴丙烷	2-Bromopropane	129	2343
2-溴丁烷	2-Bromobutane	130	2339
1-溴丁烷	1-Bromobutane	130	1126
溴仿	Bromoform	159	2515
溴化汞	Mercuric bromide;Mercury bromides	154	1634
溴化甲基镁的乙醚溶液	Methyl magnesium bromide in Ethyl ether	135	1928
溴化铝,溶液	Aluminum bromide,solution	154	2580
溴化铝,无水的	Aluminum bromide,anhydrous	137	1725
溴化氢,无水的	Hydrogen bromide,anhydrous	125	1048
溴化氰	Cyanogen bromide	157	1889
溴化砷	Arsenic bromide	151	1555
溴化亚汞	Mercurous bromide	154	1634
溴甲基丙烷	Bromomethylpropanes	130	2342

物质中文名称	物质英文名称	处置方案编号	UN 号
1-溴-3-甲基丁烷	1-Bromo-3-methylbutane	130	2341
溴甲烷和二溴化乙烯混合物,液体	Methyl bromide and Ethylene dibromide mixture, liquid	151	1647
溴甲烷和三氯硝基甲烷混合物	Methyl bromide and Chloropicrin mixtures	123	1581
溴氯甲烷	Bromochloromethane	160	1887
溴三氟甲烷	Bromotrifluoromethane	126	1009
溴三氟乙烯	Bromotrifluoroethylene	116	2419
溴酸钡	Barium bromate	141	2719
溴酸钾	Potassium bromate	140	1484
溴酸镁	Magnesium bromate	140	1473
溴酸钠	Sodium bromate	141	1494
溴酸锌	Zinc bromate	140	2469
溴酸盐,无机物,水溶液,未另作规定的	Bromates, inorganic, aqueous solution, n. o. s.	140	3213
溴酸盐,无机物,未另作规定的	Bromates, inorganic, n. o. s.	141	1450
2-溴戊烷	2-Bromopentane	130	2343
2-溴-2-硝基丙烷-1,3-二醇	2-Bromo-2-nitropropane-1,3-diol	133	3241
2-溴乙基·乙基醚	2-Bromoethyl ethyl ether	130	2340
溴乙酸	Bromoacetic acid	156	1938
溴乙酸,固体	Bromoacetic acid, solid	156	3425
溴乙酸,溶液	Bromoacetic acid, solution	156	1938
溴乙酸甲酯	Methyl bromoacetate	155	2643
溴乙酸乙酯	Ethyl bromoacetate	155	1603
溴乙酰溴	Bromoacetyl bromide	156	2513
蓄电池,空气或水压加压的	Accumulators, pressurized, pneumatic or hydraulic	126	1956
蓄电池,镍金属氢化物	Batteries, nickel-metal hydride	171	3496

续表

物质中文名称	物质英文名称	处置方案编号	UN 号
蓄电池,湿的,密封的	Batteries,wet,non-spillable	154	2800
蓄电池,湿的,装有碱液	Batteries,wet,filled with alkali	154	2795
蓄电池,湿的,装有酸液	Batteries,wet,filled with acid	154	2794
蓄气筒	Gas cartridges	115	2037
雪茄、香烟等用打火机(易燃液体)	Lighters for cigars, cigarettes(flammable liquid)	128	1226
熏蒸过的装置	Fumigated unit	171	3359
Y			
亚当氏剂	Adamsite;DM	154	1698
压缩气体,未另作规定的	Compressed gas,n.o.s.	126	1956
压缩气体,氧化性,未另作规定的	Compressed gas, oxidizing, n.o.s.	122	3156
压缩气体,易燃,未另作规定的	Compressed gas, flammable, n.o.s.	115	1954
压缩气体,毒性,腐蚀性,未另作规定的	Compressed gas, poisonous, corrosive, n.o.s.	123	3304
压缩气体,毒性,腐蚀性,未另作规定的(吸入危害 A 区)	Compressed gas, poisonous, corrosive, n.o.s.(Inhalation Hazard Zone A)	123	3304
压缩气体,毒性,腐蚀性,未另作规定的(吸入危害 B 区)	Compressed gas, poisonous, corrosive, n.o.s.(Inhalation Hazard Zone B)	123	3304
压缩气体,毒性,腐蚀性,未另作规定的(吸入危害 C 区)	Compressed gas, poisonous, corrosive, n.o.s.(Inhalation Hazard Zone C)	123	3304
压缩气体,毒性,腐蚀性,未另作规定的(吸入危害 D 区)	Compressed gas, poisonous, corrosive, n.o.s.(Inhalation Hazard Zone D)	123	3304
压缩气体,毒性,易燃,腐蚀性,未另作规定的	Compressed gas, poisonous, flammable, corrosive, n.o.s.	119	3305

物质中文名称	物质英文名称	处置方案编号	UN号
压缩气体,毒性,易燃,腐蚀性,未另作规定的(吸入危害 A 区)	Compressed gas, poisonous, flammable, corrosive, n. o. s. (Inhalation Hazard Zone A)	119	3305
压缩气体,毒性,易燃,腐蚀性,未另作规定的(吸入危害 B 区)	Compressed gas, poisonous, flammable, corrosive, n. o. s. (Inhalation Hazard Zone B)	119	3305
压缩气体,毒性,易燃,腐蚀性,未另作规定的(吸入危害 C 区)	Compressed gas, poisonous, flammable, corrosive, n. o. s. (Inhalation Hazard Zone C)	119	3305
压缩气体,毒性,易燃,腐蚀性,未另作规定的(吸入危害 D 区)	Compressed gas, poisonous, flammable, corrosive, n. o. s. (Inhalation Hazard Zone D)	119	3305
压缩气体,毒性,易燃,未另作规定的	Compressed gas, poisonous, flammable, n. o. s.	119	1953
压缩气体,毒性,易燃,未另作规定的(吸入危害 A 区)	Compressed gas, poisonous, flammable, n. o. s. (Inhalation Hazard Zone A)	119	1953
压缩气体,毒性,易燃,未另作规定的(吸入危害 B 区)	Compressed gas, poisonous, flammable, n. o. s. (Inhalation Hazard Zone B)	119	1953
压缩气体,毒性,易燃,未另作规定的(吸入危害 C 区)	Compressed gas, poisonous, flammable, n. o. s. (Inhalation Hazard Zone C)	119	1953
压缩气体,毒性,易燃,未另作规定的(吸入危害 D 区)	Compressed gas, poisonous, flammable, n. o. s. (Inhalation Hazard Zone D)	119	1953
压缩气体,毒性,未另作规定的	Compressed gas, toxic, n. o. s.	123	1955
压缩气体,毒性,未另作规定的(吸入危害 A 区)	Compressed gas, toxic, n. o. s. (Inhalation Hazard Zone A)	123	1955
压缩气体,毒性,未另作规定的(吸入危害 B 区)	Compressed gas, toxic, n. o. s. (Inhalation Hazard Zone B)	123	1955

物质中文名称	物质英文名称	处置方案编号	UN 号
压缩气体,毒性,未另作规定的(吸入危害 C 区)	Compressed gas, toxic, n. o. s. (Inhalation Hazard Zone C)	123	1955
压缩气体,毒性,未另作规定的(吸入危害 D 区)	Compressed gas, toxic, n. o. s. (Inhalation Hazard Zone D)	123	1955
压缩气体,毒性,氧化性,腐蚀性,未另作规定的	Compressed gas, toxic, oxidizing, corrosive, n. o. s.	124	3306
压缩气体,毒性,氧化性,腐蚀性,未另作规定的(吸入危害 A 区)	Compressed gas, toxic, oxidizing, corrosive, n. o. s. (Inhalation Hazard Zone A)	124	3306
压缩气体,毒性,氧化性,腐蚀性,未另作规定的(吸入危害 B 区)	Compressed gas, toxic, oxidizing, corrosive, n. o. s. (Inhalation Hazard Zone B)	124	3306
压缩气体,毒性,氧化性,腐蚀性,未另作规定的(吸入危害 C 区)	Compressed gas, toxic, oxidizing, corrosive, n. o. s. (Inhalation Hazard Zone C)	124	3306
压缩气体,毒性,氧化性,腐蚀性,未另作规定的(吸入危害 D 区)	Compressed gas, toxic, oxidizing, corrosive, n. o. s. (Inhalation Hazard Zone D)	124	3306
压缩气体,毒性,氧化性,未另作规定的	Compressed gas, toxic, oxidizing, n. o. s.	124	3303
压缩气体,毒性,氧化性,未另作规定的(吸入危害 A 区)	Compressed gas, toxic, oxidizing, n. o. s. (Inhalation Hazard Zone A)	124	3303
压缩气体,毒性,氧化性,未另作规定的(吸入危害 B 区)	Compressed gas, toxic, oxidizing, n. o. s. (Inhalation Hazard Zone B)	124	3303
压缩气体,毒性,氧化性,未另作规定的(吸入危害 C 区)	Compressed gas, toxic, oxidizing, n. o. s. (Inhalation Hazard Zone C)	124	3303
压缩气体,毒性,氧化性,未另作规定的(吸入危害 D 区)	Compressed gas, toxic, oxidizing, n. o. s. (Inhalation Hazard Zone D)	124	3303

物质中文名称	物质英文名称	处置方案编号	UN号
3,3′-亚氨基二丙胺	3,3′-Iminodipropylamine	153	2269
亚磷酸	Phosphorous acid	154	2834
亚磷酸二铅	Lead phosphite,dibasic	133	2989
亚磷酸三甲酯	Trimethyl phosphite	130	2329
亚磷酸三乙酯	Triethyl phosphite	130	2323
亚硫酸	Sulphurous acid;Sulfurous acid	154	1833
亚硫酸氢钙	Calcium hydrosulfite	135	1923
亚硫酸氢钾	Potassium hydrosulfite	135	1929
亚硫酸氢钠	Sodium hydrosulfite	135	1384
亚硫酸氢锌	Zinc hydrosulfite	171	1931
亚硫酸氢盐,水溶液,未另作规定的	Bisulfites, aqueous solution, n.o.s.	154	2693
亚硫酰氯	Thionyl chloride	137	1836
亚氯酸钙	Calcium chlorite	140	1453
亚氯酸钠	Sodium chlorite	143	1496
亚氯酸盐,无机物,未另作规定的	Chlorites,inorganic,n.o.s.	143	1462
亚氯酸盐溶液	Chlorite solution	154	1908
亚氯酸盐溶液,含有效氯高于5%	Chlorite solution, with more than 5% available Chlorine	154	1908
亚砷酸钙和砷酸钙混合物,固体	Calcium arsenite and Calcium arsenate mixture,solid	151	1574
亚砷酸钾	Potassium arsenite	154	1678
亚砷酸钠,固体	Sodium arsenite,solid	151	2027
亚砷酸钠,水溶液	Sodium arsenite, aqueous solution	154	1686
亚砷酸铅	Lead arsenites	151	1618
亚砷酸铁	Ferric arsenite	151	1607
亚砷酸酮	Copper arsenite	151	1586
亚砷酸锌	Zinc arsenite	151	1712

物质中文名称	物质英文名称	处置方案编号	UN 号
亚砷酸锌和砷酸锌混合物	Zinc arsenite and Zinc arsenate mixture	151	1712
亚砷酸银	Silver arsenite	151	1683
亚砷酸锶	Strontium arsenite	151	1691
亚硒酸盐	Selenites	151	2630
亚硝基硫酸	Nitrosylsulfuric acid	157	2308
亚硝基硫酸,固体	Nitrosylsulfuric acid, solid	157	3456
亚硝基硫酸,液体	Nitrosylsulfuric acid, liquid	157	2308
亚硝酸丁酯	Butyl nitrites	129	2351
亚硝酸二环己铵	Dicyclohexylammonium nitrite	133	2687
亚硝酸甲酯	Methyl nitrite	116	2455
亚硝酸钾	Potassium nitrite	140	1488
亚硝酸钠	Sodium nitrite	140	1500
亚硝酸钠和硝酸钾混合物	Sodium nitrite and Potassium nitrate mixture	140	1487
亚硝酸镍	Nickel nitrite	140	2726
亚硝酸戊酯	Amyl nitrite	129	1113
亚硝酸锌铵	Zinc ammonium nitrite	140	1512
亚硝酸盐,无机物,水溶液,未另作规定的	Nitrites, inorganic, aqueous solution, n. o. s.	140	3219
亚硝酸盐,无机物,未另作规定的	Nitrites, inorganic, n. o. s.	140	2627
亚硝酸乙酯,溶液	Ethyl nitrite, solution	131	1194
亚乙烯基二氯,稳定的	Vinylidene chloride, stabilized	130P	1303
氩	Argon	121	1006
氩,冷冻液体(低温液体)	Argon, refrigerated liquid (cryogenic liquid)	120	1951
氩,压缩的	Argon, compressed	121	1006
烟碱	Nicotine	151	1654

物质中文名称	物质英文名称	处置方案编号	UN 号
烟碱化合物,固体,未另作规定的	Nicotine compound, solid, n.o.s.	151	1655
烟碱化合物,液体,未另作规定的	Nicotine compound, liquid, n.o.s.	151	3144
烟碱制剂,固体,未另作规定的	Nicotine preparation, solid, n.o.s.	151	1655
烟碱制剂,液体,未另作规定的	Nicotine preparation, liquid, n.o.s.	151	3144
烟幕弹,非爆炸性,含腐蚀性液体,不带引爆装置	Bombs, smoke, non-explosive, with corrosive liquid, without initiating device	153	2028
烟雾剂	Aerosols	126	1950
烟雾剂分散机	Aerosol dispensers	126	1950
盐酸	Muriatic acid; Hydrochloric acid	157	1789
盐酸苯胺	Aniline hydrochloride	153	1548
盐酸烟碱	Nicotine hydrochloride	151	1656
盐酸烟碱,固体	Nicotine hydrochloride, solid	151	3444
盐酸烟碱,溶液	Nicotine hydrochloride, solution	151	1656
盐酸烟碱,液体	Nicotine hydrochloride, liquid	151	1656
盐酸盐对氯邻甲苯胺,溶液	4-Chloro-o-toluidine hydrochloride, solution	153	3410
羊毛废料,湿的	Wool waste, wet	133	1387
氧	Oxygen	122	1072
氧,冷冻液体(低温液体)	Oxygen, refrigerated liquid (cryogenic liquid)	122	1073
氧,压缩的	Oxygen, compressed	122	1072
氧和二氧化碳混合物,压缩的	Oxygen and Carbon dioxide mixture, compressed	122	1014
氧和稀有气体混合物,压缩的	Oxygen and Rare gases mixture, compressed	121	1980
氧化钡	Barium oxide	157	1884

续表

物质中文名称	物质英文名称	处置方案编号	UN 号
氧化丙烯	Propylene oxide	127P	1280
氧化丙烯和环氧乙烷混合物,含环氧乙烷不高于 30%	Propylene oxide and Ethylene oxide mixture, with not more than 30% Ethylene oxide	129P	2983
氧化钙	Calcium oxide	157	1910
氧化汞	Mercury oxide	151	1641
氧化钾	Potassium monoxide	154	2033
氧化钠	Sodium monoxide	157	1825
氧化三-(1-氮丙啶基)膦,溶液	Tri-(1-aziridinyl) phosphine oxide, solution	152	2501
氧化铁,废弃的	Iron oxide, spent	135	1376
氧化性固体,腐蚀性,未另作规定的	Oxidizing solid, corrosive, n. o. s.	140	3085
氧化性固体,未另作规定的	Oxidizing solid, n. o. s.	140	1479
氧化性固体,易燃,未另作规定的	Oxidizing solid, flammable, n. o. s.	140	3137
氧化性固体,有毒,未另作规定的	Oxidizing solid, toxic, n. o. s.	141	3087
氧化性固体,遇水反应,未另作规定的	Oxidizing solid, water-reactive, n. o. s.	144	3121
氧化性固体,自热性,未另作规定的	Oxidizing solid, self-heating, n.o.s.	135	3100
氧化性液体,腐蚀性,未另作规定的	Oxidizing liquid, corrosive, n.o.s.	140	3098
氧化性液体,未另作规定的	Oxidizing liquid, n. o. s.	140	3139
氧化性液体,有毒,未另作规定的	Oxidizing liquid, toxic, n. o. s.	142	3099
氧化亚氮	Nitrous oxide	122	1070
氧化亚氮,冷冻液体	Nitrous oxide, refrigerated liquid	122	2201

物质中文名称	物质英文名称	处置方案编号	UN 号
氧化亚氮,压缩的	Nitrous oxide,compressed	122	1070
氧化亚氮和二氧化碳混合物	Nitrous oxide and Carbon dioxide mixture	126	1015
氧溴化磷,熔融的	Phosphorus oxybromide,molten	137	2576
药物,固体,有毒,未另作规定的	Medicine,solid,toxic,n. o. s.	151	3249
药物,液体,易燃,有毒,未另作规定的	Medicine,liquid,flammable,toxic,n.o.s.	131	3248
药物,液体,有毒,未另作规定的	Medicine,liquid,toxic,n. o. s.	151	1851
药用酊剂	Tinctures,medicinal	127	1293
椰肉干	Copra	135	1363
页岩油	Shale oil	128	1288
液化气体,不燃的,充有氮、二氧化碳或空气	Liquefied gases,non-flammable,charged with Nitrogen,Carbon dioxide or Air	120	1058
液化气体,未另作规定的	Liquefied gas,n. o. s.	126	3163
液化气体,氧化性,未另作规定的	Liquefied gas,oxidizing,n. o. s.	122	3157
液化气体,易燃,未另作规定的	Liquefied gas,flammable,n.o.s.	115	3161
液化气体,有毒,未另作规定的	Liquefied gas,toxic,n. o. s.	123	3162
液化气体,有毒,氧化性,腐蚀性,未另作规定的	Liquefied gas,toxic,oxidizing,corrosive,n. o. s.	124	3310
液化气体,有毒,易燃,腐蚀性,未另作规定的	Liquefied gas,toxic,flammable,corrosive,n. o. s.	119	3309
液化气体,有毒,易燃,未另作规定的	Liquefied gas,toxic,flammable,n. o. s.	119	3160
液化石油气	Liquefied petroleum gas;LPG	115	1075

物质中文名称	物质英文名称	处置方案编号	UN号
液化天然气(低温液体)	Liquefied natural gas (cryogenic liquid) ; LNG (cryogenic liquid)	115	1972
液体气体,有毒,腐蚀性,未另作规定的	Liquefied gas , poisonous , corrosive , n. o. s. ; Liquefied gas , toxic , corrosive , n. o. s.	123	3308
液体气体,有毒,氧化性,未另作规定的	Liquefied gas , toxic , oxidizing , n. o. s.	124	3307
液烃类气体混合物,液化,未另作规定的	Hydrocarbon gas , liquefied , n.o.s.	115	1965
液压物品(含不燃气体)	Articles , pressurized , hydraulic (containing non-flammable gas)	126	3164
一丙胺	Monopropylamine	132	1277
一氯化碘,固体	Iodine monochloride , solid	157	1792
一氯化碘,液体	Iodine monochloride , liquid	157	3498
一硝基甲苯胺	Mononitrotoluidines	153	2660
一氧化氮	Nitric oxide	124	1660
一氧化氮,压缩的	Nitric oxide , compressed	124	1660
一氧化氮和二氧化氮混合物	Nitric oxide and Nitrogen dioxide mixture	124	1975
一氧化氮和四氧化二氮混合物	Nitric oxide and Nitrogen tetroxide mixture	124	1975
一氧化氮和四氧化二氮混合物	Nitric oxide and Dinitrogen tetroxide mixture	124	1975
一氧化碳	Carbon monoxide	119	1016
一氧化碳,冷冻液体(低温液体)	Carbon monoxide , refrigerated liquid (cryogenic liquid)	168	9202
一氧化碳,压缩的	Carbon monoxide , compressed	119	1016
一氧化碳和氢混合物,压缩的	Carbon monoxide and Hydrogen mixture , compressed	119	2600
医用废物,未另作规定的	Medical waste , n. o. s.	158	3291

物质中文名称	物质英文名称	处置方案编号	UN号
仪器中的危险货物	Dangerous goods in apparatus	171	3363
乙胺	Ethylamine	118	1036
乙胺,水溶液,含乙胺50%~70%	Ethylamine, aqueous solution, with not less than 50% but not more than 70% Ethylamine	132	2270
乙苯	Ethylbenzene	130	1175
N-乙苄基甲苯胺,固体	N-Ethylbenzyltoluidines, solid	153	3460
N-乙苄基甲苯胺,液体	N-Ethylbenzyltoluidines, liquid	153	2753
乙醇	Ethanol	127	1170
乙醇,溶液	Ethanol, solution	127	1170
乙醇胺	Ethanolamine	153	2491
乙醇胺,溶液	Ethanolamine, solution	153	2491
乙醇和汽油混合物,含乙醇高于10%	Ethanol and gasoline mixture, with more than 10% ethanol	127	3475
1,2-乙二胺	Ethylenediamine	132	1604
乙二醇单乙醚	Ethylene glycol monoethyl ether	127	1171
乙二醇二乙醚	Ethylene glycol diethyl ether	127	1153
乙二醇一甲醚	Ethylene glycol monomethyl ether	127	1188
乙基·丙基醚	Ethyl propyl ether	127	2615
乙基·丁基醚	Ethyl butyl ether	127	1179
乙基·甲基酮	Ethyl methyl ketone	127	1193
乙基·戊基酮	Ethyl amyl ketone	128	2271
2-乙基苯胺	2-Ethylaniline	153	2273
N-乙基苯胺	N-Ethylaniline	153	2272
乙基苯基二氯硅烷	Ethylphenyldichlorosilane	156	2435
N-乙基-N-苄基苯胺	N-Ethyl-N-benzylaniline	153	2274
2-乙基丁醇	2-Ethylbutanol	129	2275
2-乙基丁醛	2-Ethylbutyraldehyde	130	1178
乙基二氯硅烷	Ethyldichlorosilane	139	1183

物质中文名称	物质英文名称	处置方案编号	UN号
乙基二氯膦,无水的	Ethyl phosphonous dichloride, anhydrous	135	2845
乙基二氯胂	Ethyldichloroarsine;ED	151	1892
乙基氟	Ethyl fluoride	115	2453
2-乙基己胺	2-Ethylhexylamine	132	2276
乙基己醛	Ethylhexaldehydes	129	1191
N-乙基甲苯胺	N-Ethyltoluidines	153	2754
乙基甲基醚	Ethyl methyl ether	115	1039
乙基硫代膦酰二氯,无水的	Ethyl phosphonothioic dichloride, anhydrous	154	2927
乙基硫酸	Ethylsulphuric acid;Ethylsulfuric acid	156	2571
乙基氯	Ethyl chloride	115	1037
1-乙基哌啶	1-Ethylpiperidine	132	2386
乙基三氯硅烷	Ethyltrichlorosilane	155	1196
乙基溴	Ethyl bromide	131	1891
乙基乙炔,稳定的	Ethylacetylene,stabilized	116P	2452
乙腈	Acetonitrile	127	1648
乙硫醇	Ethyl mercaptan	129	2363
乙醚	Ethyl ether	127	1155
乙硼烷	Diborane	119	1911
乙硼烷,压缩的	Diborane,compressed	119	1911
乙硼烷混合物	Diborane mixtures	119	1911
乙醛	Acetaldehyde	129P	1089
乙醛合氨	Acetaldehyde ammonia	171	1841
乙醛肟	Acetaldehyde oxime	129	2332
乙炔,溶解的	Acetylene,dissolved	116	1001
乙醛	Acetaldehyde	129P	1089

物质中文名称	物质英文名称	处置方案编号	UN 号
冷冻液态乙烯、乙炔和丙烯混合物,含乙烯至少71.5%，乙炔不超过22.5%,丙烯不超过6%	Acetylene, Ethylene and Propylene in mixture, refrigerated liquid containing at least 71.5% Ethylene with not more than 22.5% Acetylene and not more than 6% Propylene	115	3138
乙炔,无溶剂	Acetylene, solvent free	116	3374
乙炔、乙烯与丙烯混合物,冷冻液体,含乙烯至少 71.5%,乙炔不高于22.5%,丙烯不高于6%	Acetylene, Ethylene and Propylene in mixture, refrigerated liquid containing at least 71.5% Ethylene with not more than 22.5% Acetylene and not more than 6% Propylene	115	3138
乙炔化四溴	Acetylene tetrabromide	159	2504
乙酸,溶液,含酸 10%～80%	Acetic acid, solution, more than 10% but not more than 80% acid	153	2790
乙酸,溶液,含酸高于80%	Acetic acid, solution, more than 80% acid	132	2789
乙酸苯汞	Phenylmercuric acetate	151	1674
乙酸丁酯	Butyl acetates	129	1123
乙酸酐	Acetic anhydride	137	1715
乙酸汞	Mercury acetate	151	1629
乙酸环己酯	Cyclohexyl acetate	130	2243
乙酸甲基戊酯	Methylamyl acetate	130	1233
乙酸甲酯	Methyl acetate	129	1231
乙酸氯	Acetyl chloride	155	1717
乙酸铅	Lead acetate	151	1616
乙酸戊酯	Amyl acetates	129	1104
乙酸烯丙酯	Allyl acetate	131	2333
乙酸溴	Acetyl bromide	156	1716
乙酸乙二醇一甲醚酯	Ethylene glycol monomethyl ether acetate	129	1189

物质中文名称	物质英文名称	处置方案编号	UN 号
乙酸乙二醇一乙醚酯	Ethylene glycol monoethyl ether acetate	129	1172
乙酸乙基丁酯	Ethylbutyl acetate	130	1177
乙酸 2-乙基丁酯	2-Ethylbutyl acetate	130	1177
乙酸乙烯酯,稳定的	Vinyl acetate,stabilized	129P	1301
乙酸乙酯	Ethyl acetate	129	1173
乙酸异丙烯酯	Isopropenyl acetate	129P	2403
乙酸异丙酯	Isopropyl acetate	129	1220
乙酸异丁酯	Isobutyl acetate	129	1213
乙酸正丙酯	*n*-Propyl acetate	129	1276
乙缩醛	Acetal	127	1088
乙烷	Ethane	115	1035
乙烷,冷冻液体	Ethane,refrigerated liquid	115	1961
乙烷,压缩的	Ethane,compressed	115	1035
乙烷-丙烷混合物,冷冻液体	Ethane-Propane mixture, refrigerated liquid	115	1961
乙烯	Ethylene	116P	1962
乙烯,冷冻液体（低温液体）	Ethylene, refrigerated liquid (cryogenic liquid)	115	1038
乙烯,压缩的	Ethylene,compressed	116P	1962
乙烯、乙炔与丙烯混合物,冷冻液体,含乙烯至少 71.5%,乙炔不高于 22.5%,丙烯不高于 6%	Ethylene, Acetylene and Propylene in mixture, refrigerated liquid containing at least 71.5% Ethylene with not more than 22.5% Acetylene and not more than 6% Propylene.	115	3138
乙烯基·甲基醚,稳定的	Vinyl methyl ether,stabilized	116P	1087
乙烯基·乙基醚,稳定的	Vinyl ethyl ether,stabilized	127P	1302

续表

物质中文名称	物质英文名称	处置方案编号	UN 号
乙烯基·异丁基醚,稳定的	Vinyl isobutyl ether, stabilized	127P	1304
乙烯基吡啶,稳定的	Vinylpyridines, stabilized	131P	3073
乙烯基氟,稳定的	Vinyl fluoride, stabilized	116P	1860
乙烯基甲苯,稳定的	Vinyltoluenes, stabilized	130P	2618
乙烯基氯,稳定的	Vinyl chloride, stabilized	116P	1086
乙烯基三氯硅烷	Vinyltrichlorosilane	155P	1305
乙烯基三氯硅烷,稳定的	Vinyltrichlorosilane, stabilized	155P	1305
乙烯基溴,稳定的	Vinyl bromide, stabilized	116P	1085
乙酰碘	Acetyl iodide	156	1898
乙酰甲基甲醇	Acetyl methyl carbinol	127	2621
乙酰亚砷酸酮	Copper acetoarsenite	151	1585
异丙胺	Isopropylamine	132	1221
异丙苯	Isopropylbenzene	130	1918
异丙醇	Isopropanol; Isopropyl alcohol	129	1219
异丙基苯	Cumene	130	1918
异丙烯基苯	Isopropenylbenzene	128	2303
异丁胺	Isobutylamine	132	1214
异丁醇	Isobutanol; Isobutyl alcohol	129	1212
异丁腈	Isobutyronitrile	131	2284
异丁醛	Isobutyraldehyde; Isobutyl aldehyde	130	2045
异丁酸	Isobutyric acid	132	2529
异丁酸酐	Isobutyric anhydride	132	2530
异丁酸乙酯	Ethyl isobutyrate	129	2385
异丁酸异丙酯	Isopropyl isobutyrate	127	2406
异丁酸异丁酯	Isobutyl isobutyrate	130	2528
异丁烷	Isobutane	115	1969

物质中文名称	物质英文名称	处置方案编号	UN 号
异丁烷混合物	Isobutane mixture	115	1969
异丁烯	Isobutylene	115	1055
异丁烯酸 2-二甲氨基乙酯	2-Dimethylaminoethyl methacrylate	153P	2522
异丁烯酸二甲氨基乙酯	Dimethylaminoethyl methacrylate	153P	2522
异丁酰氯	Isobutyryl chloride	132	2395
异佛尔酮二胺	Isophoronediamine	153	2289
异庚烯	Isoheptene	128	2287
异己烯	Isohexene	128	2288
异硫氰酸甲酯	Methyl isothiocyanate	131	2477
异硫氰酸烯丙酯,稳定的	Allyl isothiocyanate, stabilized	155	1545
异氰酸苯酯	Phenyl isocyanate	155	2487
异氰酸二氯苯酯	Dichlorophenyl isocyanates	156	2250
异氰酸环己酯	Cyclohexyl isocyanate	155	2488
异氰酸甲氧基甲酯	Methoxymethyl isocyanate	155	2605
异氰酸甲酯	Methyl isocyanate	155	2480
异氰酸 3-氯-4-甲基苯酯	3-Chloro-4-methylphenyl isocyanate	156	2236
异氰酸 3-氯-4-甲基苯酯,固体	3-Chloro-4-methylphenyl isocyanate, solid	156	3428
异氰酸 3-氯-4-甲基苯酯,液体	3-Chloro-4-methylphenyl isocyanate, liquid	156	2236
异氰酸叔丁酯	Tert-Butyl isocyanate	155	2484
异氰酸乙酯	Ethyl isocyanate	155	2481
异氰酸异丙酯	Isopropyl isocyanate	155	2483
异氰酸异丁酯	Isobutyl isocyanate	155	2486
异氰酸正丙酯	n-Propyl isocyanate	155	2482
异氰酸正丁酯	n-Butyl isocyanate	155	2485

续表

物质中文名称	物质英文名称	处置方案编号	UN号
异氰酸酯,易燃,有毒,未另作规定的	Isocyanates,flammable,toxic,n.o.s.	155	2478
异氰酸酯,有毒,未另作规定的	Isocyanates,toxic,n.o.s.	155	2206
异氰酸酯,有毒,易燃,未另作规定的	Isocyanates,toxic,flammable,n.o.s.	155	3080
异氰酸酯溶液,易燃,有毒,未另作规定的	Isocyanate solution,flammable,toxic,n.o.s.	155	2478
异氰酸酯溶液,有毒,未另作规定的	Isocyanate solutions toxic,n.o.s.	155	2206
异氰酸酯溶液,有毒,易燃,未另作规定的	Isocyanate solution,toxic,flammable,n.o.s.	155	3080
异氰酰三氟甲苯	Isocyanatobenzotrifluorides	156	2285
异山梨醇二硝酸酯混合物	Isosorbide dinitrate mixture	133	2907
异山梨糖醇酐-5-一硝酸酯	Isosorbide-5-mononitrate	133	3251
异戊二烯,稳定的	Isoprene,stabilized	130P	1218
异戊酸甲酯	Methyl isovalerate	130	2400
异戊烷	Isopentane	128	1265
异戊烯	Isopentenes	128	2371
异辛烷	Isooctane	128	1262
异辛烯	Isooctenes	128	1216
异亚丙基丙酮	Mesityl oxide	129	1229
易燃固体,腐蚀性,无机物,未另作规定的	Flammable solid,corrosive,inorganic,n.o.s.	134	3180
易燃固体,腐蚀性,有机物,未另作规定的	Flammable solid,corrosive,organic,n.o.s.	134	2925
易燃固体,无机物,未另作规定的	Flammable solid,inorganic,n.o.s.	133	3178

续表

物质中文名称	物质英文名称	处置方案编号	UN号
易燃固体,氧化性,未另作规定的	Flammable solid,oxidizing,n.o.s.	140	3097
易燃固体,有毒,未另作规定的	Flammable solid,poisonous,n.o.s.	134	2926
易燃固体,有毒,无机物,未另作规定的	Flammable solid,toxic,inorganic,n.o.s.	134	3179
易燃固体,有毒,有机物,未另作规定的	Flammable solid,toxic,organic,n.o.s.	134	2926
易燃固体,有机物,熔融的,未另作规定的	Flammable solid,organic,molten,n.o.s.	133	3176
易燃固体,有机物,未另作规定的	Flammable solid,organic,n.o.s.	133	1325
易燃液体,腐蚀性,未另作规定的	Flammable liquid,corrosive,n.o.s.	132	2924
易燃液体,未另作规定的	Flammable liquid,n.o.s.	128	1993
易燃液体,有毒,腐蚀性,未另作规定的	Flammable liquid,toxic,corrosive,n.o.s.	131	3286
易燃液体,有毒,未另作规定的	Flammable liquid,toxic,n.o.s.	131	1992
印刷油墨,易燃	Printing ink,flammable	129	1210
印刷油墨相关材料	Printing ink related material	129	1210
油墨,印刷机用,易燃的	Ink,printer's,flammable	129	1210
油漆(易燃的)	Paint（flammable）	128	1263
油漆相关材料(易燃的)	Paint related material（flammable）	128	1263
油气	Oil gas	119	1071
油气,压缩的	Oil gas,compressed	119	1071
油酸汞	Mercury oleate	151	1640
铀金属,发火的	Uranium metal,pyrophoric	162	2979

物质中文名称	物质英文名称	处置方案编号	UN 号
有毒固体,腐蚀性,未另作规定的	Poisonous solid,corrosive,n.o.s.	154	2928
有毒固体,腐蚀性,有机物,未另作规定的	Toxic solid, corrosive, organic, n. o. s.	154	2928
有毒固体,无机物,腐蚀性,未另作规定的	Toxic solid, corrosive, inorganic, n. o. s.	154	3290
有毒固体,无机物,未另作规定的	Toxic solid, inorganic, n. o. s.	151	3288
有毒固体,氧化性,未另作规定的	Toxic solid, oxidizing, n. o. s.	141	3086
有毒固体,易燃,未另作规定的	Toxic solid, flammable, n. o. s.	134	2930
有毒固体,易燃,有机物,未另作规定的	Toxic solid, flammable, organic, n. o. s.	134	2930
有毒固体,有机物,未另作规定的	Toxic solid, organic, n. o. s.	154	2811
有毒固体,遇水反应,未另作规定的	Toxic solid,water-reactive,n.o.s.	139	3125
有毒固体,遇水反应放出易燃气体,未另作规定的	Toxic solid, which in contact with water emits flammable gases, n. o. s.	139	3125
有毒固体,自热性,未另作规定的	Toxic solid, self-heating, n. o. s.	136	3124
有毒液体,腐蚀性,未另作规定的	Toxic liquid, corrosive, n.o.s.	154	2927
有毒液体,腐蚀性,有机物,未另作规定的	Toxic liquid, corrosive, organic, n. o. s.	154	2927
有毒液体,未另作规定的	Toxic liquid, n. o. s.	153	2810
有毒液体,无机物,腐蚀性,未另作规定的	Toxic liquid, corrosive, inorganic, n. o. s.	154	3289

物质中文名称	物质英文名称	处置方案编号	UN 号
有毒液体,无机物,未另作规定的	Toxic liquid,inorganic,n.o.s.	151	3287
有毒液体,氧化性,未另作规定的	Toxic liquid,oxidizing,n.o.s.	142	3122
有毒液体,易燃,未另作规定的	Toxic liquid,flammable,n.o.s.	131	2929
有毒液体,易燃,有机物,未另作规定的	Toxic liquid,flammable,organic,n.o.s.	131	2929
有毒液体,有机物,未另作规定的	Toxic liquid,organic,n.o.s.	153	2810
有毒液体,遇水反应,未另作规定的	Toxic liquid,water-reactive,n.o.s.	139	3123
有毒液体,遇水反应放出易燃气体,未另作规定的	Toxic liquid,which in contact with water emits flammable gases,n.o.s.	139	3123
有害废物,固体,未另作规定的	Hazardous waste,solid,n.o.s.	171	3077
有害废物,液体,未另作规定的	Hazardous waste,liquid,n.o.s.	171	3082
有机过氧化物 B 类,固体	Organic peroxide type B,solid	146	3102
有机过氧化物 B 类,固体,控制温度的	Organic peroxide type B,solid,temperature controlled	148	3112
有机过氧化物 B 类,液体	Organic peroxide type B,liquid	146	3101
有机过氧化物 B 类,液体,控制温度的	Organic peroxide type B,liquid,temperature controlled	148	3111
有机过氧化物 C 类,固体	Organic peroxide type C,solid	146	3104
有机过氧化物 C 类,固体,控制温度的	Organic peroxide type C,solid,temperature controlled	148	3114
有机过氧化物 C 类,液体	Organic peroxide type C,liquid	146	3103

物质中文名称	物质英文名称	处置方案编号	UN 号
有机过氧化物 C 类,液体,控制温度的	Organic peroxide type C, liquid, temperature controlled	148	3113
有机过氧化物 D 类,固体	Organic peroxide type D, solid	145	3106
有机过氧化物 D 类,固体,控制温度的	Organic peroxide type D, solid, temperature controlled	148	3116
有机过氧化物 D 类,液体	Organic peroxide type D, liquid	145	3105
有机过氧化物 D 类,液体,控制温度的	Organic peroxide type D, liquid, temperature controlled	148	3115
有机过氧化物 E 类,固体	Organic peroxide type E, solid	145	3108
有机过氧化物 E 类,固体,控制温度的	Organic peroxide type E, solid, temperature controlled	148	3118
有机过氧化物 E 类,液体	Organic peroxide type E, liquid	145	3107
有机过氧化物 E 类,液体,控制温度的	Organic peroxide type E, liquid, temperature controlled	148	3117
有机过氧化物 F 类,固体	Organic peroxide type F, solid	145	3110
有机过氧化物 F 类,固体,控制温度的	Organic peroxide type F, solid, temperature controlled	148	3120
有机过氧化物 F 类,液体	Organic peroxide type F, liquid	145	3109
有机过氧化物 F 类,液体,控制温度的	Organic peroxide type F, liquid, temperature controlled	148	3119
有机化合物的金属盐,易燃,未另作规定的	Metal salts of organic compounds, flammable, n. o. s.	133	3181
有机金属化合物,固体,与水反应,易燃,未另作规定的	Organometallic compound, solid, water-reactive, flammable, n.o.s.	138	3372
有机金属化合物,有毒,固体,未另作规定的	Organometallic compound, toxic, solid, n. o. s.	151	3467

物质中文名称	物质英文名称	处置方案编号	UN号
有机金属化合物,有毒,未另作规定的	Organometallic compound, toxic, n. o. s.	151	3282
有机金属化合物,有毒,液体,未另作规定的	Organometallic compound, toxic, liquid, n. o. s.	151	3282
有机金属化合物,遇水反应,易燃,未另作规定的	Organometallic compound, water-reactive, flammable, n. o. s.	138	3207
有机金属化合物分散体,遇水反应,易燃,未另作规定的	Organometallic compound dispersion, water-reactive, flammable, n. o. s.	138	3207
有机金属化合物溶液,遇水反应,易燃,未另作规定的	Organometallic compound solution, water-reactive, flammable, n. o. s.	138	3207
有机金属物质,固体,发火,遇水反应的	Organometallic substance, solid, pyrophoric, water-reactive	135	3393
有机金属物质,固体,发火的	Organometallic substance, solid, pyrophoric	135	3391
有机金属物质,固体,遇水反应的	Organometallic substance, solid, water-reactive	135	3395
有机金属物质,固体,遇水反应,易燃的	Organometallic substance, solid, water-reactive, flammable	138	3396
有机金属物质,固体,遇水反应,自热性的	Organometallic substance, solid, water-reactive, self-heating	138	3397
有机金属物质,固体,自热性的	Organometallic substance, solid, self-heating	138	3400
有机金属物质,液体,发火,遇水反应的	Organometallic substance, liquid, pyrophoric, water-reactive	135	3394
有机金属物质,液体,发火的	Organometallic substance, liquid, pyrophoric	135	3392
有机金属物质,液体,遇水反应的	Organometallic substance, liquid, water-reactive	135	3398
有机金属物质,液体,遇水反应,易燃的	Organometallic substance, liquid, water-reactive, flammable	138	3399

物质中文名称	物质英文名称	处置方案编号	UN号
有机磷化合物,混有压缩气体的	Organic phosphorus compound mixed with compressed gas	123	1955
有机磷化合物,有毒,固体,未另作规定的	Organophosphorus compound, toxic, solid, n. o. s.	151	3464
有机磷化合物,有毒,未另作规定的	Organophosphorus compound, toxic, n. o. s.	151	3278
有机磷化合物,有毒,液体,未另作规定的	Organophosphorus compound, toxic, liquid, n. o. s.	151	3278
有机磷化合物,有毒,易燃,未另作规定的	Organophosphorus compound, toxic, flammable, n. o. s.	131	3279
有机磷农药,固体,有毒的	Organophosphorus pesticide, solid, toxic	152	2783
有机磷农药,液体,易燃,有毒的	Organophosphorus pesticide, liquid, flammable, toxic	131	2784
有机磷农药,液体,有毒的	Organophosphorus pesticide, liquid, toxic	152	3018
有机磷农药,液体,有毒,易燃的	Organophosphorus pesticide, liquid, toxic, flammable	131	3017
有机磷酸盐,混有压缩气体的	Organic phosphate mixed with compressed gas	123	1955
有机磷酸盐化合物,混有压缩气体的	Organic phosphate compound mixed with compressed gas	123	1955
有机氯农药,固体,有毒的	Organochlorine pesticide, solid, toxic	151	2761
有机氯农药,液体,易燃,有毒的	Organochlorine pesticide, liquid, flammable, toxic	131	2762
有机氯农药,液体,有毒的	Organochlorine pesticide, liquid, toxic	151	2996
有机氯农药,液体,有毒,易燃的	Organochlorine pesticide, liquid, toxic, flammable	131	2995
有机砷化合物,固体,未另作规定的	Organoarsenic compound, solid, n. o. s.	151	3465

物质中文名称	物质英文名称	处置方案编号	UN 号
有机砷化合物,未另作规定的	Organoarsenic compound, n.o.s.	151	3280
有机砷化合物,液体,未另作规定的	Organoarsenic compound, liquid, n. o. s.	151	3280
有机锡化合物,固体,未另作规定的	Organotin compound, solid, n.o.s.	153	3146
有机锡化合物,液体,未另作规定的	Organotin compound, liquid, n.o.s.	153	2788
有机锡农药,固体,有毒的	Organotin pesticide, solid, toxic	153	2786
有机锡农药,液体,易燃,有毒的	Organotin pesticide, liquid, flammable, toxic	131	2787
有机锡农药,液体,有毒的	Organotin pesticide, liquid, toxic	153	3020
有机锡农药,液体,有毒,易燃的	Organotin pesticide, liquid, toxic, flammable	131	3019
有机颜料,自热性的	Organic pigments, self-heating	135	3313
淤泥酸	Sludge acid	153	1906
鱼粉,未加稳定剂的	Fish meal, unstabilized	133	1374
鱼粉,稳定的	Fish meal, stabilized	171	2216
鱼屑,未加稳定剂的	Fish scrap, unstabilized	133	1374
鱼屑,稳定的	Fish scrap, stabilized	171	2216
与设备包装在一起的金属氢储存系统所含的氢	Hydrogen in a metal hydride storage system packed with equipment	115	3468
遇水反应固体,腐蚀性,未另作规定的	Water-reactive solid, corrosive, n. o. s.	138	3131
遇水反应固体,未另作规定的	Water-reactive solid, n. o. s.	138	2813
遇水反应固体,氧化性,未另作规定的	Water-reactive solid, oxidizing, n. o. s.	138	3133

续表

物质中文名称	物质英文名称	处置方案编号	UN 号
遇水反应固体,易燃,未另作规定的	Water-reactive solid, flammable, n. o. s.	138	3132
遇水反应固体,有毒,未另作规定的	Water-reactive solid, toxic, n.o.s.	139	3134
遇水反应固体,自热性,未另作规定的	Water reactive solid, self-heating, n. o. s.	138	3135
遇水反应液体,腐蚀性,未另作规定的	Water-reactive liquid, corrosive, n. o. s.	138	3129
遇水反应液体,未另作规定的	Water-reactive liquid, n. o. s.	138	3148
遇水反应液体,有毒,未另作规定的	Water-reactive liquid, toxic, n.o.s.	139	3130
原硅酸甲酯	Methyl orthosilicate	155	2606
原甲酸乙酯	Ethyl orthoformate	129	2524
原钛酸四丙酯	Tetrapropyl orthotitanate	128	2413
原亚磷酸	Phosphorous acid, ortho	154	2834
Z			
杂醇油	Fusel oil	127	1201
CX(战争毒剂)	CX	154	2811
樟脑	Camphor	133	2717
樟脑,合成的	Camphor, synthetic	133	2717
樟脑油	Camphor oil	128	1130
锗烷	Germane	119	2192
锗烷,吸附的	Germane, adsorbed	173	3523
诊断标本	Diagnostic specimens	158	3373
正丙苯	*n*-Propyl benzene	128	2364
正丙醇	*n*-Propanol	129	1274
正丁胺	*n*-Butylamine	132	1125
N-正丁基咪唑	*N*, *n*-Butylimidazole	152	2690
正丁基溴	*n*-Butyl bromide	130	1126

续表

物质中文名称	物质英文名称	处置方案编号	UN 号
正庚醛	*n*-Heptaldehyde	129	3056
正庚烯	*n*-Heptene	128	2278
正癸烷	*n*-Decane	128	2247
正磷酸,固体	Phosphoric acid, solid	154	3453
正戊基·甲基酮	*n*-Amyl methyl ketone	127	1110
正戊烷	*n*-Pentane	128	1265
正戊烯	*n*-Amylene	128	1108
织物废料,湿的	Textile waste, wet	133	1857
植物纤维,干的	Fibers, vegetable, dry	133	3360
纸,不饱和油类处理的	Paper, unsaturated oil treated	133	1379
酯类,未另作规定的	Esters, n.o.s.	127	3272
制冷机,含有氨溶液	Refrigerating machines, containing Ammonia solutions（UN2672）	126	2857
制冷机,含有易燃、无毒液化气体	Refrigerating machines, containing flammable, non-toxic, liquefied gas	115	3358
制冷机,含有不燃、无毒气体	Refrigerating machines, containing non-flammable, non-toxic gases	126	2857
制冷气体 R-1113	Refrigerant gas R-1113	119P	1082
制冷气体 R-1132a	Refrigerant gas R-1132a	116P	1959
制冷气体 R-114	Refrigerant gas R-114	126	1958
制冷气体 R-115	Refrigerant gas R-115	126	1020
制冷气体 R-116	Refrigerant gas R-116	126	2193
制冷气体 R-116,压缩的	Refrigerant gas R-116, compressed	126	2193
制冷气体 R-12	Refrigerant gas R-12	126	1028
制冷气体 R-1216	Refrigerant gas R-1216	126	1858
制冷气体 R-124	Refrigerant gas R-124	126	1021
制冷气体 R-125	Refrigerant gas R-125	126	3220

物质中文名称	物质英文名称	处置方案编号	UN 号
制冷气体 R-12B1	Refrigerant gas R-12B1	126	1974
制冷气体 R-12 和制冷气体 R-152a 的共沸混合物,含制冷气体 R-12 74%	Refrigerant gas R-12 and Refrigerant gas R-152a azeotropic mixture with 74% Refrigerant gas R-12	126	2602
制冷气体 R-13	Refrigerant gas R-13	126	1022
制冷气体 R-1318	Refrigerant gas R-1318	126	2422
制冷气体 R-133a	Refrigerant gas R-133a	126	1983
制冷气体 R-134a	Refrigerant gas R-134a	126	3159
制冷气体 R-13B1	Refrigerant gas R-13B1	126	1009
制冷气体 R-13 和制冷气体 R-23 的共沸混合物,含制冷气体 R-13 60%	Refrigerant gas R-13 and Refrigerant gas R-23 azeotropic mixture with 60% Refrigerant gas R-13	126	2599
制冷气体 R-14	Refrigerant gas R-14	126	1982
制冷气体 R-14,压缩的	Refrigerant gas R-14, compressed	126	1982
制冷气体 R-142b	Refrigerant gas R-142b	115	2517
制冷气体 R-143a	Refrigerant gas R-143a	115	2035
制冷气体 R-152a	Refrigerant gas R-152a	115	1030
制冷气体 R-152a 和制冷气体 R-12 的共沸混合物,含制冷气体 R-12 74%	Refrigerant gas R-152a and Refrigerant gas R-12 azeotropic mixture with 74% Refrigerant gas R-12	126	2602
制冷气体 R-161	Refrigerant gas R-161	115	2453
制冷气体 R-21	Refrigerant gas R-21	126	1029
制冷气体 R-218	Refrigerant gas R-218	126	2424
制冷气体 R-22	Refrigerant gas R-22	126	1018
制冷气体 R-227	Refrigerant gas R-227	126	3296
制冷气体 R-23	Refrigerant gas R-23	126	1984
制冷气体 R-23 和制冷气体 R-13 的共沸混合物,含制冷气体 R-13 60%	Refrigerant gas R-23 and Refrigerant gas R-13 azeotropic mixture with 60% Refrigerant gas R-13	126	2599

物质中文名称	物质英文名称	处置方案编号	UN号
制冷气体 R-32	Refrigerant gas R-32	115	3252
制冷气体 R-40	Refrigerant gas R-40	115	1063
制冷气体 R-404A	Refrigerant gas R-404A	126	3337
制冷气体 R-407A	Refrigerant gas R-407A	126	3338
制冷气体 R-407B	Refrigerant gas R-407B	126	3339
制冷气体 R-407C	Refrigerant gas R-407C	126	3340
制冷气体 R-41	Refrigerant gas R-41	115	2454
制冷气体 R-500	Refrigerant gas R-500	126	2602
制冷气体 R-502	Refrigerant gas R-502	126	1973
制冷气体 R-503	Refrigerant gas R-503	126	2599
制冷气体 RC-318	Refrigerant gas RC-318	126	1976
制冷气体,未另作规定的	Refrigerant gas,n.o.s.	126	1078
种子油饼,含油不高于1.5%,含水不高于11%	Seed cake,with not more than 1.5% oil and not more than 11% moisture	135	2217
种子油饼,含油量高于1.5%,含水量不高于11%	Seed cake,with more than 1.5% oil and not more than 11% moisture	135	1386
仲甲醛	Paraformaldehyde	133	2213
仲乙醛	Paraldehyde	129	1264
重铬酸铵	Ammonium dichromate	141	1439
转基因生物	Genetically modified organisms	171	3245
转基因微生物	Genetically modified organisms	171	3245
装有气体的小型容器	Receptacles,small,containing gas	115	2037
装在设备上的金属氢储存系统所含的氢	Hydrogen in a metal hydride storage system contained in equipment	115	3468
自反应固体 B 类	Self-reactive solid type B	149	3222

物质中文名称	物质英文名称	处置方案编号	UN 号
自反应固体 B 类,控制温度的	Self-reactive solid type B, temperature controlled	150	3232
自反应固体 C 类	Self-reactive solid type C	149	3224
自反应固体 C 类,控制温度的	Self-reactive solid type C, temperature controlled	150	3234
自反应固体 D 类	Self-reactive solid type D	149	3226
自反应固体 D 类,控制温度的	Self-reactive solid type D, temperature controlled	150	3236
自反应固体 E 类	Self-reactive solid type E	149	3228
自反应固体 E 类,控制温度的	Self-reactive solid type E, temperature controlled	150	3238
自反应固体 F 类	Self-reactive solid type F	149	3230
自反应固体 F 类,控制温度的	Self-reactive solid type F, temperature controlled	150	3240
自反应液体 B 类	Self-reactive liquid type B	149	3221
自反应液体 B 类,控制温度的	Self-reactive liquid type B, temperature controlled	150	3231
自反应液体 C 类	Self-reactive liquid type C	149	3223
自反应液体 C 类,控制温度的	Self-reactive liquid type C, temperature controlled	150	3233
自反应液体 D 类	Self-reactive liquid type D	149	3225
自反应液体 D 类,控制温度的	Self-reactive liquid type D, temperature controlled	150	3235
自反应液体 E 类	Self-reactive liquid type E	149	3227
自反应液体 E 类,控制温度的	Self-reactive liquid type E, temperature controlled	150	3237
自反应液体 F 类	Self-reactive liquid type F	149	3229
自反应液体 F 类,控制温度的	Self-reactive liquid type F, temperature controlled	150	3239
自热固体,腐蚀性,无机物,未另作规定的	Self-heating solid, corrosive, inorganic, n. o. s.	136	3192

物质中文名称	物质英文名称	处置方案编号	UN 号
自热固体,腐蚀性,有机物,未另作规定的	Self-heating solid, corrosive, organic, n. o. s.	136	3126
自热固体,无机物,未另作规定的	Self-heating solid, inorganic, n.o.s.	135	3190
自热固体,氧化性,未另作规定的	Self-heating solid, oxidizing, n.o.s.	135	3127
自热固体,有机物,未另作规定的	Self-heating solid, organic, n.o.s.	135	3088
自热液体,腐蚀性,无机物,未另作规定的	Self-heating liquid, corrosive, inorganic, n.o.s.	136	3188
自热液体,腐蚀性,有机物,未另作规定的	Self-heating liquid, corrosive, organic, n. o. s.	136	3185
自热液体,无机物,未另作规定的	Self-heating liquid, inorganic, n.o.s.	135	3186
自热液体,有毒,无机物,未另作规定的	Self-heating liquid, toxic, organic, n. o. s.	136	3187
自热液体,有毒,有机物,未另作规定的	Self-heating liquid, toxic, inorganic, n. o. s.	136	3184
自热液体,有机物,未另作规定的	Self-heating liquid, organic, n.o.s.	135	3183
自卫喷雾器,无压力的	Self-defense spray, non-pressurized	171	3334
棕石棉	Asbestos, brown	171	2212

UN 号索引

UN 号索引

UN 号	处置方案编号	物质中文名称
—	112	硝酸铵-燃料油混合物
—	158	生物制剂
—	112	爆炸剂,未另作规定的
—	112	爆炸品,1.1,1.2,1.3 或 1.5 类
—	114	爆炸品,1.4 或 1.6 类
—	153	毒素
1001	116	乙炔,溶解的
1002	122	空气,压缩的
1003	122	空气,冷冻液体(低温液体)
1003	122	空气,冷冻液体(低温液体),未压缩的
1005	125	氨,无水的
1005	125	无水氨
1006	121	氩
1006	121	氩,压缩的
1008	125	三氟化硼
1008	125	三氟化硼,压缩的
1009	126	溴三氟甲烷
1009	126	制冷气体 R-13B1
1010	116P	丁二烯,稳定的
1010	116P	丁二烯和碳氢混合物,稳定的
1010	116P	碳氢混合物和丁二烯,稳定的
1011	115	丁烷
1012	115	丁烯

续表

UN 号	处置方案编号	物质中文名称
1013	120	二氧化碳
1013	120	二氧化碳,压缩的
1014	122	二氧化碳和氧混合物,压缩的
1014	122	氧和二氧化碳混合物,压缩的
1015	126	二氧化碳和氧化亚氮混合物
1015	126	氧化亚氮和二氧化碳混合物
1016	119	一氧化碳
1016	119	一氧化碳,压缩的
1017	124	氯
1018	126	二氟氯甲烷
1018	126	制冷气体 R-22
1020	126	五氟氯乙烷
1020	126	制冷气体 R-115
1021	126	1-氯-1,2,2,2-四氟乙烷
1021	126	制冷气体 R-124
1022	126	三氟氯甲烷
1022	126	制冷气体 R-13
1023	119	煤气
1023	119	煤气,压缩的
1026	119	氰
1027	115	环丙烷
1028	126	二氯二氟甲烷
1028	126	制冷气体 R-12
1029	126	二氯氟甲烷
1029	126	制冷气体 R-21
1030	115	1,1-二氟乙烷

UN号	处置方案编号	物质中文名称
1030	115	制冷气体 R-152a
1032	118	二甲胺,无水的
1033	115	二甲醚
1035	115	乙烷
1035	115	乙烷,压缩的
1036	118	乙胺
1037	115	乙基氯
1038	115	乙烯,冷冻液体(低温液体)
1039	115	乙基甲基醚
1039	115	甲基乙基醚
1040	119P	环氧乙烷
1040	119P	环氧乙烷,含氮的
1041	115	二氧化碳和环氧乙烷混合物,含环氧乙烷9%~87%
1041	115	环氧乙烷和二氧化碳混合物,含环氧乙烷9%~87%
1043	125	充氨溶液化肥,含有游离氨
1044	126	灭火器,装有压缩气体
1044	126	灭火器,装有液化气体
1045	124	氟
1045	124	氟,压缩的
1046	121	氦
1046	121	氦,压缩的
1048	125	溴化氢,无水的
1049	115	氢
1049	115	氢,压缩的
1050	125	氯化氢,无水的
1051	117	氰化氢(战争毒剂)

UN 号	处置方案编号	物质中文名称
1051	117	氢氰酸,水溶液,含氰化氢高于 20%
1051	117	氰化氢,无水,稳定的
1051	117	氰化氢,稳定的
1052	125	氟化氢,无水的
1053	117	硫化氢
1055	115	异丁烯
1056	121	氪
1056	121	氪,压缩的
1057	115	打火机(香烟用)(易燃气体)
1057	128	打火机,常压,含易燃液体
1058	120	液化气体,不燃的,充有氮、二氧化碳或空气
1060	116P	甲基乙炔和丙二烯混合物,稳定的
1060	116P	丙二烯和甲基乙炔混合物,稳定的
1061	118	甲胺,无水的
1062	123	甲基溴
1063	115	甲基氯
1063	115	制冷气体 R-40
1064	117	甲硫醇
1065	121	氖
1065	121	氖,压缩的
1066	121	氮
1066	121	氮,压缩的
1067	124	四氧化二氮
1067	124	二氧化氮
1069	125	氯化亚硝酰
1070	122	氧化亚氮

UN 号	处置方案编号	物质中文名称
1070	122	氧化亚氮,压缩的
1071	119	油气
1071	119	油气,压缩的
1072	122	氧
1072	122	氧,压缩的
1073	122	氧,冷冻液体(低温液体)
1075	115	丁烷
1075	115	丁烯
1075	115	异丁烷
1075	115	异丁烯
1075	115	液化石油气
1075	115	石油气,液化的
1075	115	丙烷
1075	115	丙烯
1076	125	光气
1076	125	双光气
1077	115	丙烯
1078	126	分散剂气体,未另作规定的
1078	126	制冷气体,未另作规定的
1079	125	二氧化硫
1080	126	六氟化硫
1081	116P	四氟乙烯,稳定的
1082	119P	制冷气体 R-1113
1082	119P	三氟氯乙烯,稳定的
1083	118	三甲胺,无水的
1085	116P	乙烯基溴,稳定的

UN 号	处置方案编号	物质中文名称
1086	116P	乙烯基氯,稳定的
1087	116P	乙烯基·甲基醚,稳定的
1088	127	乙缩醛
1089	129P	乙醛
1090	127	丙酮
1091	127	丙酮油
1092	131P	丙烯醛,稳定的
1093	131P	丙烯腈,稳定的
1098	131	烯丙醇
1099	131	烯丙基溴
1100	131	烯丙基氯
1104	129	乙酸戊酯
1105	129	戊醇
1106	132	戊胺
1107	129	戊基氯
1108	128	正戊烯
1108	128	1-戊烯
1109	129	甲酸戊酯
1110	127	正戊基·甲基酮
1110	127	甲基·戊基酮
1111	130	戊硫醇
1112	140	硝酸戊酯
1113	129	亚硝酸戊酯
1114	130	苯
1120	129	丁醇
1123	129	乙酸丁酯

UN 号	处置方案编号	物质中文名称
1125	132	正丁胺
1126	130	1-溴丁烷
1126	130	正丁基溴
1127	130	正丁基氯
1127	130	氯丁烷
1128	129	甲酸正丁酯
1129	129	丁醛
1130	128	樟脑油
1131	131	二硫化碳
1133	128	粘合剂(易燃的)
1134	130	氯苯
1135	131	2-氯乙醇
1136	128	煤焦油馏出物,易燃的
1139	127	涂料溶液
1143	131P	丁烯醛
1143	131P	丁烯醛,稳定的
1144	128	巴豆炔
1145	128	环己烷
1146	128	环戊烷
1147	130	十氢化萘
1148	129	双丙酮醇
1149	128	丁醚
1149	128	二丁醚
1150	130P	1,2-二氯乙烯
1152	130	二氯戊烷
1153	127	乙二醇二乙醚

续表

UN 号	处置方案编号	物质中文名称
1154	132	二乙胺
1155	127	二乙醚
1155	127	乙醚
1156	127	二乙酮
1157	128	二异丁酮
1158	132	二异丙胺
1159	127	二异丙醚
1160	132	二甲胺,水溶液
1160	132	二甲胺,溶液
1161	129	碳酸二甲酯
1162	155	二甲基二氯硅烷
1163	131	1,1-二甲肼
1163	131	二甲肼,不对称的
1164	130	二甲硫
1165	127	二噁烷
1166	127	二氧戊环
1167	128P	二乙烯基醚,稳定的
1169	127	萃取香料,液体
1170	127	乙醇
1170	127	乙醇,溶液
1170	127	酒精
1170	127	酒精,溶液
1171	127	乙二醇单乙醚
1172	129	乙酸乙二醇一乙醚酯
1173	129	乙酸乙酯
1175	130	乙苯

UN 号	处置方案编号	物质中文名称
1176	129	硼酸乙酯
1177	130	乙酸 2-乙基丁酯
1177	130	乙酸乙基丁酯
1178	130	2-乙基丁醛
1179	127	乙基·丁基醚
1180	130	丁酸乙酯
1181	155	氯乙酸乙酯
1182	155	氯甲酸乙酯
1183	139	乙基二氯硅烷
1184	131	二氯化乙烯
1185	131P	吖丙啶,稳定的
1188	127	乙二醇一甲醚
1189	129	乙酸乙二醇一甲醚酯
1190	129	甲酸乙酯
1191	129	乙基己醛
1191	129	辛醛
1192	129	乳酸乙酯
1193	127	乙基·甲基酮
1193	127	甲基·乙基酮
1194	131	亚硝酸乙酯,溶液
1195	129	丙酸乙酯
1196	155	乙基三氯硅烷
1197	127	萃取调味剂,液体
1198	132	甲醛,溶液,易燃
1198	132	福尔马林(易燃)
1199	132P	糠醛

UN 号	处置方案编号	物质中文名称
1201	127	杂醇油
1202	128	柴油机燃料
1202	128	燃料油
1202	128	柴油
1202	128	轻质加热油
1203	128	酒精-汽油混合燃料
1203	128	汽油
1203	128	车用汽油
1204	127	硝化甘油,酒精溶液,含硝化甘油不高于 1%
1206	128	庚烷
1207	130	己醛
1208	128	己烷
1208	128	新己烷
1210	129	油墨,印刷机用,易燃
1210	129	印刷油墨,易燃
1210	129	印刷油墨相关材料
1212	129	异丁醇
1213	129	乙酸异丁酯
1214	132	异丁胺
1216	128	异辛烯
1218	130P	异戊二烯,稳定的
1219	129	异丙醇
1220	129	乙酸异丙酯
1221	132	异丙胺
1222	130	硝酸异丙酯
1223	128	煤油

UN 号	处置方案编号	物质中文名称
1224	127	酮类,液体,未另作规定的
1228	131	硫醇混合物,液体,易燃,有毒,未另作规定的
1228	131	硫醇,液体,易燃,有毒,未另作规定的
1229	129	异亚丙基丙酮
1230	131	甲醇
1231	129	乙酸甲酯
1233	130	乙酸甲基戊酯
1234	127	甲醛缩二甲醇
1235	132	甲胺,水溶液
1237	129	丁酸甲酯
1238	155	氯甲酸甲酯
1239	131	甲基·氯甲基醚
1242	139	甲基二氯硅烷
1243	129	甲酸甲酯
1244	131	甲基肼
1245	127	甲基·异丁基酮
1246	127P	甲基·异丙烯基酮,稳定的
1247	129P	丙烯酸甲酯单体,稳定的
1248	129	丙酸甲酯
1249	127	甲基·丙基酮
1250	155	甲基三氯硅烷
1251	131P	甲基·乙烯基酮,稳定的
1259	131	羰基镍
1261	129	硝基甲烷
1262	128	异辛烷
1262	128	辛烷

UN 号	处置方案编号	物质中文名称
1263	128	油漆(易燃的)
1263	128	油漆相关材料(易燃的)
1264	129	仲乙醛
1265	128	异戊烷
1265	128	戊烷
1266	127	香料制品,含有易燃溶剂
1267	128	石油原油
1268	128	石油馏出物,未另作规定的
1268	128	石油产品,未另作规定的
1270	128	石油
1272	129	松油
1274	129	正丙醇
1274	129	丙醇,标准的
1275	129	丙醛
1276	129	乙酸正丙酯
1277	132	丙胺
1278	129	1-氯丙烷
1278	129	丙基氯
1279	130	1,2-二氯丙烷
1280	127P	氧化丙烯
1281	129	甲酸丙酯
1282	129	吡啶
1286	127	松香油
1287	127	橡胶溶液
1288	128	页岩油
1289	132	甲醇钠的酒精溶液

续表

UN 号	处置方案编号	物质中文名称
1292	129	硅酸乙酯
1292	129	硅酸四乙酯
1293	127	药用酊剂
1294	130	甲苯
1295	139	三氯硅烷
1296	132	三乙胺
1297	132	三甲胺,水溶液
1298	155	三甲基氯硅烷
1299	128	松节油
1300	128	松节油代用品
1301	129P	乙酸乙烯酯,稳定的
1302	127P	乙烯基·乙基醚,稳定的
1303	130P	亚乙烯基二氯,稳定的
1304	127P	乙烯基·异丁基醚,稳定的
1305	155P	乙烯基三氯硅烷
1305	155P	乙烯基三氯硅烷,稳定的
1306	129	木材防腐剂,液体
1307	130	二甲苯
1308	170	锆,悬浮在易燃液体中
1309	170	铝粉,有涂层的
1310	113	苦味酸铵,含水量不低于 10%
1312	133	冰片
1313	133	树脂酸钙
1314	133	树脂酸钙,熔融的
1318	133	树脂酸钴,沉淀的
1320	113	二硝基苯酚,含水量不低于 15%

续表

UN 号	处置方案编号	物质中文名称
1321	113	二硝基苯酚盐,含水量不低于 15%
1322	113	二硝基间苯二酚,含水量不低于 15%
1323	170	铈铁合金
1324	133	胶片,以硝化纤维素为基料
1325	133	易燃固体,有机物,未另作规定的
1325	133	红色闪光信号灯(铁路或公路)
1326	170	铪粉,含水量不低于 25%
1327	133	碎稻草和稻壳,浸水,潮湿或被油污染的
1327	133	干草,浸水,潮湿或被油污染的
1327	133	稻草,浸水,潮湿或被油污染的
1328	133	六亚甲基四胺
1330	133	树脂酸锰
1331	133	火柴,"可随处划燃"
1332	133	聚乙醛
1333	170	铈,板、锭或棒
1334	133	萘,未加工的
1334	133	萘,精制的
1336	113	硝基胍,含水量不低于 20%
1336	113	苦橄岩,含水量不低于 20%
1337	113	硝化淀粉,含水量不低于 20%
1338	133	磷,非晶形
1338	133	红磷
1339	139	七硫化四磷,不含黄磷和白磷
1340	139	五硫化二磷,不含黄磷和白磷
1341	139	三硫化四磷,不含黄磷和白磷
1343	139	三硫化二磷,不含黄磷和白磷

UN 号	处置方案编号	物质中文名称
1344	113	苦味酸,含水量不低于 30%
1344	113	三硝基苯酚,含水量不低于 30%
1345	133	废橡胶,粉末或颗粒
1346	170	硅粉,非晶形
1347	113	苦味酸银,含水量不低于 30%
1348	113	二硝基邻甲苯酚钠,含水量不低于 15%
1349	113	甘氨酸钠,含水量不低于 20%
1350	133	硫
1352	170	钛粉,含水量不低于 25%
1353	133	纤维织品,用轻度硝化的硝酸纤维素浸渍的,未另作规定的
1353	133	纤维,用轻度硝化的硝酸纤维素浸渍的,未另作规定的
1354	113	三硝基苯,含水量不低于 30%
1355	113	三硝基苯甲酸,含水量不低于 30%
1356	113	梯恩梯,含水量不低于 30%
1356	113	三硝基甲苯,含水量不低于 30%
1357	113	硝酸脲,含水量不低于 20%
1358	170	锆粉,含水量不低于 25%
1360	139	磷化钙
1361	133	碳,来源于动物或植物
1361	133	木炭
1362	133	活性炭
1363	135	椰肉干
1364	133	废棉,含油的
1365	133	棉花
1365	133	棉花,潮湿的
1366	135	二乙基锌

续表

UN 号	处置方案编号	物质中文名称
1369	135	对亚硝基二甲基苯胺
1370	135	二甲锌
1372	133	动物或植物纤维,燃烧,湿的或润湿的
1373	133	动物,植物或合成纤维织品,未另作规定的,含油
1373	133	动物,植物或合成纤维,未另作规定的,含油
1374	133	鱼粉,未加稳定剂的
1374	133	鱼屑,未加稳定剂的
1376	135	氧化铁,废弃的
1376	135	海绵状铁,废弃的
1378	170	金属催化剂,湿的
1379	133	纸,不饱和油类处理的
1380	135	戊硼烷
1381	136	白磷,干的或浸没在水中或溶液中
1381	136	黄磷,干的或浸没在水中或溶液中
1381	136	白磷,干的
1381	136	白磷,浸没在溶液中
1381	136	白磷,浸没在水中
1381	136	黄磷,干的
1381	136	黄磷,浸没在溶液中
1381	136	黄磷,浸没在水中
1382	135	硫化钾,无水的
1382	135	硫化钾,含结晶水低于 30%
1383	135	铝粉,发火的
1383	135	发火合金,未另作规定的
1383	135	发火金属,未另作规定的
1384	135	连二亚硫酸钠

UN 号	处置方案编号	物质中文名称
1384	135	亚硫酸氢钠
1385	135	硫化钠,含结晶水低于 30%
1385	135	硫化钠,无水的
1386	135	种子油饼,含油量高于 1.5%,含水量不高于 11%
1387	133	羊毛废料,湿的
1389	138	碱金属汞齐
1389	138	碱金属汞齐,液体
1390	139	氨基碱金属
1391	138	碱金属分散体
1391	138	碱土金属分散体
1392	138	碱土金属汞齐
1392	138	碱土金属汞齐,液体
1393	138	碱土金属合金,未另作规定的
1394	138	碳化铝
1395	139	硅铝铁合金粉
1396	138	铝粉,无涂层的
1397	139	磷化铝
1398	138	硅铝粉,无涂层的
1400	138	钡
1401	138	钙
1402	138	碳化钙
1403	138	氰氨化钙,含碳化钙高于 0.1%
1404	138	氢化钙
1405	138	硅化钙
1407	138	铯
1408	139	硅铁

续表

UN 号	处置方案编号	物质中文名称
1409	138	金属氢化物,遇水反应,未另作规定的
1410	138	氢化铝锂
1411	138	氢化铝锂,醚溶液
1413	138	硼氢化锂
1414	138	氢化锂
1415	138	锂
1417	138	硅锂合金
1418	138	镁合金粉
1418	138	镁粉
1419	139	磷化铝镁
1420	138	钾金属合金
1420	138	钾金属合金,液体
1421	138	碱金属合金,液体,未另作规定的
1422	138	钾钠合金
1422	138	钾钠合金,液体
1422	138	钠钾合金
1422	138	钠钾合金,液体
1423	138	铷
1423	138	铷金属
1426	138	氢硼化钠
1427	138	氢化钠
1428	138	钠
1431	138	甲醇钠
1431	138	甲醇钠,干的
1432	139	磷化钠
1433	139	磷化锡

续表

UN 号	处置方案编号	物质中文名称
1435	138	锌灰
1435	138	锌浮渣
1435	138	锌渣
1435	138	锌浮沫
1436	138	锌尘
1436	138	锌粉
1437	138	氢化锆
1438	140	硝酸铝
1439	141	重铬酸铵
1442	143	高氯酸铵
1444	140	过硫酸铵
1445	141	氯酸钡
1445	141	氯酸钡,固体
1446	141	硝酸钡
1447	141	高氯酸钡
1447	141	高氯酸钡,固体
1448	141	高锰酸钡
1449	141	过氧化钡
1450	141	溴酸盐,无机物,未另作规定的
1451	140	硝酸铯
1452	140	氯酸钙
1453	140	亚氯酸钙
1454	140	硝酸钙
1455	140	高氯酸钙
1456	140	高锰酸钙
1457	140	过氧化钙

续表

UN 号	处置方案编号	物质中文名称
1458	140	硼酸盐和氯酸盐混合物
1458	140	氯酸盐和硼酸盐混合物
1459	140	氯酸盐和氯化镁混合物
1459	140	氯酸盐和氯化镁混合物,固体
1459	140	氯化镁和氯酸盐混合物
1459	140	氯化镁和氯酸盐混合物,固体
1461	140	氯酸盐,无机物,未另作规定的
1462	143	亚氯酸盐,无机物,未另作规定的
1463	141	三氧化铬,无水的
1465	140	硝酸钕镨
1466	140	硝酸铁
1467	143	硝酸胍
1469	141	硝酸铅
1470	141	高氯酸铅
1470	141	高氯酸铅,固体
1471	140	次氯酸锂,干的
1471	140	次氯酸锂混合物
1471	140	次氯酸锂混合物,干的
1472	143	过氧化锂
1473	140	溴酸镁
1474	140	硝酸镁
1475	140	高氯酸镁
1476	140	过氧化镁
1477	140	硝酸盐,无机物,未另作规定的
1479	140	氧化性固体,未另作规定的
1481	140	高氯酸盐,无机物,未另作规定的

续表

UN 号	处置方案编号	物质中文名称
1482	140	高锰酸盐,无机物,未另作规定的
1483	140	过氧化物,无机物,未另作规定的
1484	140	溴酸钾
1485	140	氯酸钾
1486	140	硝酸钾
1487	140	硝酸钾和亚硝酸钠混合物
1487	140	亚硝酸钠和硝酸钾混合物
1488	140	亚硝酸钾
1489	140	高氯酸钾
1490	140	高锰酸钾
1491	144	过氧化钾
1492	140	过硫酸钾
1493	140	硝酸银
1494	141	溴酸钠
1495	140	氯酸钠
1496	143	亚氯酸钠
1498	140	硝酸钠
1499	140	硝酸钾和硝酸钠混合物
1499	140	硝酸钠和硝酸钾混合物
1500	140	亚硝酸钠
1502	140	高氯酸钠
1503	140	高锰酸钠
1504	144	过氧化钠
1505	140	过硫酸钠
1506	143	氯酸锶
1507	140	硝酸锶

UN 号	处置方案编号	物质中文名称
1508	140	高氯酸锶
1509	143	过氧化锶
1510	143	四硝基甲烷
1511	140	过氧化氢脲
1512	140	亚硝酸锌铵
1513	140	氯酸锌
1514	140	硝酸锌
1515	140	高锰酸锌
1516	143	过氧化锌
1517	113	甘氨酸锆,含水量不低于 20%
1541	155	丙酮氰醇,稳定的
1544	151	生物碱,固体,未另作规定的(有毒)
1544	151	生物碱盐类,固体,未另作规定的(有毒)
1545	155	异硫氰酸烯丙酯,稳定的
1546	151	砷酸铵
1547	153	苯胺
1548	153	盐酸苯胺
1549	157	锑化合物,无机物,固体,未另作规定的
1550	151	乳酸锑
1551	151	酒石酸氧锑钾
1553	154	砷酸,液体
1554	154	砷酸,固体
1555	151	溴化砷
1556	152	砷化合物,液体,未另作规定的
1556	152	砷化合物,液体,未另作规定的,无机物
1556	152	甲基二氯胂

续表

UN 号	处置方案编号	物质中文名称
1556	152	苯基二氯胂
1557	152	砷化合物,固体,未另作规定的
1557	152	砷化合物,固体,未另作规定的,无机物
1558	152	砷
1559	151	五氧化二砷
1560	157	五氯化砷
1560	157	三氯化砷
1561	151	三氧化二砷
1562	152	砷粉
1564	154	钡化合物,未另作规定的
1565	157	氰化钡
1566	154	铍化合物,未另作规定的
1567	134	铍粉
1569	131	溴丙酮
1570	152	二甲马钱子碱
1571	113	叠氮化钡,含水量不低于 50%
1572	151	可卡基酸
1573	151	砷酸钙
1574	151	砷酸钙和亚砷酸钙混合物,固体
1574	151	亚砷酸钙和砷酸钙混合物,固体
1575	157	氰化钙
1577	153	二硝基氯苯,液体
1577	153	二硝基氯苯,固体
1577	153	二硝基氯苯
1578	152	硝基氯苯
1578	152	硝基氯苯,固体

UN 号	处置方案编号	物质中文名称
1579	153	4-氯邻甲苯胺盐酸盐
1579	153	4-氯邻甲苯胺盐酸盐,固体
1580	154	三氯硝基甲烷
1581	123	三氯硝基甲烷和溴甲烷混合物
1581	123	溴甲烷和三氯硝基甲烷混合物
1582	119	三氯硝基甲烷和氯甲烷混合物
1582	119	氯甲烷和三氯硝基甲烷混合物
1583	154	三氯硝基甲烷混合物,未另作规定的
1585	151	乙酰亚砷酸酮
1586	151	亚砷酸酮
1587	151	氰化铜
1588	157	氰化物,无机物,固体,未另作规定的
1589	125	氯化氰(战争毒剂)
1589	125	氯化氰,稳定的
1590	153	二氯苯胺,液体
1590	153	二氯苯胺,固体
1591	152	邻二氯苯
1593	160	二氯甲烷
1594	152	硫酸二乙酯
1595	156	硫酸二甲酯
1596	153	二硝基苯胺
1597	152	二硝基苯,液体
1597	152	二硝基苯,固体
1598	153	二硝基邻甲酚
1599	153	二硝基苯酚,溶液
1600	152	二硝基甲苯,熔融的

UN 号	处置方案编号	物质中文名称
1601	151	消毒剂,固体,有毒,未另作规定的
1602	151	染料,液体,有毒,未另作规定的
1602	151	染料中间体,液体,有毒,未另作规定的
1603	155	溴乙酸乙酯
1604	132	1,2-乙二胺
1605	154	二溴化乙烯
1606	151	砷酸铁
1607	151	亚砷酸铁
1608	151	砷酸亚铁
1611	151	四磷酸六乙酯
1612	123	压缩气体和四磷酸六乙酯混合物
1612	123	四磷酸六乙酯和压缩气体混合物
1613	154	氢氰酸,水溶液,含氰化氢低于5%
1613	154	氢氰酸,水溶液,含氰化氢不高于20%
1613	154	氰化氢,水溶液,含氰化氢不高于20%
1614	152	氰化氢,稳定的(被吸收的)
1616	151	乙酸铅
1617	151	砷酸铅
1618	151	亚砷酸铅
1620	151	氰化铅
1621	151	伦敦紫
1622	151	砷酸镁
1623	151	砷酸汞
1624	154	氯化汞
1625	141	硝酸汞
1626	157	氰化汞钾

UN 号	处置方案编号	物质中文名称
1627	141	硝酸亚汞
1629	151	乙酸汞
1630	151	氯化汞铵
1631	154	苯甲酸汞
1634	154	溴化汞
1634	154	溴化亚汞
1636	154	氰化汞
1637	151	葡萄糖酸汞
1638	151	碘化汞
1639	151	核酸汞
1640	151	油酸汞
1641	151	氧化汞
1642	151	氰氧化汞
1642	151	氰氧化汞,减敏的
1643	151	碘化汞钾
1644	151	水杨酸汞
1645	151	硫酸汞
1646	151	硫氰酸汞
1647	151	二溴化乙烯和溴甲烷混合物,液体
1647	151	溴甲烷和二溴化乙烯混合物,液体
1648	127	乙腈
1649	131	发动机燃料抗爆剂
1650	153	β-萘胺
1650	153	β-萘胺,固体
1651	153	萘基硫脲
1652	153	萘基脲

UN 号	处置方案编号	物质中文名称
1653	151	氰化镍
1654	151	烟碱
1655	151	烟碱化合物,固体,未另作规定的
1655	151	烟碱制剂,固体,未另作规定的
1656	151	盐酸烟碱
1656	151	盐酸烟碱,液体
1656	151	盐酸烟碱,溶液
1657	151	水杨酸烟碱
1658	151	硫酸烟碱,固体
1658	151	硫酸烟碱,溶液
1659	151	酒石酸烟碱
1660	124	一氧化氮
1660	124	一氧化氮,压缩的
1661	153	硝基苯胺
1662	152	硝基苯
1663	153	硝基苯酚
1664	152	硝基甲苯,液体
1664	152	硝基甲苯,固体
1665	152	混合硝基二甲苯,液体
1665	152	混合硝基二甲苯,固体
1669	151	五氯乙烷
1670	157	全氯甲硫醇
1671	153	苯酚,固体
1672	151	苯胂化氯
1673	153	苯二胺
1674	151	乙酸苯汞

UN 号	处置方案编号	物质中文名称
1677	151	砷酸钾
1678	154	亚砷酸钾
1679	157	氰亚铜酸钾
1680	157	氰化钾
1680	157	氰化钾,固体
1683	151	亚砷酸银
1684	151	氰化银
1685	151	砷酸钠
1686	154	亚砷酸钠,水溶液
1687	153	叠氮化钠
1688	152	卡可酸钠
1689	157	氰化钠
1689	157	氰化钠,固体
1690	154	氟化钠
1690	154	氟化钠,固体
1691	151	亚砷酸锶
1692	151	马钱子碱
1692	151	马钱子碱盐
1693	159	催泪瓦斯装置
1693	159	催泪瓦斯物质,液体,未另作规定的
1693	159	催泪瓦斯物质,固体,未另作规定的
1694	159	溴苯基乙腈,液体
1694	159	溴苯基乙腈,固体
1694	159	溴苄基氰(战争毒剂)
1695	131	氯丙酮,稳定的
1697	153	氯乙酰苯

续表

UN 号	处置方案编号	物质中文名称
1697	153	氯乙酰苯,固体
1697	153	氯乙酰苯(战争毒剂)
1698	154	亚当代剂
1698	154	二苯胺氯胂
1699	151	二苯氯胂(战争毒剂)
1699	151	二苯氯胂,液体
1699	151	二苯氯胂,固体
1700	159	催泪瓦斯毒气筒
1700	159	催泪瓦斯手榴弹
1701	152	甲苄基溴
1701	152	甲苄基溴,液体
1702	151	1,1,2,2-四氯乙烷
1702	151	四氯乙烷
1704	153	二硫代焦磷酸四乙酯
1707	151	铊化合物,未另作规定的
1708	153	甲苯胺,液体
1708	153	甲苯胺,固体
1709	151	2,4-甲苯二胺,固体
1709	151	2,4-甲代苯二胺
1709	151	2,4-甲代苯二胺,固体
1710	160	三氯乙烯
1711	153	二甲基苯胺,液体
1711	153	二甲基苯胺,固体
1712	151	砷酸锌
1712	151	砷酸锌和亚砷酸锌混合物
1712	151	亚砷酸锌

UN 号	处置方案编号	物质中文名称
1712	151	亚砷酸锌和砷酸锌混合物
1713	151	氰化锌
1714	139	磷化锌
1715	137	乙酸酐
1716	156	乙酸溴
1717	155	乙酸氯
1718	153	酸式磷酸丁酯
1719	154	苛性碱液体,未另作规定的
1722	155	氯甲酸烯丙酯
1722	155	氯碳酸烯丙酯
1723	132	烯丙基碘
1724	155	烯丙基三氯硅烷,稳定的
1725	137	溴化铝,无水的
1726	137	氯化铝,无水的
1727	154	二氟化铵,固体
1727	154	二氟化氢铵,固体
1728	155	戊基三氯硅烷
1729	156	茴香酰氯
1730	157	五氯化锑,液体
1731	157	五氯化锑,溶液
1732	157	五氟化锑
1733	157	三氯化锑
1733	157	三氯化锑,液体
1733	157	三氯化锑,固体
1736	137	苯甲酰氯
1737	156	苄基溴

续表

UN 号	处置方案编号	物质中文名称
1738	156	苄基氯
1739	137	氯甲酸苄酯
1740	154	二氟氢化物,未另作规定的
1740	154	二氟氢化物,固体,未另作规定的
1741	125	三氯化硼
1742	157	三氟化硼合乙酸
1742	157	三氟化硼合乙酸,液体
1743	157	三氟化硼合丙酸
1743	157	三氟化硼合丙酸,液体
1744	154	溴
1744	154	溴,溶液
1744	154	溴,溶液(吸入危害区域 A)
1744	154	溴,溶液(吸入危害区域 B)
1745	144	五氟化溴
1746	144	三氟化溴
1747	155	丁基三氯硅烷
1748	140	次氯酸钙,干的
1748	140	次氯酸钙混合物,干的,含有效氯高于 39%(有效氧8.8%)
1749	124	三氟化氯
1750	153	氯乙酸,溶液
1751	153	氯乙酸,固体
1752	156	氯乙酰氯
1753	156	氯苯基三氯硅烷
1754	137	氯磺酸(含或不含三氧化硫)
1755	154	铬酸,溶液
1756	154	氟化铬,固体

UN 号	处置方案编号	物质中文名称
1757	154	氟化铬,溶液
1758	137	氯氧化铬
1759	154	腐蚀性固体,未另作规定的
1759	154	氯化亚铁,固体
1760	154	化学品箱
1760	154	清洁剂,液体(腐蚀性)
1760	154	除草剂,液体(腐蚀性)
1760	154	腐蚀性液体,未另作规定的
1760	154	氯化亚铁,溶液
1761	154	铜乙二胺,溶液
1762	156	环己烯基三氯硅烷
1763	156	环己基三氯硅烷
1764	153	二氯乙酸
1765	156	二氯乙酰氯
1766	156	二氯苯基三氯硅烷
1767	155	二乙基二氯硅烷
1768	154	二氟磷酸,无水的
1769	156	二苯基二氯硅烷
1770	153	二苯甲基溴
1771	156	十二烷基三氯硅烷
1773	157	氯化铁,无水的
1774	154	灭火器装料,腐蚀性液体
1775	154	氟硼酸
1776	154	氟磷酸,无水的
1777	137	氟磺酸
1778	154	氟硅酸

UN 号	处置方案编号	物质中文名称
1779	153	甲酸
1779	153	甲酸,含 85%以上酸
1780	156	富马酰氯
1781	156	十六烷基三氯硅烷
1782	154	六氟磷酸
1783	153	六亚甲基二胺,溶液
1784	156	己基三氯硅烷
1786	157	氢氟酸和硫酸混合物
1786	157	硫酸和氢氟酸混合物
1787	154	氢碘酸
1788	154	氢溴酸
1789	157	盐酸
1790	157	氢氟酸
1791	154	次氯酸盐溶液
1791	154	次氯酸钠
1792	157	一氯化碘,固体
1793	153	酸式磷酸异丙酯
1794	154	硫酸铅,含游离酸高于 3%
1796	157	硝化酸混合物,含硝酸高于 50%
1796	157	硝化酸混合物,含硝酸不超过 50%
1798	157	王水
1799	156	壬基三氯硅烷
1800	156	十八烷基三氯硅烷
1801	156	辛基三氯硅烷
1802	140	高氯酸,含酸不高于 50%
1803	153	苯酚磺酸,液体

UN 号	处置方案编号	物质中文名称
1804	156	苯基三氯硅烷
1805	154	磷酸,液体
1805	154	磷酸,固体
1805	154	磷酸,溶液
1806	137	五氯化磷
1807	137	五氧化二磷
1808	137	三溴化磷
1809	137	三氯化磷
1810	137	三氯氧化磷
1811	154	二氟化氢钾
1811	154	二氟化氢钾,固体
1812	154	氟化钾
1812	154	氟化钾,固体
1813	154	苛性钾,固体
1813	154	氢氧化钾,固体
1814	154	苛性钾,溶液
1814	154	氢氧化钾,溶液
1815	132	丙酰氯
1816	155	丙基三氯硅烷
1817	137	焦硫酰氯
1818	157	四氯化硅
1819	154	铝酸钠,溶液
1823	154	苛性钠,固体
1823	154	氢氧化钠,固体
1824	154	苛性钠,溶液
1824	154	氢氧化钠,溶液

续表

UN 号	处置方案编号	物质中文名称
1825	157	氧化钠
1826	157	硝化酸混合物,废弃的,含硝酸高于 50%
1826	157	硝化酸混合物,废弃的,含硝酸不超过 50%
1827	137	氯化锡,无水的
1827	137	四氯化锡
1828	137	氯化硫
1829	137	三氧化硫,稳定的
1830	137	硫酸
1830	137	硫酸,含酸高于 51%
1831	137	硫酸,发烟的
1831	137	硫酸,发烟的,含游离三氧化硫低于 30%
1831	137	硫酸,发烟的,含游离三氧化硫不低于 30%
1832	137	硫酸废液
1833	154	亚硫酸
1834	137	磺酰氯
1835	153	氢氧化四甲铵
1835	153	氢氧化四甲铵,溶液
1836	137	亚硫酰氯
1837	157	硫代磷酰氯
1838	137	四氯化钛
1839	153	三氯乙酸
1840	154	氯化锌,溶液
1841	171	乙醛合氨
1843	141	二硝基邻甲酚铵
1843	141	二硝基邻甲酚铵,固体
1845	120	二氧化碳,固体

续表

UN 号	处置方案编号	物质中文名称
1845	120	干冰
1846	151	四氯化碳
1847	153	硫化钾,水合物,含结晶水不低于 30%
1848	132	丙酸
1848	132	丙酸,含酸 10%~90%
1849	153	硫化钠,水合物,含水不低于 30%
1851	151	药物,液体,有毒,未另作规定的
1854	135	钡合金,发火的
1855	135	钙,发火的
1855	135	钙合金,发火的
1856	133	抹布,带油的
1857	133	织物废料,湿的
1858	126	六氟丙烯
1858	126	六氟丙烯,压缩的
1858	126	制冷气体 R-1216
1859	125	四氟化硅
1859	125	四氟化硅,压缩的
1860	116P	乙烯基氟,稳定的
1862	130	丁烯酸乙酯
1863	128	航空燃料,涡轮发动机用
1865	131	硝酸正丙酯
1866	127	树脂溶液
1868	134	癸硼烷
1869	138	镁
1869	138	镁,丸状、旋屑或带状
1869	138	镁合金,含镁高于 50%,丸状、旋屑或带状

UN 号	处置方案编号	物质中文名称
1870	138	硼氢化钾
1871	170	氢化钛
1872	141	二氧化铅
1873	143	高氯酸,含酸 50% ~ 72%
1884	157	氧化钡
1885	153	联苯胺
1886	156	二氯甲基苯
1887	160	溴氯甲烷
1888	151	氯仿
1889	157	溴化氰
1891	131	乙基溴
1892	151	乙基二氯胂
1894	151	氢氧化苯汞
1895	151	硝酸苯汞
1897	160	全氯乙烯
1897	160	四氯乙烯
1898	156	乙酰碘
1902	153	酸式磷酸二异辛酯
1903	153	消毒剂,液体,腐蚀性,未另作规定的
1905	154	硒酸
1906	153	酸,淤泥
1906	153	淤泥酸
1907	154	碱石灰,含氢氧化钠高于 4%
1908	154	亚氯酸盐溶液
1910	157	氧化钙
1911	119	乙硼烷

UN 号	处置方案编号	物质中文名称
1911	119	乙硼烷,压缩的
1911	119	乙硼烷混合物
1912	115	氯甲烷和二氯甲烷混合物
1912	115	二氯甲烷和氯甲烷混合物
1913	120	氖,冷冻液体(低温液体)
1914	130	丙酸丁酯
1915	127	环己酮
1916	152	2,2′-二氯二乙醚
1916	152	二氯(二)乙醚
1917	129P	丙烯酸乙酯,稳定的
1918	130	异丙基苯
1918	130	异丙苯
1919	129P	丙烯酸甲酯,稳定的
1920	128	壬烷
1921	131P	丙烯亚胺,稳定的
1922	132	吡咯烷
1923	135	连二亚硫酸钙
1923	135	亚硫酸氢钙
1928	135	溴化甲基镁的乙醚溶液
1929	135	连二亚硫酸钾
1929	135	亚硫酸氢钾
1931	171	连二亚硫酸锌
1931	171	亚硫酸氢锌
1932	135	锆金属碎屑
1935	157	氰化物溶液,未另作规定的
1938	156	溴乙酸

UN 号	处置方案编号	物质中文名称
1938	156	溴乙酸,溶液
1939	137	三溴氧化磷
1939	137	三溴氧化磷,固体
1940	153	巯基乙酸
1941	171	二溴二氟甲烷
1941	171	制冷气体 R-12B2
1942	140	硝酸铵,含可燃物质不高于 0.2%
1944	133	安全火柴
1945	133	"维斯塔"蜡火柴
1950	126	烟雾剂
1951	120	氩,冷冻液体(低温液体)
1952	126	二氧化碳和环氧乙烷混合物,含环氧乙烷不高于 9%
1952	126	环氧乙烷和二氧化碳混合物,含环氧乙烷不高于 9%
1953	119	压缩气体,有毒,易燃,未另作规定的
1953	119	压缩气体,有毒,易燃,未另作规定的(吸入危害区域 A)
1953	119	压缩气体,有毒,易燃,未另作规定的(吸入危害区域 B)
1953	119	压缩气体,有毒,易燃,未另作规定的(吸入危害区域 C)
1953	119	压缩气体,有毒,易燃,未另作规定的(吸入危害区域 D)
1954	115	压缩气体,易燃,未另作规定的
1954	115	气体分散剂,未另作规定的(易燃)
1954	115	冷冻气体,未另作规定的(易燃)
1955	123	压缩气体,有毒,未另作规定的
1955	123	压缩气体,有毒,未另作规定的(吸入危害区域 A)
1955	123	压缩气体,有毒,未另作规定的(吸入危害区域 B)
1955	123	压缩气体,有毒,未另作规定的(吸入危害区域 C)
1955	123	压缩气体,有毒,未另作规定的(吸入危害区域 D)

UN 号	处置方案编号	物质中文名称
1955	123	有机磷酸盐,混有压缩气体的
1955	123	有机磷酸盐化合物,混有压缩气体的
1955	123	有机磷化合物,混有压缩气体的
1956	126	压缩气体,未另作规定的
1957	115	氘
1957	115	氘,压缩的
1958	126	1,2-二氯-1,1,2,2-四氟乙烷
1958	126	制冷气体 R-114
1959	116P	1,1-二氟乙烯
1959	116P	制冷气体 R-1132a
1961	115	乙烷,冷冻液体
1961	115	乙烷-丙烷混合物,冷冻液体
1961	115	丙烷-乙烷混合物,冷冻液体
1962	116P	乙烯
1962	116P	乙烯,压缩的
1963	120	氦,冷冻液体(低温液体)
1964	115	烃类气体混合物,压缩,未另作规定的
1965	115	烃类气体混合物,液化,未另作规定的
1966	115	氢,冷冻液体(低温液体)
1967	123	气体杀虫剂,有毒,未另作规定的
1967	123	对硫磷和压缩气体混合物
1968	126	气体杀虫剂,未另作规定的
1969	115	异丁烷
1970	120	氪,冷冻液体(低温液体)
1971	115	甲烷
1971	115	甲烷,压缩的

UN 号	处置方案编号	物质中文名称
1971	115	天然气,压缩的
1972	115	液化天然气(低温液体)
1972	115	甲烷,冷冻液体(低温液体)
1972	115	天然气,冷冻液体(低温液体)
1973	126	二氟氯甲烷和五氟氯乙烷混合物
1973	126	五氟氯乙烷和二氟氯甲烷混合物
1973	126	制冷气体 R-502
1974	126	氯二氟溴甲烷
1974	126	制冷气体 R-12B1
1975	124	四氧化二氮和一氧化氮混合物
1975	124	一氧化氮和四氧化二氮混合物
1975	124	一氧化氮和二氧化氮混合物
1975	124	二氧化氮和一氧化氮混合物
1976	126	八氟环丁烷
1976	126	制冷气体 RC-318
1977	120	氮,冷冻液体(低温液体)
1978	115	丙烷
1979	121	稀有气体混合物,压缩的
1980	121	氧和稀有气体混合物,压缩的
1980	121	稀有气体和氧混合物,压缩的
1981	121	氮和稀有气体混合物,压缩的
1981	121	稀有气体和氮混合物,压缩的
1982	126	制冷气体 R-14
1982	126	制冷气体 R-14,压缩的
1982	126	四氟甲烷
1982	126	四氟甲烷,压缩的

UN 号	处置方案编号	物质中文名称
1983	126	1-氯-2,2,2-三氟乙烷
1983	126	制冷气体 R-133a
1984	126	制冷气体 R-23
1984	126	三氟甲烷
1986	131	醇类,易燃,有毒,未另作规定的
1987	127	醇类,未另作规定的
1987	127	变性乙醇
1988	131	醛类,易燃,有毒,未另作规定的
1989	129	醛类,未另作规定的
1990	129	苯甲醛
1991	131P	氯丁二烯,稳定的
1992	131	易燃液体,有毒,未另作规定的
1993	128	可燃液体,未另作规定的
1993	128	清洁剂,液体(易燃的)
1993	128	除草剂,液体(易燃的)
1993	128	易燃液体,未另作规定的
1993	128	柴油机燃料
1993	128	燃料油
1994	131	五羰铁
1999	130	沥青
1999	130	沥青,稀释沥青
1999	130	焦油,液体
2000	133	赛璐珞,块、棒、卷、片、管等,碎屑除外
2001	133	环烷酸钴粉
2002	135	赛璐珞,碎屑
2003	135	烷基金属,遇水反应,未另作规定的

UN 号	处置方案编号	物质中文名称
2003	135	芳基金属,遇水反应,未另作规定的
2004	135	二氨基镁
2005	135	二苯基镁
2006	135	塑料,以硝化纤维素为基料,自热,未另作规定的
2008	135	锆粉,干的
2009	135	锆金属,干的,成品薄片、带材或成卷线材
2010	138	二氢化镁
2011	139	二磷化三镁
2012	139	磷化钾
2013	139	磷化锶
2014	140	过氧化氢,水溶液,含过氧化氢 20%~60%(必要时加稳定剂)
2015	143	过氧化氢,水溶液,稳定的,含过氧化氢高于 60%
2015	143	过氧化氢,稳定的
2016	151	弹药,有毒,非爆炸性的
2017	159	弹药,含催泪剂,非爆炸性的
2018	152	氯苯胺,固体
2019	152	氯苯胺,液体
2020	153	氯苯酚,固体
2021	153	氯苯酚,液体
2022	153	甲苯基酸
2023	131P	1-氯-2,3-环氧丙烷
2023	131P	表氯醇
2024	151	汞化合物,液体,未另作规定的
2025	151	汞化合物,固体,未另作规定的
2026	151	苯汞化合物,未另作规定的
2027	151	亚砷酸钠,固体

UN 号	处置方案编号	物质中文名称
2028	153	烟幕弹,非爆炸性,含腐蚀性液体,不带引爆装置
2029	132	肼,无水的
2030	153	肼,水溶液,含肼高于37%
2030	153	肼,水溶液,含肼37%~64%
2030	153	水合肼
2031	157	硝酸,发红烟的除外,含硝酸高于70%
2031	157	硝酸,发红烟的除外,含硝酸不高于70%
2032	157	硝酸,发红烟的
2033	154	氧化钾
2034	115	氢和甲烷混合物,压缩的
2034	115	甲烷和氢混合物,压缩的
2035	115	制冷气体 R-143a
2035	115	1,1,1-三氟乙烷
2036	121	氙
2036	121	氙,压缩的
2037	115	蓄气筒
2037	115	装有气体的小型容器
2038	152	二硝基甲苯
2038	152	二硝基甲苯,液体
2038	152	二硝基甲苯,固体
2044	115	2,2-二甲基丙烷
2045	130	异丁醛
2046	130	伞花烃
2047	129	二氯丙烯
2048	130	二聚环戊二烯
2049	130	二乙基苯

续表

UN 号	处置方案编号	物质中文名称
2050	128	二聚异丁烯异构物
2051	132	2-二甲氨基乙醇
2052	128	二聚戊烯
2053	129	甲基戊醇
2053	129	甲基异丁基甲醇
2054	132	吗啉
2055	128P	苯乙烯单体,稳定的
2056	127	四氢呋喃
2057	128	三聚丙烯
2058	129	戊醛
2059	127	硝酸纤维素,溶液,易燃
2067	140	硝酸铵肥料
2068	140	硝酸铵肥料,含碳酸钙
2069	140	硝酸铵肥料,含硫酸铵
2070	143	硝酸铵肥料,含磷酸盐或碳酸钾
2071	140	硝酸铵肥料
2072	140	硝酸铵肥料,未另作规定的
2073	125	氨溶液,含氨 35%~50%
2074	153P	丙烯酰胺
2074	153P	丙烯酰胺,固体
2075	153	氯醛,无水的,稳定的
2076	153	甲酚,液体
2076	153	甲酚,固体
2077	153	α-萘胺
2078	156	甲苯二异氰酸酯
2079	154	二亚乙基三胺

UN 号	处置 方案 编号	物质中文名称
2186	125	氯化氢,冷冻液体
2187	120	二氧化碳,冷冻液体
2188	119	胂
2189	119	二氯硅烷
2190	124	二氟化氧
2190	124	二氟化氧,压缩的
2191	123	硫酰氟
2192	119	锗烷
2193	126	六氟乙烷
2193	126	六氟乙烷,压缩的
2193	126	制冷气体 R-116
2193	126	制冷气体 R-116,压缩的
2194	125	六氟化硒
2195	125	六氟化碲
2196	125	六氟化钨
2197	125	碘化氢,无水的
2198	125	五氟化磷
2198	125	五氟化磷,压缩的
2199	119	磷化氢
2200	116P	丙二烯,稳定的
2201	122	氧化亚氮,冷冻液体
2202	117	硒化氢,无水的
2203	116	硅烷
2203	116	硅烷,压缩的
2204	119	硫化羰
2205	153	己二腈

UN 号	处置方案编号	物质中文名称
2206	155	异氰酸酯溶液,有毒,未另作规定的
2206	155	异氰酸酯,有毒,未另作规定的
2208	140	漂白粉
2208	140	次氯酸钙混合物,干的,含有效氯 10%~39%
2209	132	甲醛溶液(腐蚀性的)
2209	132	福尔马林(腐蚀性的)
2210	135	代森锰
2210	135	代森锰制剂,含代森锰不低于 60%
2211	133	聚合物珠粒,可膨胀的
2211	133	聚苯乙烯珠粒,可膨胀的
2212	171	石棉
2212	171	闪石棉
2212	171	石棉,蓝色
2212	171	石棉,棕色
2212	171	蓝石棉
2212	171	棕石棉
2213	133	仲甲醛
2214	156	邻苯二甲酸酐
2215	156	马来酸酐
2215	156	马来酸酐,熔融的
2216	171	鱼粉,稳定的
2216	171	鱼屑,稳定的
2217	135	种子油饼,含油不高于 1.5%,含水不高于 11%
2218	132P	丙烯酸,稳定的
2219	129	烯丙基缩水甘油醚
2222	128	茴香醚

UN 号	处置方案编号	物质中文名称
2224	152	苄腈
2225	156	苯磺酰氯
2226	156	三氯甲苯
2227	130P	甲基丙烯酸正丁酯,稳定的
2232	153	氯乙醛
2232	153	2-氯乙醛
2233	152	氯代茴香胺
2234	130	氯(三氟甲基)苯
2235	153	氯苄基氯,液体
2235	153	氯苄基氯
2236	156	异氰酸 3-氯-4-甲基苯酯
2236	156	异氰酸 3-氯-4-甲基苯酯,液体
2237	153	硝基氯苯胺
2238	129	氯甲苯
2239	153	氯甲苯胺
2239	153	氯甲苯胺,固体
2240	154	铬硫酸
2241	128	环庚烷
2242	128	环庚烯
2243	130	乙酸环己酯
2244	129	环戊醇
2245	128	环戊酮
2246	128	环戊烯
2247	128	正癸烷
2248	132	二正丁胺
2249	131	二氯二甲醚,对称的

UN 号	处置方案编号	物质中文名称
2250	156	异氰酸二氯苯酯
2251	128P	二环(2.2.1)庚-2,5-二烯,稳定的
2251	128P	2,5-降冰片二烯,稳定的
2252	127	1,2-二甲氧基乙烷
2253	153	N,N-二甲基苯胺
2254	133	火柴,耐风的
2256	130	环己烯
2257	138	钾
2257	138	钾金属
2258	132	1,2-丙二胺
2259	153	三亚乙基四胺
2260	132	三丙胺
2261	153	二甲苯酚
2261	153	二甲苯酚,固体
2262	156	二甲氨基甲酰氯
2263	128	二甲基环己烷
2264	132	N,N-二甲基环己胺
2264	132	二甲基环己胺
2265	129	N,N-二甲基甲酰胺
2266	132	N-二甲基丙胺
2267	156	二甲基硫代磷酰氯
2269	153	3,3′-亚氨基二丙胺(三丙撑三胺)
2270	132	乙胺,水溶液,含乙胺 50%~70%
2271	128	乙基·戊基酮
2272	153	N-乙基苯胺
2273	153	2-乙基苯胺

续表

UN 号	处置方案编号	物质中文名称
2274	153	*N*–乙基–*N*–苄基苯胺
2275	129	2–乙基丁醇
2276	132	2–乙基己胺
2277	130P	甲基丙烯酸乙酯
2277	130P	甲基丙烯酸乙酯,稳定的
2278	128	正庚烯
2279	151	六氯丁二烯
2280	153	六亚甲基二胺,固体
2281	156	1,6–己二异氰酸酯
2282	129	己醇
2283	130P	甲基丙烯酸异丁酯,稳定的
2284	131	异丁腈
2285	156	异氰酰三氟甲苯
2286	128	五甲基庚烷
2287	128	异庚烯
2288	128	异己烯
2289	153	异佛尔酮二胺
2290	156	二异氰酸异佛尔酮酯
2291	151	可溶性铅化合物,未另作规定的
2293	128	4–甲氧基–4–甲基–2–戊酮
2294	153	*N*–甲基苯胺
2295	155	氯乙酸甲酯
2296	128	甲基环己烷
2297	128	甲基环己酮
2298	128	甲基环戊烷
2299	155	二氯乙酸甲酯

续表

UN 号	处置方案编号	物质中文名称
2300	153	2-甲基-5-乙基吡啶
2301	128	2-甲基呋喃
2302	127	5-甲基-2-己酮
2303	128	异丙烯基苯
2304	133	萘,熔融的
2305	153	硝基苯磺酸
2306	152	硝基三氟甲苯
2306	152	硝基三氟甲苯,液体
2307	152	3-硝基-4-氯三氟甲苯
2308	157	亚硝基硫酸,液体
2308	157	亚硝基硫酸,固体
2309	128P	辛二烯
2310	131	2,4-戊二酮
2311	153	氨基苯乙醚
2312	153	苯酚,熔融的
2313	129	甲基吡啶
2315	171	含有多氯联苯的物品
2315	171	多氯联苯
2315	171	多氯联苯,液体
2316	157	氰亚铜酸钠,固体
2317	157	氰亚铜酸钠,溶液
2318	135	氢硫化钠,含结晶水低于 25%
2319	128	萜烃,未另作规定的
2320	153	四亚乙基五胺
2321	153	三氯苯,液体
2322	152	三氯丁烯

UN 号	处置方案编号	物质中文名称
2323	130	亚磷酸三乙酯
2324	128	三聚异丁烯
2325	129	1,3,5-三甲苯
2326	153	三甲基环己胺
2327	153	三甲基六亚甲基二胺
2328	156	三甲基六亚甲基二异氰酸酯
2329	130	亚磷酸三甲酯
2330	128	十一烷
2331	154	氯化锌,无水的
2332	129	乙醛肟
2333	131	乙酸烯丙酯
2334	131	烯丙胺
2335	131	烯丙基·乙基醚
2336	131	甲酸烯丙酯
2337	131	苯硫醇
2338	127	三氟甲苯
2339	130	2-溴丁烷
2340	130	2-溴乙基·乙基醚
2341	130	1-溴-3-甲基丁烷
2342	130	溴甲基丙烷
2343	130	2-溴戊烷
2344	129	溴丙烷
2345	130	3-溴丙炔
2346	127	丁二酮
2346	127	二乙酰
2347	130	丁硫醇

续表

UN 号	处置 方案 编号	物质中文名称
2348	129P	丙烯酸丁酯,稳定的
2350	127	丁基·甲基醚
2351	129	亚硝酸丁酯
2352	127P	丁基·乙烯基醚,稳定的
2353	132	丁酰氯
2354	131	氯甲基乙醚
2356	129	2-氯丙烷
2357	132	环己胺
2358	128P	环辛四烯
2359	132	二烯丙基胺
2360	131P	二烯丙基醚
2361	132	二异丁胺
2362	130	1,1-二氯乙烷
2363	129	乙硫醇
2364	128	正丙苯
2366	128	碳酸二乙酯
2367	130	α-甲基戊醛
2368	128	α-蒎烯
2370	128	1-己烯
2371	128	异戊烯
2372	129	1,2-二-(二甲氨基)乙烷
2373	127	二乙氧基甲烷
2374	127	3,3-二乙氧基丙烯
2375	129	二乙硫醚
2376	127	2,3-二氢吡喃
2377	127	1,1-二甲氧基乙烷

UN 号	处置方案编号	物质中文名称
2378	131	2-二甲氨基乙腈
2379	132	1,3-二甲基丁胺
2380	127	二甲基二乙氧基硅烷
2381	130	二甲二硫
2382	131	二甲肼,对称的
2383	132	二丙胺
2384	127	二正丙醚
2385	129	异丁酸乙酯
2386	132	1-乙基哌啶
2387	130	氟苯
2388	130	氟代甲苯
2389	128	呋喃
2390	129	2-碘丁烷
2391	129	碘甲基丙烷
2392	129	碘丙烷
2393	129	甲酸异丁酯
2394	129	丙酸异丁酯
2395	132	异丁酰氯
2396	131P	甲基丙烯醛,稳定的
2397	127	3-甲基-2-丁酮
2398	127	甲基·叔丁基醚
2399	132	1-甲基哌啶
2400	130	异戊酸甲酯
2401	132	哌啶
2402	130	丙硫醇
2403	129P	乙酸异丙烯酯

续表

UN 号	处置方案编号	物质中文名称
2404	131	丙腈
2405	129	丁酸异丙酯
2406	127	异丁酸异丙酯
2407	155	氯甲酸异丙酯
2409	129	丙酸异丙酯
2410	129	1,2,3,6-四氢吡啶
2411	131	丁腈
2412	130	四氢噻吩
2413	128	原钛酸四丙酯
2414	130	噻吩
2416	129	硼酸三甲酯
2417	125	碳酰氟
2417	125	碳酰氟,压缩的
2418	125	四氟化硫
2419	116	溴三氟乙烯
2420	125	六氟丙酮
2421	124	三氧化二氮
2422	126	八氟-2-丁烯
2422	126	制冷气体 R-1318
2424	126	八氟丙烷
2424	126	制冷气体 R-218
2426	140	硝酸铵液体(热的浓溶液)
2427	140	氯酸钾水溶液
2428	140	氯酸钠水溶液
2429	140	氯酸钙水溶液
2430	153	烷基苯酚,固体,未另作规定的(包括 $C_2 \sim C_{12}$ 的同系物)

UN 号	处置方案编号	物质中文名称
2431	153	茴香胺
2431	153	茴香胺, 液体
2431	153	茴香胺, 固体
2432	153	N,N-二乙基苯胺
2433	152	硝基氯甲苯, 液体
2433	152	硝基氯甲苯, 固体
2434	156	二苄基二氯硅烷
2435	156	乙基苯基二氯硅烷
2436	129	硫代乙酸
2437	156	甲基苯基二氯硅烷
2438	132	三甲基乙酰氯
2439	154	二氟化氢钠
2440	154	五水合四氯化锡
2441	135	三氯化钛, 发火的
2441	135	三氯化钛混合物, 发火的
2442	156	三氯乙酰氯
2443	137	三氯氧化钒
2444	137	四氯化钒
2445	135	烷基锂
2445	135	烷基锂, 液体
2446	153	硝基甲(苯)酚
2446	153	硝基甲(苯)酚, 固体
2447	136	白磷, 熔融的
2448	133	硫磺, 熔融的
2451	122	三氟化氮
2451	122	三氟化氮, 压缩的

UN 号	处置方案编号	物质中文名称
2452	116P	乙基乙炔,稳定的
2453	115	乙基氟
2453	115	制冷气体 R-161
2454	115	甲基氟
2454	115	制冷气体 R-41
2455	116	亚硝酸甲酯
2456	130P	2-氯丙烯
2457	128	2,3-二甲基丁烷
2458	130	己二烯
2459	128	2-甲基-1-丁烯
2460	128	2-甲基-2-丁烯
2461	128	甲基戊二烯
2463	138	氢化铝
2464	141	硝酸铍
2465	140	二氯异氰脲酸,干的
2465	140	二氯异氰脲酸盐
2465	140	二氯异氰脲酸钠
2465	140	二氯代均三嗪三酮钠
2466	143	超氧化钾
2468	140	三氯异氰脲酸,干的
2469	140	溴酸锌
2470	152	苯基乙腈,液体
2471	154	四氧化锇
2473	154	对氨苯基胂酸钠
2474	157	硫光气
2475	157	三氯化钒

UN 号	处置方案编号	物质中文名称
2477	131	异硫氰酸甲酯
2478	155	异氰酸酯溶液,易燃,有毒,未另作规定的
2478	155	异氰酸酯,易燃,有毒,未另作规定的
2480	155	异氰酸甲酯
2481	155	异氰酸乙酯
2482	155	异氰酸正丙酯
2483	155	异氰酸异丙酯
2484	155	异氰酸叔丁酯
2485	155	异氰酸正丁酯
2486	155	异氰酸异丁酯
2487	155	异氰酸苯酯
2488	155	异氰酸环己酯
2490	153	二氯异丙醚
2491	153	乙醇胺
2491	153	乙醇胺,溶液
2491	153	单乙醇胺
2493	132	六亚甲基亚胺
2495	144	五氟化碘
2496	156	丙酸酐
2498	129	1,2,3,6-四氢苯甲醛
2501	152	氧化三-(1-氮丙啶基)膦,溶液
2502	132	戊酰氯
2503	137	四氯化锆
2504	159	乙炔化四溴
2504	159	四溴乙烷
2505	154	氟化铵

UN 号	处置方案编号	物质中文名称
2506	154	硫酸氢铵
2507	154	氯铂酸,固体
2508	156	五氯化钼
2509	154	硫酸氢钾
2511	153	2-氯丙酸
2511	153	2-氯丙酸,固体
2511	153	2-氯丙酸,溶液
2512	152	氨基苯酚
2513	156	溴乙酰溴
2514	130	溴苯
2515	159	溴仿
2516	151	四溴化碳
2517	115	1-氯-1,1-二氟乙烷
2517	115	二氟氯乙烷
2517	115	制冷气体 R-142b
2518	153	1,5,9-环十二碳三烯
2520	130P	环辛二烯
2521	131P	双烯酮,稳定的
2522	153P	异丁烯酸 2-二甲氨基乙酯
2524	129	原甲酸乙酯
2525	156	草酸乙酯
2526	132	糠胺
2527	129P	丙烯酸异丁酯,稳定的
2528	130	异丁酸异丁酯
2529	132	异丁酸
2531	153P	甲基丙烯酸,稳定的

UN 号	处置方案编号	物质中文名称
2533	156	三氯乙酸甲酯
2534	119	甲基氯硅烷
2535	132	4-甲基吗啉
2535	132	N-甲基吗啉
2536	127	甲基四氢呋喃
2538	133	硝基萘
2541	128	萜品油烯
2542	153	三丁胺
2545	135	铪粉,干的
2546	135	钛粉,干的
2547	143	超氧化钠
2548	124	五氟化氯
2552	151	水合六氟丙酮
2552	151	水合六氟丙酮,液体
2554	130P	甲基烯丙基氯
2555	113	硝酸纤维素,含水不低于 25%
2556	113	硝酸纤维素,含乙醇
2556	113	硝酸纤维素,含乙醇不低于 25%
2557	133	硝酸纤维素混合物,不含颜料
2557	133	硝酸纤维素混合物,不含增塑剂
2557	133	硝酸纤维素混合物,含颜料
2557	133	硝酸纤维素混合物,含增塑剂
2558	131	表溴醇
2560	129	2-甲基-2-戊醇
2561	128	3-甲基-1-丁烯
2564	153	三氯乙酸,溶液

UN 号	处置方案编号	物质中文名称
2565	153	二环己胺
2567	154	五氯苯酚钠
2570	154	镉化合物
2571	156	烷基硫酸
2572	153	苯肼
2573	141	氯酸铊
2574	151	磷酸三甲苯酯
2576	137	氧溴化磷,熔融的
2577	156	苯乙酰氯
2578	157	三氧化二磷
2579	153	哌嗪
2580	154	溴化铝,溶液
2581	154	氯化铝,溶液
2582	154	氯化铁,溶液
2583	153	烷基磺酸,固体,含游离硫酸高于 5%
2583	153	芳基磺酸,固体,含游离硫酸高于 5%
2584	153	烷基磺酸,液体,含游离硫酸高于 5%
2584	153	芳基磺酸,液体,含游离硫酸高于 5%
2585	153	烷基磺酸,固体,含游离硫酸不高于 5%
2585	153	芳基磺酸,固体,含游离硫酸不高于 5%
2586	153	烷基磺酸,液体,含游离硫酸不高于 5%
2586	153	芳基磺酸,液体,含游离硫酸不高于 5%
2587	153	苯醌
2588	151	农药,固体,有毒,未另作规定的
2589	155	氯乙酸乙烯酯
2590	171	温石棉

UN 号	处置方案编号	物质中文名称
2590	171	白石棉
2591	120	氙,冷冻液体(低温液体)
2599	126	三氟氯甲烷和三氟甲烷的共沸混合物,含三氟氯甲烷约60%
2599	126	三氟甲烷和三氟氯甲烷的共沸混合物,含三氟氯甲烷约60%
2599	126	制冷气体 R-503
2600	119	一氧化碳和氢混合物,压缩的
2600	119	氢和一氧化碳混合物,压缩的
2601	115	环丁烷
2602	126	二氯二氟甲烷和二氟乙烷的共沸混合物,含二氯二氟甲烷约74%
2602	126	二氟乙烷和二氯二氟甲烷的共沸混合物,含二氯二氟甲烷约74%
2602	126	制冷气体 R-500
2603	131	环庚三烯
2604	132	三氟化硼合二乙醚
2605	155	异氰酸甲氧基甲酯
2606	155	原硅酸甲酯
2607	129P	二聚丙烯醛,稳定的
2608	129	硝基丙烷
2609	156	硼酸三烯丙酯
2610	132	三烯丙胺
2611	131	丙氯醇
2612	127	甲基·丙基醚
2614	129	甲代烯丙醇
2615	127	乙基·丙基醚

UN 号	处置 方案 编号	物质中文名称
2616	129	硼酸三异丙酯
2617	129	甲基环己醇
2618	130P	乙烯基甲苯,稳定的
2619	132	苄基二甲胺
2620	130	丁酸戊酯
2621	127	乙酰甲基甲醇
2622	131P	缩水甘油醛
2623	133	点火剂,固体,含易燃液体
2624	138	硅化镁
2626	140	氯酸,水溶液,含氯酸不高于 10%
2627	140	亚硝酸盐,无机物,未另作规定的
2628	151	氟乙酸钾
2629	151	氟乙酸钠
2630	151	硒酸盐
2630	151	亚硒酸盐
2642	154	氟乙酸
2643	155	溴乙酸甲酯
2644	151	甲基碘
2645	153	苯甲酰甲基溴
2646	151	六氯环戊二烯
2647	153	丙二腈
2648	154	1,2-二溴-3-丁酮
2649	153	1,3-二氯丙酮
2650	153	1,1-二氯-1-硝基乙烷
2651	153	4,4'-二氨基二苯基甲烷
2653	156	苄基碘

UN 号	处置方案编号	物质中文名称
2655	151	氟硅酸钾
2656	154	喹啉
2657	153	二硫化硒
2659	151	氯乙酸钠
2660	153	一硝基甲苯胺
2661	153	六氯丙酮
2662	153	氢醌
2664	160	二溴甲烷
2667	152	丁基甲苯
2668	131	氯乙腈
2669	152	氯甲酚
2669	152	氯甲酚,溶液
2670	157	氰尿酰氯
2671	153	氨基吡啶
2672	154	氨溶液,含氨 10%~35%
2672	154	氢氧化铵
2672	154	氢氧化铵,含氨 10%~35%
2673	151	2-氨基-4-氯苯酚
2674	154	氟硅酸钠
2676	119	锑化氢
2677	154	氢氧化铷,溶液
2678	154	氢氧化铷
2678	154	氢氧化铷,固体
2679	154	氢氧化锂,溶液
2680	154	氢氧化锂
2680	154	氢氧化锂,水合物

续表

UN 号	处置方案编号	物质中文名称
2681	154	氢氧化铯,溶液
2682	157	氢氧化铯
2683	132	硫化铵,溶液
2684	132	3-二乙氨基丙胺
2684	132	二乙氨基丙胺
2685	132	N,N-二乙基乙二胺
2686	132	2-二乙氨基乙醇
2687	133	亚硝酸二环己铵
2688	159	1-溴-3-氯丙烷
2689	153	3-氯-1,2-丙三醇
2690	152	N-正丁基咪唑
2691	137	五溴化磷
2692	157	三溴化硼
2693	154	亚硫酸氢盐,水溶液,未另作规定的
2698	156	四氢化邻苯二甲酸酐
2699	154	三氟乙酸
2705	153P	1-戊醇
2707	127	二甲基二噁烷
2709	128	丁基苯
2710	128	二丙酮
2713	153	吖啶
2714	133	树脂酸锌
2715	133	树脂酸铝
2716	153	1,4-丁炔二醇
2717	133	樟脑
2717	133	樟脑,合成的

UN 号	处置方案编号	物质中文名称
2719	141	溴酸钡
2720	141	硝酸铬
2721	141	氯酸酮
2722	140	硝酸锂
2723	140	氯酸镁
2724	140	硝酸锰
2725	140	硝酸镍
2726	140	亚硝酸镍
2727	141	硝酸铊
2728	140	硝酸锆
2729	152	六氯苯
2730	152	硝基苯甲醚,液体
2730	152	硝基苯甲醚,固体
2732	152	硝基溴苯,液体
2732	152	硝基溴苯,固体
2733	132	胺,易燃,腐蚀性,未另作规定的
2733	132	聚烷基胺,未另作规定的
2733	132	聚胺,易燃,腐蚀性,未另作规定的
2734	132	胺,液体,腐蚀性,易燃,未另作规定的
2734	132	聚烷基胺,未另作规定的
2734	132	聚胺,液体,腐蚀性,易燃,未另作规定的
2735	153	胺,液体,腐蚀性,未另作规定的
2735	153	聚烷基胺,未另作规定的
2735	153	聚胺,液体,腐蚀性,未另作规定的
2738	153	*N*-丁基苯胺
2739	156	丁酸酐

UN 号	处置方案编号	物质中文名称
2740	155	氯甲酸正丙酯
2741	141	次氯酸钡,含高于22%的氯
2742	155	氯甲酸仲丁酯
2742	155	氯甲酸酯,有毒,腐蚀性,易燃,未另作规定的
2742	155	氯甲酸异丁酯
2743	155	氯甲酸正丁酯
2744	155	氯甲酸环丁酯
2745	157	氯甲酸氯甲酯
2746	156	氯甲酸苯酯
2747	156	氯甲酸叔丁基环己酯
2748	156	氯甲酸-2-乙基己酯
2749	130	四甲基硅烷
2750	153	1,3-二氯-2-丙醇
2751	155	二乙基硫代磷酰氯
2752	127	1,2-环氧-3-乙氧基丙烷
2753	153	N-乙苄基甲苯胺,液体
2753	153	N-乙苄基甲苯胺,固体
2754	153	N-乙基甲苯胺
2757	151	氨基甲酸酯农药,固体,有毒
2758	131	氨基甲酸酯农药,液体,易燃,有毒
2759	151	含砷农药,固体,有毒
2760	131	含砷农药,液体,易燃,有毒
2761	151	有机氯农药,固体,有毒
2762	131	有机氯农药,液体,易燃,有毒
2763	151	三嗪农药,固体,有毒
2764	131	三嗪农药,液体,易燃,有毒

UN 号	处置方案编号	物质中文名称
2771	151	硫代氨基甲酸酯农药,固体,有毒
2772	131	硫代氨基甲酸酯农药,液体,易燃,有毒
2775	151	铜基农药,固体,有毒
2776	131	铜基农药,液体,易燃,有毒
2777	151	汞基农药,固体,有毒
2778	131	汞基农药,液体,易燃,有毒
2779	153	取代硝基苯酚农药,固体,有毒
2780	131	取代硝基苯酚农药,液体,易燃,有毒
2781	151	联吡啶农药,固体,有毒
2782	131	联吡啶农药,液体,易燃,有毒
2783	152	有机磷农药,固体,有毒
2784	131	有机磷农药,液体,易燃,有毒
2785	152	4-硫杂戊醛
2786	153	有机锡农药,固体,有毒
2787	131	有机锡农药,液体,易燃,有毒
2788	153	有机锡化合物,液体,未另作规定的
2789	132	冰醋酸
2789	132	乙酸,溶液,含酸高于80%
2790	153	乙酸,溶液,含酸10%~80%
2793	170	黑色金属的镗屑、刨屑、旋屑或切屑
2794	154	蓄电池,湿的,装有酸液
2795	154	蓄电池,湿的,装有碱液
2796	157	电池液,酸性的
2796	157	硫酸,含酸不高于51%
2797	154	碱性电池液
2798	137	苯基二氯化磷

UN 号	处置方案编号	物质中文名称
2799	137	苯基硫代磷酰二氯
2800	154	蓄电池,湿的,密封的
2801	154	染料,液体,腐蚀性,未另作规定的
2801	154	染料中间体,液体,腐蚀性,未另作规定的
2802	154	氯化铜
2803	172	镓
2805	138	氢化锂,熔融固体
2806	138	氮化锂
2807	171	磁化材料
2809	172	汞
2809	172	汞金属
2810	153	二苯羟乙酸(毕兹)
2810	153	除草剂,液体(有毒)
2810	153	西埃斯
2810	153	二氯(2-氯乙烯)胂
2810	153	塔崩
2810	153	索曼
2810	153	GF 毒气
2810	153	芥子气
2810	153	芥子气-路易斯气
2810	153	芥子气纯品
2810	153	氮芥-1
2810	153	氮芥-2
2810	153	氮芥-3
2810	153	路易斯(毒)气
2810	153	芥末路易斯(毒)气

UN 号	处置方案编号	物质中文名称
2810	153	有毒液体,有机物,未另作规定的
2810	153	沙林
2810	153	二甲氨基氰磷酸乙酯
2810	153	维埃克斯(战争毒剂)
2811	154	CX(战争毒剂)
2811	154	有毒固体,有机物,未另作规定的
2812	154	铝酸钠,固体
2813	138	遇水反应固体,未另作规定的
2814	158	传染性物质,感染人的
2815	153	N-氨乙基哌嗪
2817	154	二氟化氢铵,溶液
2817	154	氟化氢铵,溶液
2818	154	多硫化铵,溶液
2819	153	酸式磷酸戊酯
2820	153	丁酸
2821	153	苯酚溶液
2822	153	2-氯吡啶
2823	153	巴豆酸
2823	153	巴豆酸,液体
2823	153	巴豆酸,固体
2826	155	氯硫代甲酸乙酯
2829	153	己酸
2830	139	锂硅铁
2831	160	1,1,1-三氯乙烷
2834	154	亚磷酸
2835	138	氢化铝钠

续表

UN 号	处置方案编号	物质中文名称
2837	154	硫酸氢盐,水溶液
2837	154	硫酸氢钠,溶液
2838	129P	丁酸乙烯酯,稳定的
2839	153	丁间醇醛
2840	129	丁醛肟
2841	131	二正戊胺
2842	129	硝基乙烷
2844	138	钙锰硅合金
2845	135	乙基二氯䏴,无水的
2845	135	甲基二氯䏴
2845	135	发火液体,有机物,未另作规定的
2846	135	发火固体,有机物,未另作规定的
2849	153	3-氯-1-丙醇
2850	128	四聚丙烯
2851	157	三氟化硼,二水合物
2852	113	二苦硫,含水不低于10%
2853	151	氟硅酸镁
2854	151	氟硅酸铵
2855	151	氟硅酸锌
2856	151	氟硅酸盐(酯),未另作规定的
2857	126	制冷机,含有氨溶液(UN 2672)
2857	126	制冷机,装有不燃、无毒气体
2858	170	锆金属,干的,成卷线材、成品金属片或带材
2859	154	偏钒酸铵
2861	151	多钒酸铵
2862	151	五氧化二钒

UN 号	处置方案编号	物质中文名称
2863	154	钒酸铵钠
2864	151	偏钒酸钾
2865	154	硫酸胲
2869	157	三氯化钛混合物
2870	135	氢硼化铝
2870	135	氢硼化铝,在装置中
2871	170	锑粉
2872	159	二溴氯丙烷
2873	153	二丁氨基乙醇
2874	153	糠醇
2875	151	六氯酚
2876	153	间苯二酚
2878	170	海绵钛颗粒
2878	170	海绵钛粉末
2879	157	二氯氧化硒
2880	140	次氯酸钙,含水的,含水 5.5%~16%
2880	140	次氯酸钙,含水混合物,含水 5.5%~16%
2881	135	金属催化剂,干的
2881	135	镍催化剂,干的
2900	158	感染性物质,只感染动物的
2901	124	氯化溴
2902	151	农药,液体,有毒,未另作规定的
2903	131	农药,液体,有毒,易燃,未另作规定的
2904	154	氯苯酚盐,液体
2904	154	苯酚盐,液体
2905	154	氯苯酚盐,固体

UN 号	处置 方案 编号	物质中文名称
2905	154	苯酚盐,固体
2907	133	异山梨醇二硝酸酯混合物
2908	161	放射性物质,例外包件-空包装
2909	161	放射性物质,例外包件-由贫化铀制造的物品
2909	161	放射性物质,例外包件-由天然钍制造的物品
2909	161	放射性物质,例外包件-由天然铀制造的物品
2910	161	放射性物质,例外包件,限量物质
2911	161	放射性物质,例外包件,仪器或物品
2912	162	放射性物质,低比活度(LSA-Ⅰ),非易裂变的或例外的易裂变的
2913	162	放射性物质,表面被污染物体(SCO-Ⅰ),非易裂变的或例外的易裂变的
2913	162	放射性物质,表面被污染物体(SCO-Ⅱ),非易裂变的或例外的易裂变的
2915	163	放射性物质,A 类包件,非特殊形式的非易裂变的或非特殊形式的例外易裂变的
2916	163	放射性物质,B(U)类包件,非易裂变的或例外的易裂变的
2917	163	放射性物质,B(M)类包件,非易裂变的或例外的易裂变的
2919	163	放射性物质,按照特别安排运输,非易裂变的或例外的易裂变的
2920	132	腐蚀性液体,易燃,未另作规定的
2921	134	腐蚀性固体,易燃,未另作规定的
2922	154	腐蚀性液体,有毒,未另作规定的
2923	154	腐蚀性固体,有毒,未另作规定的
2924	132	易燃液体,腐蚀性,未另作规定的
2925	134	易燃固体,腐蚀性,有机物,未另作规定的
2926	134	易燃固体,有毒,有机物,未另作规定的
2927	154	乙基硫代膦酰二氯,无水的

UN 号	处置方案编号	物质中文名称
2927	154	二氯磷酸乙酯
2927	154	有毒液体,腐蚀性,有机物,未另作规定的
2928	154	有毒固体,腐蚀性,有机物,未另作规定的
2929	131	有毒液体,易燃,有机物,未另作规定的
2930	134	有毒固体,易燃,有机物,未另作规定的
2931	151	硫酸氧钒
2933	129	2-氯丙酸甲酯
2934	129	2-氯丙酸异丙酯
2935	129	2-氯丙酸乙酯
2936	153	硫代乳酸
2937	153	α-甲基苄基醇,液体
2937	153	α-甲基苄基醇
2940	135	环辛二烯膦
2940	135	9-磷杂二环壬烷
2941	153	氟苯胺
2942	153	2-三氟甲基苯胺
2943	129	四氢化糠胺
2945	132	N-甲基丁胺
2946	153	2-氨基-5-二乙氨基戊烷
2947	155	氯乙酸异丙酯
2948	153	3-三氟甲基苯胺
2949	154	氢硫化钠,含水的,含结晶水不低于 25%
2949	154	氢硫化钠,含结晶水不低于 25%
2950	138	镁颗粒,有涂层的
2956	149	5-叔丁基-2,4,6-三硝基间二甲苯

UN 号	处置方案编号	物质中文名称
2956	149	二甲苯麝香
2965	139	三氟化硼合二甲醚
2966	153	硫甘醇
2967	154	氨基磺酸
2968	135	代森锰,稳定的
2968	135	代森锰制剂,稳定的
2969	171	蓖麻籽、粉、油渣或片
2977	166	放射性物质,六氟化铀,裂变的
2977	166	六氟化铀,放射性物质,裂变的
2978	166	放射性物质,六氟化铀,非易裂变的或例外的易裂变的
2978	166	六氟化铀,放射性物质,非易裂变的或例外的易裂变的
2983	129P	环氧乙烷和氧化丙烯混合物,含环氧乙烷不高于30%
2983	129P	氧化丙烯和环氧乙烷混合物,含环氧乙烷不高于30%
2984	140	过氧化氢,水溶液,含过氧化氢8%~20%
2985	155	氯硅烷,易燃,腐蚀性,未另作规定的
2986	155	氯硅烷,腐蚀性,易燃,未另作规定的
2987	156	氯硅烷,腐蚀性,未另作规定的
2988	139	氯硅烷,遇水反应,易燃,腐蚀性,未另作规定的
2989	133	亚磷酸二铅
2990	171	救生设备,自动膨胀式
2991	131	氨基甲酸酯农药,液体,有毒,易燃
2992	151	氨基甲酸酯农药,液体,有毒
2993	131	含砷农药,液体,有毒,易燃
2994	151	含砷农药,液体,有毒
2995	131	有机氯农药,液体,有毒,易燃

UN 号	处置方案编号	物质中文名称
2996	151	有机氯农药,液体,有毒
2997	131	三嗪农药,液体,有毒,易燃
2998	151	三嗪农药,液体,有毒
3002	151	酰胺类农药,液体,有毒
3005	131	硫代氨基甲酸酯农药,液体,有毒,易燃
3006	151	硫代氨基甲酸酯农药,液体,有毒
3009	131	铜基农药,液体,有毒,易燃
3010	151	铜基农药,液体,有毒
3011	131	汞基农药,液体,有毒,易燃
3012	151	汞基农药,液体,有毒
3013	131	取代硝基苯酚农药,液体,有毒,易燃
3014	153	取代硝基苯酚农药,液体,有毒
3015	131	联吡啶农药,液体,有毒,易燃
3016	151	联吡啶农药,液体,有毒
3017	131	有机磷农药,液体,有毒,易燃
3018	152	有机磷农药,液体,有毒
3019	131	有机锡农药,液体,有毒,易燃
3020	153	有机锡农药,液体,有毒
3021	131	农药,液体,易燃,有毒,未另外规定的
3022	127P	1,2-环氧丁烷,稳定的
3023	131	2-甲基-2-庚硫醇
3024	131	香豆素衍生物农药,液体,易燃,有毒
3025	131	香豆素衍生物农药,液体,有毒,易燃
3026	151	香豆素衍生物农药,液体,有毒
3027	151	香豆素衍生物农药,固体,有毒

UN 号	处置方案编号	物质中文名称
3028	154	干电池,含氢氧化钾固体
3048	157	磷化铝农药
3049	138	卤化烷基金属,遇水反应,未另作规定的
3049	138	卤化芳基金属,遇水反应,未另作规定的
3050	138	氢化烷基金属,遇水反应,未另作规定的
3050	138	氢化芳基金属,遇水反应,未另作规定的
3051	135	烷基铝
3052	135	卤化烷基铝,液体
3052	135	卤化烷基铝,固体
3053	135	烷基镁
3054	129	环己硫醇
3055	154	2-(2-氨基乙氧基)乙醇
3056	129	正庚醛
3057	125	三氟乙酰氯
3064	127	硝化甘油,酒精溶液,含硝化甘油 1%~5%
3065	127	酒精饮料
3066	153	涂料(腐蚀性)
3066	153	涂料相关材料(腐蚀性)
3070	126	二氯二氟甲烷和环氧乙烷混合物,含环氧乙烷不高于 12.5%
3070	126	环氧乙烷和二氯二氟甲烷混合物,含环氧乙烷不高于 12.5%
3071	131	硫醇混合物,液体,有毒,易燃,未另作规定的
3071	131	硫醇,液体,有毒,易燃,未另作规定的
3072	171	非自动膨胀式救生设备
3073	131P	乙烯基吡啶,稳定的
3076	138	氢化烷基铝

续表

UN 号	处置方案编号	物质中文名称
3077	171	对环境有害的物质,固体,未另作规定的
3077	171	有害废物,固体,未另作规定的
3077	171	其他受控物质,固体,未另作规定的
3078	138	铈,切屑或砂砾屑
3079	131P	甲基丙烯腈,稳定的
3080	155	异氰酸酯溶液,有毒,易燃,未另作规定的
3080	155	异氰酸酯,有毒,易燃,未另作规定的
3082	171	对环境有害的物质,液体,未另作规定的
3082	171	有害废物,液体,未另作规定的
3082	171	其他受控物质,液体,未另作规定的
3083	124	高氯酰氟
3084	140	腐蚀性固体,氧化性,未另作规定的
3085	140	氧化性固体,腐蚀性,未另作规定的
3086	141	有毒固体,氧化性,未另作规定的
3087	141	氧化性固体,有毒,未另作规定的
3088	135	自热固体,有机物,未另作规定的
3089	170	金属粉,易燃,未另作规定的
3090	138	锂电池
3090	138	锂金属电池组(包括锂合金电池组)
3091	138	锂电池,装在设备中的
3091	138	锂电池,同设备包装在一起的
3091	138	锂离子电池组(包括锂合金电池组),装在设备上的
3091	138	锂离子电池组(包括锂合金电池组),同设备包装在一起的
3092	129	1-甲氧基-2-丙醇
3093	140	腐蚀性液体,氧化性,未另作规定的

UN 号	处置方案编号	物质中文名称
3094	138	腐蚀性液体,遇水反应,未另作规定的
3095	136	腐蚀性固体,自热性,未另作规定的
3096	138	腐蚀性固体,遇水反应,未另作规定的
3097	140	易燃固体,氧化性,未另作规定的
3098	140	氧化性液体,腐蚀性,未另作规定的
3099	142	氧化性液体,有毒,未另作规定的
3100	135	氧化性固体,自热性,未另作规定的
3101	146	有机过氧化物 B 类,液体
3102	146	有机过氧化物 B 类,固体
3103	146	有机过氧化物 C 类,液体
3104	146	有机过氧化物 C 类,固体
3105	145	有机过氧化物 D 类,液体
3106	145	有机过氧化物 D 类,固体
3107	145	有机过氧化物 E 类,液体
3108	145	有机过氧化物 E 类,固体
3109	145	有机过氧化物 F 类,液体
3110	145	有机过氧化物 F 类,固体
3111	148	有机过氧化物 B 类,液体,控制温度的
3112	148	有机过氧化物 B 类,固体,控制温度的
3113	148	有机过氧化物 C 类,液体,控制温度的
3114	148	有机过氧化物 C 类,固体,控制温度的
3115	148	有机过氧化物 D 类,液体,控制温度的
3116	148	有机过氧化物 D 类,固体,控制温度的
3117	148	有机过氧化物 E 类,液体,控制温度的
3118	148	有机过氧化物 E 类,固体,控制温度的

续表

UN 号	处置方案编号	物质中文名称
3119	148	有机过氧化物 F 类,液体,控制温度的
3120	148	有机过氧化物 F 类,固体,控制温度的
3121	144	氧化性固体,遇水反应,未另作规定的
3122	142	有毒液体,氧化性,未另作规定的
3123	139	有毒液体,遇水反应,未另作规定的
3124	136	有毒固体,自热性,未另作规定的
3125	139	有毒固体,遇水反应,未另作规定的
3126	136	自热固体,腐蚀性,有机物,未另作规定的
3127	135	自热固体,氧化性,未另作规定的
3128	136	自热固体,有毒,有机物,未另作规定的
3129	138	遇水反应液体,腐蚀性,未另作规定的
3130	139	遇水反应液体,有毒,未另作规定的
3131	138	遇水反应固体,腐蚀性,未另作规定的
3132	138	遇水反应固体,易燃,未另作规定的
3133	138	遇水反应固体,氧化性,未另作规定的
3134	139	遇水反应固体,有毒,未另作规定的
3135	138	遇水反应固体,自热性,未另作规定的
3136	120	三氟甲烷,冷冻液体
3137	140	氧化性固体,易燃,未另作规定的
3138	115	乙炔、乙烯与丙烯混合物,冷冻液体,含乙烯至少 71.5%,乙炔不高于 22.5%,丙烯不高于 6%
3138	115	乙烯、乙炔和丙烯混合物,冷冻液体,含乙烯至少 71.5%,乙炔不高于 22.5%,丙烯不高于 6%
3138	115	丙烯、乙烯和乙炔混合物,冷冻液体,含乙烯至少 71.5%,乙炔不高于 22.5%,丙烯不高于 6%
3139	140	氧化性液体,未另作规定的

UN 号	处置方案编号	物质中文名称
3140	151	生物碱,液体,未另作规定的(有毒)
3140	151	生物碱盐类,液体,未另作规定的(有毒)
3141	157	锑化合物,无机物,液体,未另作规定的
3142	151	消毒剂,液体,有毒,未另作规定的
3143	151	染料,固体,有毒,未另作规定的
3143	151	染料中间体,固体,有毒,未另作规定的
3144	151	烟碱化合物,液体,未另作规定的
3144	151	烟碱制剂,液体,未另作规定的
3145	153	烷基苯酚,液体,未另作规定的(包括 $C_2 \sim C_{12}$ 的同系物)
3146	153	有机锡化合物,固体,未另作规定的
3147	154	染料,固体,腐蚀性,未另作规定的
3147	154	染料中间体,固体,腐蚀性,未另作规定的
3148	138	遇水反应液体,未另作规定的
3149	140	过氧化氢和过乙酸混合物,含酸(类)、水和不高于5%的过乙酸,稳定的
3149	140	过乙酸和过氧化氢混合物,含酸(类)、水和不高于5%的过乙酸,稳定的
3150	115	小型装置,以烃类气体作能源,带有释放装置
3150	115	小型装置的烃类气体充气罐,带有释放装置
3151	171	多卤联苯,液体
3151	171	多卤三联苯,液体
3152	171	多卤联苯,固体
3152	171	多卤三联苯,固体
3153	115	全氟(甲基乙烯基醚)
3154	115	全氟(乙基乙烯基醚)
3155	154	五氯苯酚

UN 号	处置方案编号	物质中文名称
3156	122	压缩气体,氧化性,未另作规定的
3157	122	液化气体,氧化性,未另作规定的
3158	120	气体,冷冻液体,未另作规定的
3159	126	制冷气体 R-134a
3159	126	1,1,1,2-四氟乙烷
3160	119	液化气体,有毒,易燃,未另作规定的
3160	119	液化气体,有毒,易燃,未另作规定的(吸入危害区域 A)
3160	119	液化气体,有毒,易燃,未另作规定的(吸入危害区域 B)
3160	119	液化气体,有毒,易燃,未另作规定的(吸入危害区域 C)
3160	119	液化气体,有毒,易燃,未另作规定的(吸入危害区域 D)
3161	115	液化气体,易燃,未另作规定的
3162	123	液化气体,有毒,未另作规定的
3162	123	液化气体,有毒,未另作规定的(吸入危害区域 A)
3162	123	液化气体,有毒,未另作规定的(吸入危害区域 B)
3162	123	液化气体,有毒,未另作规定的(吸入危害区域 C)
3162	123	液化气体,有毒,未另作规定的(吸入危害区域 D)
3163	126	液化气体,未另作规定的
3164	126	液压物品(含不燃气体)
3164	126	气压物品(含不燃气体)
3165	131	飞行器液压动力装置燃料箱
3166	115	燃料电池发动机,易燃气体产生动力的
3166	128	燃料电池发动机,易燃液体产生动力的
3166	128	内燃机
3166	115	内燃机,易燃气体产生动力的
3166	128	内燃机,易燃液体产生动力的

危险化学品应急处置手册(第二版)

续表

UN 号	处置方案编号	物质中文名称
3166	115	车辆,易燃气体产生动力的
3166	128	车辆,易燃液体产生动力的
3166	115	燃料电池车辆,易燃气体产生动力的
3166	128	燃料电池车辆,易燃液体产生动力的
3167	115	气体样品,未压缩,易燃,未另作规定的,非冷冻液体
3168	119	气体样品,未压缩,有毒,易燃,未另作规定的,非冷冻液体
3169	123	气体样品,未压缩,有毒,未另作规定的,非冷冻液体
3170	138	铝渣
3170	138	铝重熔副产品
3170	138	铝熔炼副产品
3171	154	电池供电设备(湿电池)
3171	147	电池供电设备(锂离子电池)
3171	138	电池供电设备(锂金属电池)
3171	138	电池供电设备(钠电池)
3171	154	电池供电车辆(湿电池)
3171	147	电池供电车辆(锂离子电池)
3171	138	电池供电车辆(钠电池)
3171	154	电动轮椅用电池
3172	153	毒素,从生物体提取的,液体,未另作规定的
3172	153	毒素,从生物体提取的,固体,未另作规定的
3174	135	二硫化钛
3175	133	含易燃液体的固体,未另作规定的
3176	133	易燃固体,有机物,熔融的,未另作规定的
3178	133	易燃固体,无机物,未另作规定的
3178	133	轻武器的无烟火药

220

UN 号	处置方案编号	物质中文名称
3179	134	易燃固体,有毒,无机物,未另作规定的
3180	134	易燃固体,腐蚀性,无机物,未另作规定的
3181	133	有机化合物的金属盐,易燃,未另作规定的
3182	170	金属氢化物,易燃,未另作规定的
3183	135	自热液体,有机物,未另作规定的
3184	136	自热液体,有毒,有机物,未另作规定的
3185	136	自热液体,腐蚀性,有机物,未另作规定的
3186	135	自热液体,无机物,未另作规定的
3187	136	自热液体,有毒,无机物,未另作规定的
3188	136	自热液体,腐蚀性,无机物,未另作规定的
3189	135	自热金属粉,未另作规定的
3190	135	自热固体,无机物,未另作规定的
3191	136	自热固体,有毒,无机物,未另作规定的
3192	136	自热固体,腐蚀性,无机物,未另作规定的
3194	135	发火液体,无机物,未另作规定的
3200	135	发火固体,无机物,未另作规定的
3203	135	发火有机金属化合物,遇水反应,未另作规定的
3205	135	碱土金属醇化物,未另作规定的
3206	136	碱金属醇化物,自热性,腐蚀性,未另作规定的
3207	138	有机金属化合物,遇水反应,易燃,未另作规定的
3207	138	有机金属化合物分散体,遇水反应,易燃,未另作规定的
3207	138	有机金属化合物溶液,遇水反应,易燃,未另作规定的
3208	138	金属物质,遇水反应,未另作规定的
3209	138	金属物质,遇水反应,自热性,未另作规定的
3210	140	氯酸盐,无机物,水溶液,未另作规定的

UN 号	处置方案编号	物质中文名称
3211	140	高氯酸盐,无机物,水溶液,未另作规定的
3212	140	次氯酸盐,无机物,未另作规定的
3213	140	溴酸盐,无机物,水溶液,未另作规定的
3214	140	高锰酸盐,无机物,水溶液,未另作规定的
3215	140	过硫酸盐,无机物,未另作规定的
3216	140	过硫酸盐,无机物,水溶液,未另作规定的
3218	140	硝酸盐,无机物,水溶液,未另作规定的
3219	140	亚硝酸盐,无机物,水溶液,未另作规定的
3220	126	五氟乙烷
3220	126	制冷气体 R-125
3221	149	自反应液体 B 类
3222	149	自反应固体 B 类
3223	149	自反应液体 C 类
3224	149	自反应固体 C 类
3225	149	自反应液体 D 类
3226	149	自反应固体 D 类
3227	149	自反应液体 E 类
3228	149	自反应固体 E 类
3229	149	自反应液体 F 类
3230	149	自反应固体 F 类
3231	150	自反应液体 B 类,控制温度的
3232	150	自反应固体 B 类,控制温度的
3233	150	自反应液体 C 类,控制温度的
3234	150	自反应固体 C 类,控制温度的
3235	150	自反应液体 D 类,控制温度的

续表

UN 号	处置方案编号	物质中文名称
3236	150	自反应固体 D 类,控制温度的
3237	150	自反应液体 E 类,控制温度的
3238	150	自反应固体 E 类,控制温度的
3239	150	自反应液体 F 类,控制温度的
3240	150	自反应固体 F 类,控制温度的
3241	133	2-溴-2-硝基丙烷-1,3-二醇
3242	149	偶氮二酰胺
3243	151	含有毒液体的固体,未另作规定的
3244	154	含腐蚀性液体的固体,未另作规定的
3245	171	转基因微生物
3245	171	转基因生物
3246	156	甲磺酰氯
3247	140	过硼酸钠,无水的
3248	131	药物,液体,易燃,有毒,未另作规定的
3249	151	药物,固体,有毒,未另作规定的
3250	153	氯乙酸,熔融的
3251	133	异山梨糖醇酐-5-一硝酸酯
3252	115	二氟甲烷
3252	115	制冷气体 R-32
3253	154	三氧硅酸二钠
3254	135	三丁基膦烷
3255	135	次氯酸叔丁酯
3256	128	高温液体,易燃,未另作规定的,闪点高于 37.8℃,外界温度不低于其闪点
3256	128	高温液体,易燃,未另作规定的,闪点高于 60℃,外界温度不低于其闪点

UN 号	处置方案编号	物质中文名称
3257	128	高温液体，未另作规定的，温度≥100℃且低于其闪点
3258	171	高温固体，未另作规定的，温度≥240℃
3259	154	胺，固体，腐蚀性，未另作规定的
3259	154	聚胺，固体，腐蚀性，未另作规定的
3260	154	腐蚀性固体，酸性，无机物，未另作规定的
3261	154	腐蚀性固体，酸性，有机物，未另作规定的
3262	154	腐蚀性固体，碱性，无机物，未另作规定的
3263	154	腐蚀性固体，碱性，有机物，未另作规定的
3264	154	腐蚀性液体，酸性，无机物，未另作规定的
3265	153	腐蚀性液体，酸性，有机物，未另作规定的
3266	154	腐蚀性液体，碱性，无机物，未另作规定的
3267	153	腐蚀性液体，碱性，有机物，未另作规定的
3268	171	气袋充气器
3268	171	气袋模件
3268	171	安全带模件
3268	171	安全装置
3269	128	聚酯树脂器材
3269	128	聚酯树脂器材，液体基础材料
3270	133	硝酸纤维薄膜滤器
3271	127	醚类，未另作规定的
3272	127	酯类，未另作规定的
3273	131	腈类，易燃，有毒，未另作规定的
3274	132	醇化物溶液，未另作规定的，在乙醇中
3275	131	腈类，有毒，易燃，未另作规定的
3276	151	腈类，液体，有毒，未另作规定的

UN 号	处置方案编号	物质中文名称
3276	151	腈类,有毒,液体,未另作规定的
3276	151	腈类,有毒,未另作规定的
3277	154	氯甲酸酯,有毒,腐蚀性,未另作规定的
3278	151	有机磷化合物,液体,有毒,未另作规定的
3278	151	有机磷化合物,有毒,液体,未另作规定的
3278	151	有机磷化合物,有毒,未另作规定的
3279	131	有机磷化合物,有毒,易燃,未另作规定的
3280	151	有机砷化合物,液体,未另作规定的
3280	151	有机砷化合物,未另作规定的
3281	151	羰基金属,液体,未另作规定的
3281	151	羰基金属,未另作规定的
3282	151	有机金属化合物,液体,有毒,未另作规定的
3282	151	有机金属化合物,有毒,液体,未另作规定的
3282	151	有机金属化合物,有毒,未另作规定的
3283	151	硒化合物,未另作规定的
3283	151	硒化合物,固体,未另作规定的
3284	151	碲化合物,未另作规定的
3285	151	钒化合物,未另作规定的
3286	131	易燃液体,有毒,腐蚀性,未另作规定的
3287	151	有毒液体,无机物,未另作规定的
3288	151	有毒固体,无机物,未另作规定的
3289	154	有毒液体,无机物,腐蚀性,未另作规定的
3290	154	有毒固体,腐蚀性,无机物,未另作规定的
3291	158	(生物)医用废物,未另作规定的
3291	158	临床废物,非特指的,未另作规定的

UN 号	处置方案编号	物质中文名称
3291	158	医用废物,未另作规定的
3291	158	受控医用废物,未另作规定的
3292	138	电池,含钠
3293	152	肼,水溶液,含肼不高于 37%
3294	131	氰化氢,乙醇溶液,含氰化氢不高于 45%
3295	128	烃类,液体,未另作规定的
3296	126	七氟丙烷
3296	126	制冷气体 R-227
3297	126	四氟氯乙烷和环氧乙烷混合物,含环氧乙烷不高于 8.8%
3297	126	环氧乙烷和四氟氯乙烷混合物,含环氧乙烷不高于 8.8%
3298	126	环氧乙烷和五氟乙烷混合物,含环氧乙烷不高于 7.9%
3298	126	五氟乙烷和环氧乙烷混合物,含环氧乙烷不高于 7.9%
3299	126	环氧乙烷和四氟乙烷混合物,含环氧乙烷不高于 5.6%
3299	126	四氟乙烷和环氧乙烷混合物,含环氧乙烷不高于 5.6%
3300	119P	二氧化碳和环氧乙烷混合物,含环氧乙烷高于 87%
3300	119P	环氧乙烷和二氧化碳混合物,含环氧乙烷高于 87%
3301	136	腐蚀性液体,自热性,未另作规定的
3302	152	丙烯酸 2-二甲氨基乙酯
3303	124	压缩气体,有毒,氧化性,未另作规定的
3303	124	压缩气体,有毒,氧化性,未另作规定的(吸入危害区域 A)
3303	124	压缩气体,有毒,氧化性,未另作规定的(吸入危害区域 B)
3303	124	压缩气体,有毒,氧化性,未另作规定的(吸入危害区域 C)
3303	124	压缩气体,有毒,氧化性,未另作规定的(吸入危害区域 D)
3304	123	压缩气体,有毒,腐蚀性,未另作规定的
3304	123	压缩气体,有毒,腐蚀性,未另作规定的(吸入危害区域 A)

UN 号	处置方案编号	物质中文名称
3304	123	压缩气体,有毒,腐蚀性,未另作规定的(吸入危害区域 B)
3304	123	压缩气体,有毒,腐蚀性,未另作规定的(吸入危害区域 C)
3304	123	压缩气体,有毒,腐蚀性,未另作规定的(吸入危害区域 D)
3305	119	压缩气体,有毒,易燃,腐蚀性,未另作规定的
3305	119	压缩气体,有毒,易燃,腐蚀性,未另作规定的(吸入危害区域 A)
3305	119	压缩气体,有毒,易燃,腐蚀性,未另作规定的(吸入危害区域 B)
3305	119	压缩气体,有毒,易燃,腐蚀性,未另作规定的(吸入危害区域 C)
3305	119	压缩气体,有毒,易燃,腐蚀性,未另作规定的(吸入危害区域 D)
3306	124	压缩气体,有毒,氧化性,腐蚀性,未另作规定的
3306	124	压缩气体,有毒,氧化性,腐蚀性,未另作规定的(吸入危害区域 A)
3306	124	压缩气体,有毒,氧化性,腐蚀性,未另作规定的(吸入危害区域 B)
3306	124	压缩气体,有毒,氧化性,腐蚀性,未另作规定的(吸入危害区域 C)
3306	124	压缩气体,有毒,氧化性,腐蚀性,未另作规定的(吸入危害区域 D)
3307	124	液化气体,有毒,氧化性,未另作规定的
3307	124	液化气体,有毒,氧化性,未另作规定的(吸入危害区域 A)
3307	124	液化气体,有毒,氧化性,未另作规定的(吸入危害区域 B)
3307	124	液化气体,有毒,氧化性,未另作规定的(吸入危害区域 C)
3307	124	液化气体,有毒,氧化性,未另作规定的(吸入危害区域 D)
3308	123	液化气体,有毒,腐蚀性,未另作规定的
3308	123	液化气体,有毒,腐蚀性,未另作规定的(吸入危害区域 A)

UN 号	处置方案编号	物质中文名称
3308	123	液化气体,有毒,腐蚀性,未另作规定的(吸入危害区域 B)
3308	123	液化气体,有毒,腐蚀性,未另作规定的(吸入危害区域 C)
3308	123	液化气体,有毒,腐蚀性,未另作规定的(吸入危害区域 D)
3309	119	液化气体,有毒,易燃,腐蚀性,未另作规定的
3309	119	液化气体,有毒,易燃,腐蚀性,未另作规定的(吸入危害区域 A)
3309	119	液化气体,有毒,易燃,腐蚀性,未另作规定的(吸入危害区域 B)
3309	119	液化气体,有毒,易燃,腐蚀性,未另作规定的(吸入危害区域 C)
3309	119	液化气体,有毒,易燃,腐蚀性,未另作规定的(吸入危害区域 D)
3310	124	液化气体,有毒,氧化性,腐蚀性,未另作规定的
3310	124	液化气体,有毒,氧化性,腐蚀性,未另作规定的(吸入危害区域 A)
3310	124	液化气体,有毒,氧化性,腐蚀性,未另作规定的(吸入危害区域 B)
3310	124	液化气体,有毒,氧化性,腐蚀性,未另作规定的(吸入危害区域 C)
3310	124	液化气体,有毒,氧化性,腐蚀性,未另作规定的(吸入危害区域 D)
3311	122	气体,冷冻液体,氧化性,未另作规定的
3312	115	气体,冷冻液体,易燃,未另作规定的
3313	135	有机颜料,自热性
3314	171	可塑成型化合物
3315	151	化学样品,有毒
3316	171	化学品箱
3316	171	急救箱

续表

UN 号	处置方案编号	物质中文名称
3317	113	2-氨基-4,6-二硝基酚,含水量不低于 20%
3318	125	氨溶液,含氨高于 50%
3319	113	硝化甘油混合物,减敏的,固体,未另作规定的,含硝化甘油 2%~10%
3320	157	硼氢化钠和氢氧化钠溶液,含硼氢化钠不高于 12%,含氢氧化钠不高于 40%
3321	162	放射性物质,低比活度(LSA-Ⅱ),非易裂变的或例外易裂变的
3322	162	放射性物质,低比活度(LSA-Ⅲ),非易裂变的或例外易裂变的
3323	163	放射性物质,C 类包件,非易裂变的或例外易裂变的
3324	165	放射性物质,低比活度(LSA-Ⅱ),裂变的
3325	165	放射性物质,低比活度(LSA-Ⅲ),裂变的
3326	165	放射性物质,表面被污染物体(SCO-Ⅰ),裂变的
3326	165	放射性物质,表面被污染物体(SCO-Ⅱ),裂变的
3327	165	放射性物质,A 类包件,裂变的,非特殊形式的
3328	165	放射性物质,B(U)类包件,裂变的
3329	165	放射性物质,B(M)类包件,裂变的
3330	165	放射性物质,C 类包件,裂变的
3331	165	放射性物质,按照特别安排运输,裂变的
3332	164	放射性物质,A 类包件,特殊形态,非易裂变的或例外易裂变的
3333	165	放射性物质,A 类包件,特殊形态,裂变的
3334	171	空运受控的液体,未另作规定的
3334	171	自卫喷雾器,无压力的
3335	171	空运受控的固体,未另作规定的
3336	130	硫醇混合物,液体,易燃,未另作规定的

UN 号	处置方案编号	物质中文名称
3336	130	硫醇,液体,易燃,未另作规定的
3337	126	制冷气体 R-404A
3338	126	制冷气体 R-407A
3339	126	制冷气体 R-407B
3340	126	制冷气体 R-407C
3341	135	二氧化硫脲
3342	135	黄原酸盐
3343	113	硝化甘油混合物,减敏的,液体,易燃,未另作规定的,含硝化甘油不高于30%
3344	113	季戊四醇四硝酸酯混合物,减敏的,固体,未另作规定的,含季戊四醇四硝酸酯10%~20%
3345	153	苯氧基乙酸衍生物农药,固体,有毒
3346	131	苯氧基乙酸衍生物农药,液体,易燃,有毒
3347	131	苯氧基乙酸衍生物农药,液体,有毒,易燃
3348	153	苯氧基乙酸衍生物农药,液体,有毒
3349	151	拟除虫菊酯农药,固体,有毒
3350	131	拟除虫菊酯农药,液体,易燃,有毒
3351	131	拟除虫菊酯农药,液体,有毒,易燃
3352	151	拟除虫菊酯农药,液体,有毒
3354	115	气体杀虫剂,易燃,未另作规定的
3355	119	气体杀虫剂,有毒,易燃,未另作规定的
3355	119	气体杀虫剂,有毒,易燃,未另作规定的(吸入危害区域 A)
3355	119	气体杀虫剂,有毒,易燃,未另作规定的(吸入危害区域 B)
3355	119	气体杀虫剂,有毒,易燃,未另作规定的(吸入危害区域 C)
3355	119	气体杀虫剂,有毒,易燃,未另作规定的(吸入危害区域 D)
3356	140	化学氧气发生器

UN 号	处置方案编号	物质中文名称
3356	140	化学氧气发生器,废弃的
3357	113	硝化甘油混合物,减敏的,液体,未另作规定的,含硝化甘油不高于 30%
3358	115	制冷机,含有易燃、无毒液化气体
3359	171	熏蒸过的货物运输装置
3359	171	熏蒸过的装置
3360	133	植物纤维,干的
3361	156	氯硅烷,有毒,腐蚀性,未另作规定的
3362	155	氯硅烷,有毒,腐蚀性,易燃,未另作规定的
3363	171	仪器中的危险货物
3363	171	机器中的危险货物
3364	113	苦味酸,含水不低于 10%
3365	113	苦基氯,含水不低于 10%
3365	113	三硝基氯苯,含水不低于 10%
3366	113	梯恩梯,含水不低于 10%
3366	113	三硝基甲苯,含水不低于 10%
3367	113	三硝基苯,含水不低于 10%
3368	113	三硝基苯甲酸,含水不低于 10%
3369	113	二硝基邻甲苯酚钠,含水不低于 10%
3370	113	硝酸脲,含水不低于 10%
3371	129	2-甲基丁醛
3373	158	生物物质,B 类
3374	116	乙炔,无溶剂
3375	140	硝酸铵乳胶
3375	140	硝酸铵凝胶

续表

UN 号	处置方案编号	物质中文名称
3375	140	硝酸铵悬浮体
3376	113	4-硝基苯肼,含水不低于 30%
3377	140	过硼酸钠一水合物
3378	140	过碳酸钠
3379	128	减敏爆炸物,液体,未另作规定的
3380	133	减敏爆炸物,固体,未另作规定的
3381	151	吸入毒性液体,未另作规定的(吸入危害区域 A)
3382	151	吸入毒性液体,未另作规定的(吸入危害区域 B)
3383	131	吸入毒性液体,易燃,未另作规定的(吸入危害区域 A)
3384	131	吸入毒性液体,易燃,未另作规定的(吸入危害区域 B)
3385	139	吸入毒性液体,遇水反应,未另作规定的(吸入危害区域 A)
3386	139	吸入毒性液体,遇水反应,未另作规定的(吸入危害区域 B)
3387	142	吸入毒性液体,氧化性,未另作规定的(吸入危害区域 A)
3388	142	吸入毒性液体,氧化性,未另作规定的(吸入危害区域 B)
3389	154	吸入毒性液体,腐蚀性,未另作规定的(吸入危害区域 A)
3390	154	吸入毒性液体,腐蚀性,未另作规定的(吸入危害区域 B)
3391	135	有机金属物质,固体,发火的
3392	135	有机金属物质,液体,发火的
3393	135	有机金属物质,固体,发火,遇水反应
3394	135	有机金属物质,液体,发火,遇水反应
3395	135	有机金属物质,固体,遇水反应
3396	138	有机金属物质,固体,遇水反应,易燃
3397	138	有机金属物质,固体,遇水反应,自热性
3398	135	有机金属物质,液体,遇水反应
3399	138	有机金属物质,液体,遇水反应,易燃

续表

UN 号	处置方案编号	物质中文名称
3400	138	有机金属物质,固体,自热性
3401	138	碱金属汞齐,固体
3402	138	碱土金属汞齐,固体
3403	138	钾金属合金,固体
3404	138	钾钠合金,固体
3404	138	钠钾合金,固体
3405	141	氯酸钡,溶液
3406	141	高氯酸钡,溶液
3407	140	氯酸盐和氯化镁混合物,溶液
3407	140	氯化镁和氯酸盐混合物,溶液
3408	141	高氯酸铅,溶液
3409	152	硝基氯苯,液体
3410	153	盐酸盐对氯邻甲苯胺,溶液
3411	153	β-萘胺,溶液
3412	153	甲酸,含酸在 5%~10%
3412	153	甲酸,含酸在 10%~85%
3413	157	氰化钾,溶液
3414	157	氰化钠,溶液
3415	154	氟化钠,溶液
3416	153	氯乙酰苯,液体
3416	153	氯乙酰苯(战争毒剂)
3417	152	甲苄基溴,固体
3418	151	2,4-甲苯二胺,溶液
3419	157	三氟化硼合乙酸,固体
3420	157	三氟化硼合丙酸,固体

UN 号	处置方案编号	物质中文名称
3421	154	二氟化氢钾,溶液
3422	154	氟化钾,溶液
3423	153	氢氧化四甲铵,固体
3424	141	二硝基邻甲酚铵,溶液
3425	156	溴乙酸,固体
3426	153P	丙烯酰胺,溶液
3427	153	氯苯甲基氯,固体
3428	156	异氰酸 3-氯-4-甲基苯酯,固体
3429	153	甲基氯苯胺,液体
3430	153	二甲苯酚,液体
3431	152	硝基三氟甲苯,固体
3432	171	多氯联苯,固体
3433	135	烷基锂,固体
3434	153	硝基甲(苯)酚,液体
3435	153	对苯二酚,溶液
3436	151	水合六氟丙酮,固体
3437	152	氯甲酚,固体
3438	153	α-甲基苄基醇,固体
3439	151	腈类,有毒,固体,未另作规定的
3439	151	腈类,固体,有毒,未另作规定的
3440	151	硒化合物,液体,未另作规定的
3441	153	二硝基氯苯,固体
3442	153	二氯苯胺,固体
3443	152	二硝基苯,固体
3444	151	盐酸烟碱,固体

UN 号	处置方案编号	物质中文名称
3445	151	硫酸烟碱,固体
3446	152	硝基甲苯,固体
3447	152	硝基二甲苯,固体
3448	159	催泪性毒气物质,固体,未另作规定的
3449	159	溴苄基氰,固体
3450	151	二苯氯胂,固体
3451	153	甲苯胺,固体
3452	153	二甲基苯胺,固体
3453	154	正磷酸,固体
3454	152	二硝基甲苯,固体
3455	153	甲酚,固体
3456	157	亚硝基硫酸,固体
3457	152	硝基氯甲苯,固体
3458	152	硝基苯甲醚,固体
3459	152	硝基溴苯,固体
3460	153	N-乙苄基甲苯胺,固体
3461	135	烷基铝氢化物,固体
3462	153	毒素,从生物体提取的,固体,未另作规定的
3463	132	丙酸,含酸不低于 90%
3464	151	有机磷化合物,有毒,固体,未另作规定的
3464	151	有机磷化合物,固体,有毒,未另作规定的
3465	151	有机砷化合物,固体,未另作规定的
3466	151	羰基金属,固体,未另作规定的
3467	151	有机金属化合物,有毒,固体,未另作规定的
3467	151	有机金属化合物,固体,有毒,未另作规定的

UN 号	处置方案编号	物质中文名称
3468	115	金属氢储存系统中的氢
3468	115	装在设备上的金属氢储存系统所含的氢
3468	115	与设备包装在一起的金属氢储存系统所含的氢
3469	132	涂料,易燃,腐蚀性
3469	132	涂料的相关材料,易燃,腐蚀性
3470	132	涂料,腐蚀性,易燃
3470	132	涂料的相关材料,腐蚀性,易燃
3471	154	二氟氢化物,溶液,未另作规定的
3472	153	丁烯酸(巴豆酸),液体
3473	128	燃料电池盒,装在设备上的,含易燃液体
3473	128	燃料电池盒,含易燃液体
3473	128	燃料电池盒,与设备包装在一起的,含易燃液体
3474	113	羟基苯丙三唑,含水不低于20%
3474	113	1-羟基苯丙三唑,一水合物
3475	127	乙醇和汽油混合物,含乙醇高于10%
3475	127	汽油和乙醇混合物,含乙醇高于10%
3476	138	燃料电池盒,装在设备上的,含遇水反应物质
3476	138	燃料电池盒,含遇水反应物质
3476	138	燃料电池盒,与设备包装在一起的,含遇水反应物质
3477	153	燃料电池盒,装在设备上的,含腐蚀性物质
3477	153	燃料电池盒,含腐蚀性物质
3477	153	燃料电池盒,与设备包装在一起的,含腐蚀性物质
3478	115	燃料电池盒,装在设备上的,含液化易燃气体
3478	115	燃料电池盒,含液化易燃气体
3478	115	燃料电池盒,与设备包装在一起的,含液化易燃气体

UN 号	处置方案编号	物质中文名称
3479	115	燃料电池盒,装在设备上的,在氢化金属中含有氢
3479	115	燃料电池盒,在氢化金属中含有氢
3479	115	燃料电池盒,与设备包装在一起的,在氢化金属中含有氢
3480	147	锂离子电池组(包括聚合物锂离子电池)
3481	147	锂离子电池组(包括聚合物锂离子电池),装在设备上的
3481	147	锂离子电池组(包括聚合物锂离子电池),同设备包装在一起的
3482	138	碱金属分散体,易燃
3482	138	碱土金属分散体,易燃
3483	131	发动机燃料抗爆剂,易燃
3484	132	水合肼溶液,易燃,含肼(按质量)高于37%
3485	140	次氯酸钙,干的,腐蚀性,含有效氯高于39%(含有效氧8.8%)
3485	140	次氯酸钙混合物,干的,腐蚀性,含有效氯高于39%(含有效氧8.8%)
3486	140	次氯酸钙混合物,干的,腐蚀性,含有效氯10%~39%
3487	140	次氯酸钙水合物,腐蚀性,含水5.5%~16%
3487	140	次氯酸钙水合物混合物,腐蚀性,含水5.5%~16%
3488	131	吸入毒性液体,易燃,腐蚀性,未另作规定的(吸入危害区域A)
3489	131	吸入毒性液体,易燃,腐蚀性,未另作规定的(吸入危害区域B)
3490	155	吸入毒性液体,遇水反应,易燃,未另作规定的(吸入危害区域A)
3491	155	吸入毒性液体,遇水反应,易燃,未另作规定的(吸入危害区域B)
3492	131	吸入毒性液体,腐蚀性,易燃,未另作规定的(吸入危害区域A)

UN 号	处置方案编号	物质中文名称
3493	131	吸入毒性液体,腐蚀性,易燃,未另作规定的(吸入危害区域 B)
3494	131	含硫原油,易燃,有毒
3495	154	碘
3496	171	蓄电池,镍金属氢化物
3497	133	磷虾粉
3498	157	一氯化碘,液体
3499	171	电容器,双电层
3500	126	化学制品,压缩的,未另作规定的
3501	115	化学制品,压缩的,易燃,未另作规定的
3502	123	化学制品,压缩的,有毒,未另作规定的
3503	125	化学制品,压缩的,腐蚀性,未另作规定的
3504	119	化学制品,压缩的,易燃,有毒,未另作规定的
3505	118	化学制品,压缩的,易燃,腐蚀性,未另作规定的
3506	172	汞,制品中含有的
3507	166	六氟化铀,放射性物质,不含外包装,不少于 0.1kg/包,不可裂变或裂变除外
3508	171	电容器、非对称
3509	171	丢弃的包装,空,不明
3510	174	吸附气体,易燃,未另作规定的
3511	174	吸附气体,未另作规定的
3512	173	吸附气体,毒性,未另作规定的
3512	173	吸附气体,毒性,未另作规定的(吸入危害区域 A)
3512	173	吸附气体,毒性,未另作规定的(吸入危害区域 B)
3512	173	吸附气体,毒性,未另作规定的(吸入危害区域 C)
3512	173	吸附气体,毒性,未另作规定的(吸入危害区域 D)

续表

UN 号	处置方案编号	物质中文名称
3513	174	吸附气体,氧化性,未另作规定的
3514	173	吸附气体,毒性,易燃,未另作规定的
3514	173	吸附气体,毒性,易燃,未另作规定的(吸入危害区域 A)
3514	173	吸附气体,毒性,易燃,未另作规定的(吸入危害区域 B)
3514	173	吸附气体,毒性,易燃,未另作规定的(吸入危害区域 C)
3514	173	吸附气体,毒性,易燃,未另作规定的(吸入危害区域 D)
3515	173	吸附气体,毒性,氧化性,未另作规定的
3515	173	吸附气体,毒性,氧化性,未另作规定的(吸入危害区域 A)
3515	173	吸附气体,毒性,氧化性,未另作规定的(吸入危害区域 B)
3515	173	吸附气体,毒性,氧化性,未另作规定的(吸入危害区域 C)
3515	173	吸附气体,毒性,氧化性,未另作规定的(吸入危害区域 D)
3516	173	吸附气体,毒性,腐蚀性,未另作规定的
3516	173	吸附气体,毒性,腐蚀性,未另作规定的(吸入危害区域 A)
3516	173	吸附气体,毒性,腐蚀性,未另作规定的(吸入危害区域 B)
3516	173	吸附气体,毒性,腐蚀性,未另作规定的(吸入危害区域 C)
3516	173	吸附气体,毒性,腐蚀性,未另作规定的(吸入危害区域 D)
3517	173	吸附气体,毒性,易燃,腐蚀性,未另作规定的
3517	173	吸附气体,毒性,易燃,腐蚀性,未另作规定的(吸入危害区域 A)
3517	173	吸附气体,毒性,易燃,腐蚀性,未另作规定的(吸入危害区域 B)
3517	173	吸附气体,毒性,易燃,腐蚀性,未另作规定的(吸入危害区域 C)
3517	173	吸附气体,毒性,易燃,腐蚀性,未另作规定的(吸入危害区域 D)
3518	173	吸附气体,毒性,氧化性,腐蚀性,未另作规定的
3518	173	吸附气体,毒性,氧化性,腐蚀性,未另作规定的(吸入危害区域 A)

UN 号	处置方案编号	物质中文名称
3518	173	吸附气体,毒性,氧化性,腐蚀性,未另作规定的(吸入危害区域 B)
3518	173	吸附气体,毒性,氧化性,腐蚀性,未另作规定的(吸入危害区域 C)
3518	173	吸附气体,毒性,氧化性,腐蚀性,未另作规定的(吸入危害区域 D)
3519	173	三氟化硼,吸附
3520	173	氯,吸附
3521	173	四氟化硅,吸附
3522	173	三氢砷化,吸附
3523	173	甲锗烷,吸附
3524	173	五氟化磷,吸附
3525	173	磷化氢,吸附
3526	173	硒化氢,吸附
3527	128P	聚酯树脂套件,固体基材
3528	128	发动机,燃料电池,易燃液体驱动的
3528	128	内燃发动机,易燃液体驱动的
3528	128	机械,燃料电池,易燃液体驱动
3528	128	内燃机械,易燃液体驱动的
3529	115	发动机,燃料电池,易燃气体驱动的
3529	115	内燃发动机,易燃气体驱动的
3529	115	机械,燃料电池,易燃气体驱动
3529	115	内燃机械,易燃气体驱动的
3530	171	内燃机
3530	171	内燃机械
3531	149P	聚合物质,固体,稳定,未另作规定的

UN 号	处置方案编号	物质中文名称
3532	149P	聚合物质,液体,稳定,未另作规定的
3533	150P	聚合物质,固体,控制温度的,未另作规定的
3534	150P	聚合物质,液体,控制温度的,未另作规定的
8000	171	日用消费品
9035	123	气体鉴别装置
9191	143	二氧化氯,水合物,冷冻的
9202	168	一氧化碳,冷冻液体(低温液体)
9206	137	二氯化甲基磷酸
9260	169	铝,熔融的
9263	156	氯新戊酰氯
9264	151	3,5 -二氯-2,4,6-三氟吡啶
9269	132	三甲氧基硅烷
9279	115	金属氢化物中吸收的氢

常见危险化学品应急处置方案

处置方案编号 111　混合装载或未确认货物

潜 在 危 害

燃烧、爆炸

- 受热、振动、摩擦或污染可发生爆炸。
- 与空气、水或泡沫接触可发生剧烈或爆炸性反应。
- 受热、遇明火或火花可引起燃烧。
- 蒸气扩散后，遇火源着火回燃。
- 容器受热可发生爆炸。
- 破裂的钢瓶具有飞射危险。

健康危害

- 吸入、食入或接触物质可引起严重损害、感染、疾病或死亡。
- 无任何预兆，高浓度气体可引起窒息。
- 眼睛和皮肤接触可致灼伤。
- 燃烧或与水接触可产生刺激性、腐蚀性和/或有毒的气体。
- 消防排水可引起污染。

公 众 安 全

- 首先拨打运输标签上的应急电话，若没有合适的信息，拨打国家危险化学品事故应急咨询电话 0532-83889090。
- 立即在所有方向上隔离泄漏区至少 100 米。
- 疏散无关人员。
- 在上风、上坡或上游处停留。
- 远离低洼地带。

个体防护

- 佩戴正压自给式呼吸器(SCBA)。
- 一般消防防护服仅能在火灾中提供有限的保护，对泄漏防护无效。

疏散

火灾

- 火场内如有储罐、槽车或罐车，四周隔离 800 米，并考虑初始撤离 800 米。

应 急 行 动

火灾

注意：物质可能与灭火剂发生反应。

小火

- 用干粉、CO_2、水幕或常规泡沫灭火。

大火

- 用水幕、雾状水或常规泡沫灭火。
- 在确保安全的前提下将容器移离火场。

储罐火灾

- 用大量水冷却容器，直至火扑灭。
- 容器内禁止注水。
- 若安全阀发出声响或储罐变色，立即撤离。远离着火的储罐。

泄漏处置

- 禁止接触或跨越泄漏物。
- 消除所有点火源(泄漏区附近禁止吸烟，消除所有明火、火花或火焰)。
- 作业时所有设备应接地。
- 远离可燃物(如木材、纸张、油品等)。
- 喷雾状水抑制蒸气或改变蒸气云流向，避免水流接触泄漏物。
- 防止泄漏物进入水体、下水道、地下室或密闭空间。

小量泄漏

- 用砂或其他不燃性吸收材料吸收，置于容器中稍后处理。

大量泄漏

- 在液体泄漏物前方筑堤堵截以备处理。

急救

- 确保医学救援人员了解该物质相关信息，并且注意个体防护。
- 将受害者移至空气新鲜处。
- 拨打"120"或其他应急医疗服务电话。
- 若呼吸停止，给予人工呼吸。
- **如果食入或吸入本品，禁用口对口人工呼吸。如需要人工呼吸可用带单向阀的小型面罩或其他适当的医学设备。**
- 若呼吸困难，给吸氧。
- 脱去并隔离污染的衣物和鞋。
- 皮肤或眼睛接触本品，立即用流动清水冲洗至少 20 分钟。
- 用肥皂和水彻底清洗。
- 受害者注意保温，保持安静。
- 吸入、食入或皮肤接触可引起迟发反应。

处置方案编号 112　爆炸物-1.1、1.2、1.3 或 1.5 类;

潜 在 危 害

燃烧、爆炸

- 处在火场中的货物能发生爆炸，碎片可飞出 1600 米甚至更远。

健康危害

- 燃烧可产生刺激性、腐蚀性和/或有毒的气体。

公 众 安 全

- 首先拨打运输标签上的应急电话，若没有合适的信息，拨打国家危险化学品事故应急咨询电话 0532-83889090。
- 立即在所有方向上隔离泄漏区至少 500 米。
- 把人员转移到现场视线以外，并远离窗户。
- 疏散无关人员。
- 在上风、上坡或上游处停留。
- 进入密闭空间前先通风。

个体防护

- 佩戴正压自给式呼吸器(SCBA)。
- 一般消防防护服仅能提供有限的保护。

疏散

大量泄漏

- 考虑在所有方向上初始撤离 800 米。

火灾

- 如果火车或拖车处于火场中，四周隔离 1600 米，并开始撤离 1600 米(包括应急救援人员)。

应 急 行 动

火灾

货物着火

- **当火蔓延至货物时，严禁灭火！货物可能爆炸！**
- 禁止一切通行，清理方圆至少 1600 米范围内的区域，任其自行燃烧。
- **切勿开动已处于火场中的货船或车辆。**

轮胎或车辆着火

- **用大量水灭火。无水时，可用 CO_2、干粉或泥土扑救。**
- 如果可能，并且无危险，可使用无人操作的灭火喷头或可监视喷头远距离灭火，防止火灾蔓延到货物。
- 应特别注意轮胎着火，因为极易复燃。准备好备用灭火器。

泄漏处置

- 消除所有点火源（泄漏区附近禁止吸烟，消除所有明火、火花或火焰）。
- 作业时所有设备应接地。
- 禁止接触或跨越泄漏物。
- 泄漏源附近 100 米内禁止开启电雷管和无线电发送设备。
- **除非在专业人员指导下，否则禁止清理现场。**

急救

- 将受害者移至空气新鲜处。
- 拨打"120"或其他应急医疗服务电话。
- 若呼吸停止，给予人工呼吸。
- 若呼吸困难，给吸氧。
- 脱去并隔离污染的衣物和鞋。
- 皮肤或眼睛接触本品，立即用流动清水冲洗至少 20 分钟。
- 确保医学救援人员了解该物质相关信息，并且注意个体防护。

处置方案编号 113　易燃固体–有毒(潮湿或不敏感的爆炸物)

潜 在 危 害

燃烧、爆炸

- 易燃/可燃物质。
- 受热、遇明火或火花可燃烧。
- 干燥时受热、遇明火、摩擦或撞击可发生爆炸，按爆炸物处理(编号 112)。
- 用水保持物质湿润或按爆炸品处理(编号 112)。
- 流入下水道有引起火灾和爆炸的危险。

健康危害

- 某些物质有毒，如果吸入、食入或经皮吸收可致死。
- 皮肤和眼睛接触可引起灼伤。
- 燃烧可产生刺激性、腐蚀性和/或有毒的气体。
- 消防排水或稀释水可引起污染。

公 众 安 全

- 首先拨打运输标签上的应急电话，若没有合适的信息，拨打国家危险化学品事故应急咨询电话 0532-83889090。
- 立即在所有方向上隔离泄漏区至少 100 米。
- 疏散无关人员。
- 在上风、上坡或上游处停留。
- 进入密闭空间前先通风。

个体防护

- 佩戴正压自给式呼吸器(SCBA)。
- 一般消防防护服仅能提供有限的保护。

疏散

大量泄漏

- 考虑在所有方向上初始撤离 500 米。

火灾

- 火场内如有储罐、槽车或罐车，四周隔离 800 米，并考虑撤离 800 米。

应 急 行 动

火灾

货物着火

- **当火蔓延至货物时，严禁灭火！货物可能爆炸！**
- 禁止一切通行，清理方圆至少 800 米范围内的区域，任其自行燃烧。
- **切勿开动已处于火场中的货船或车辆。**

轮胎或车辆着火

- **用大量水灭火，无水时，可用 CO_2、干粉或泥土扑救。**
- 如果可能，并且无危险，可使用无人操作的灭火喷头或可监视喷头远距离灭火。防止火灾蔓延到货物。
- 应特别注意轮胎着火，因为极易复燃。准备好备用灭火器。

泄漏处置

- 消除所有点火源（泄漏区附近禁止吸烟，消除所有明火、火花或火焰）。
- 作业时所有设备应接地。
- 禁止接触或跨越泄漏物。

小量泄漏

- 用大量水冲洗泄漏区。

大量泄漏

- 用水湿润并筑堤堵截以备处理。
- 慢慢加入大量水保持泄漏物湿润。

急救

- 确保医学救援人员了解该物质相关信息，并且注意个体防护。
- 将受害者移至空气新鲜处。
- 拨打"120"或其他应急医疗服务电话。
- 若呼吸停止，给予人工呼吸。
- 若呼吸困难，给吸氧。
- 脱去并隔离污染的衣物和鞋。
- 皮肤或眼睛接触本品，立即用流动清水冲洗至少 20 分钟。

处置方案编号 114　爆炸物-1.4 或 1.6 类

潜 在 危 害

燃烧、爆炸

- 处在火场中的货物能发生爆炸，碎片可飞出 500 米甚至更远。

健康危害

- 燃烧可产生刺激性、腐蚀性和/或有毒的气体。

公 众 安 全

- 首先拨打运输标签上的应急电话，若没有合适的信息，拨打国家危险化学品事故应急咨询电话 0532-83889090。
- 立即在所有方向上隔离泄漏区至少 100 米。
- 把人员转移到现场视线以外，并远离窗户。
- 疏散无关人员。
- 在上风、上坡或上游处停留。
- 进入密闭空间前先通风。

个体防护

- 佩戴正压自给式呼吸器(SCBA)。
- 一般消防防护服仅能提供有限的保护。

疏散

大量泄漏

- 考虑在所有方向上初始撤离 250 米。

火灾

- 火场内如果有储罐、槽车或罐车，四周隔离 500 米，并考虑初始撤离 500 米。

应 急 行 动

火灾

货物着火

- **当火蔓延至货物时，严禁灭火！货物可能爆炸！**
- 禁止一切通行，清理方圆至少 500 米范围内的区域，任其自行燃烧。
- **切勿开动已处于火场中的货船或车辆。**

轮胎或车辆着火

- **用大量水灭火。无水时，可用 CO_2、干粉或泥土扑救。**
- 如果可能，并且无危险，可使用无人操作的灭火喷头或可监视喷头远距离灭火。防止火灾蔓延到货物。
- 应特别注意轮胎着火，因为极易复燃。准备好备用灭火器。

泄漏处置

- 消除所有点火源(泄漏区附近禁止吸烟，消除所有明火、火花或火焰)。
- 作业时所有设备应接地。
- 禁止接触或跨越泄漏物。
- 泄漏源附近 100 米内禁止开启电雷管和无线电发送设备。
- **除非在专业人员指导下，否则禁止清理现场。**

急救

- 确保医学救援人员了解该物质相关信息，并且注意个体防护。
- 将受害者移至空气新鲜处。
- 拨打"120"或其他应急医疗服务电话。
- 若呼吸停止，给予人工呼吸。
- 若呼吸困难，给吸氧。
- 脱去并隔离污染的衣物和鞋。
- 皮肤或眼睛接触本品，立即用流动清水冲洗至少 20 分钟。

补 充 信 息

- 当标有 1.4S 标签的包装或含有 1.4S 类物质的包装处于火场时，可能剧烈燃烧，并伴随着局部爆炸和碎片抛射。
- 影响通常仅限于相邻的包装。
- 如果火灾威胁到包含标有 1.4S 标签的包装或含有 1.4S 类物质的包装的货物时，考虑周围隔离至少 15 米。从适当的距离用正常的预防措施灭火。

处置方案编号 115　气体-易燃(包括冷冻液化气体)

潜 在 危 害

燃烧、爆炸

- 极度易燃。
- 受热、遇明火或火花极易燃烧。
- 与空气能形成爆炸性混合物。
- 液化气体的蒸气最初比空气重,可沿地面扩散。

注意:氢(UN 1049)、氘(UN 1957)、冷冻液态氢(UN 1966)和甲烷(UN 1971)比空气轻,将上升扩散。因为氢和氘燃烧时发出看不见的火焰,所以很难发现着火。使用一种交替检测法(热像仪、扫帚把等)。

- 蒸气扩散后,遇火源着火回燃。
- 暴露于火中的气瓶可能通过减压装置释放易燃气体。
- 容器受热可发生爆炸。
- 破裂的钢瓶具有飞射危险。

健康危害

- 无任何预兆,蒸气可引起头晕或窒息。
- 吸入高浓度蒸气可引起刺激。
- 接触气体或液化气体可引起灼伤、严重损害和/或冻伤。
- 燃烧可产生刺激性和/或有毒的气体。

公 众 安 全

- **首先拨打运输标签上的应急电话,若没有合适的信息,拨打国家危险化学品事故应急咨询电话 0532-83889090。**
- 立即在所有方向上风向隔离泄漏区至少 100 米。
- 疏散无关人员。
- 在上风、上坡或上游处停留。
- 大多数气体比空气重,沿地面扩散,聚积于低洼处或密闭空间(如下水道、地下室、罐)。
- 切勿进入低洼处。

个体防护

- 佩戴正压自给式呼吸器(SCBA)。
- 一般消防防护服仅能提供有限的保护。
- 处理冷冻或低温液体时,应穿防寒服。

疏散

大量泄漏

- 考虑最初下风向撤离至少 800 米。

火灾

- 火场内如果有储罐、槽车或罐车,四周隔离 1600 米,并考虑初始撤离 1600 米。
- 火灾涉及液化石油气(UN 1075)、丁烷(UN 1011)、丁烯(UN 1012)、异丁烯(UN 1055)、丙烯(UN 1077)、异丁烷(UN 1969)、丙烷(UN 1978)请参考蒸汽爆炸-安全预防措施内容。

危险化学品应急处置手册（第二版）

应 急 行 动

火灾
- 若不能切断泄漏源，则不得扑灭正在燃烧的气体火灾。

注意：氢（UN 1049），氘（UN 1957）和冷冻液态氢（UN 1966）燃烧发出看不见的火焰。氢和甲烷压缩混合气（UN 2034）燃烧发出看不见的火焰。

小火
- 用干粉或 CO_2 灭火。

大火
- 用水幕或雾状水灭火。
- 在确保安全的前提下将容器移离火场。

储罐火灾
- 从远处或者使用遥控水枪、水炮灭火。
- 用大量水冷却容器，直至火扑灭。
- 切勿对泄漏口或安全阀直接喷水；可能出现冰冻。
- 若安全阀发出声响或储罐变色，立即撤离。
- 远离着火的储罐。
- 大面积火灾，使用遥控水枪、水炮灭火；否则，立即撤离，让其自行燃烧。

泄漏处置
- 消除所有点火源(泄漏区附近禁止吸烟，消除所有明火、火花或火焰)。
- 作业时所有设备应接地。
- 禁止接触或跨越泄漏物。
- 在保证安全的情况下堵漏。
- 如果可能的话，翻转泄漏的容器，使之漏出气体而不是液体。
- 喷雾状水抑制蒸气或改变蒸气云流向，避免水流接触泄漏物。
- 禁止用水直接冲击泄漏物或泄漏源。
- 防止蒸气通过下水道、通风系统和密闭空间扩散。
- 隔离泄漏区直至气体散尽。

注意：许多材料接触冷冻/低温液体变脆，很可能没有预兆就发生破裂。

急救
- 确保医学救援人员了解该物质相关信息，并且注意个体防护。
- 将受害者移至空气新鲜处。
- 拨打"120"或其他应急医疗服务电话。
- 若呼吸停止，给予人工呼吸。
- 若呼吸困难，给吸氧。
- 脱去并隔离污染的衣物和鞋。
- 衣服冻在皮肤上，在脱去之前要进行解冻。
- 如果接触液化气体，用温水浸泡冻伤部位。
- 万一烧伤，立即用冷水冷却烧伤部位。若衣服与皮肤粘连，切勿脱衣。
- 受害者注意保温，保持安静。

处置方案编号 116　气体–易燃(不稳定的)

潜 在 危 害

燃烧、爆炸

- **极度易燃**。
- 受热、遇明火或火花极易燃烧。
- 与空气能形成爆炸性混合物。
- 硅烷在空气中可自燃。
- 标有字母"P"的物质受热或处于火场时可发生爆炸性聚合。
- 液化气体的蒸气最初比空气重,可沿地面扩散。
- 蒸气扩散后,遇火源着火回燃。
- 暴露于火中的气瓶可能通过减压装置释放易燃气体。
- 容器受热可发生爆炸。
- 破裂的钢瓶具有飞射危险。

健康危害

- 无任何预兆,蒸气可引起头晕或窒息。
- 吸入高浓度蒸气可能中毒。
- 接触气体或液化气体可引起灼伤、严重损害和/或冻伤。
- 燃烧可产生刺激性和/或有毒的气体。

公 众 安 全

- 首先拨打运输标签上的应急电话,若没有合适的信息,拨打国家危险化学品事故应急咨询电话 0532-83889090。
- 立即在所有方向上隔离泄漏区至少 100 米。
- 疏散无关人员。
- 在上风、上坡或上游处停留。
- 大多数气体比空气重,沿地面扩散,聚积于低洼处或密闭空间(如下水道、地下室、罐)。
- 切勿进入低洼处。

个体防护

- 佩戴正压自给式呼吸器(SCBA)。
- 一般消防防护服仅能提供有限的保护。

疏散

大量泄漏
- 考虑最初下风向撤离至少 800 米。

火灾
- 火场内如果有储罐、槽车或罐车,四周隔离 1600 米,并考虑初始撤离 1600 米。

应 急 行 动

火灾

- 若不能切断泄漏源，则不得扑灭正在燃烧的气体火灾。

小火
- 用干粉或 CO_2 灭火。

大火
- 用水幕或雾状水灭火。
- 在确保安全的前提下将容器移离火场。

储罐火灾
- 从远处或者使用遥控水枪、水炮灭火。
- 用大量水冷却容器，直至火扑灭。
- 切勿对泄漏口或安全阀直接喷水；可能出现冰冻。
- 若安全阀发出声响或储罐变色，立即撤离。
- 远离着火的储罐。
- 大面积火灾，使用遥控水枪、水炮灭火；否则，立即撤离，让其自行燃烧。

泄漏处置

- 消除所有点火源(泄漏区附近禁止吸烟，消除所有明火、火花或火焰)。
- 作业时所有设备应接地。
- 在保证安全的情况下堵漏。
- 禁止接触或跨越泄漏物。
- 禁止用水直接冲击泄漏物或泄漏源。
- 喷雾状水抑制蒸气或改变蒸气云流向，避免水流接触泄漏物。
- 如果可能的话，翻转泄漏的容器，使之漏出气体而不是液体。
- 防止泄漏物进入水体、下水道、地下室或密闭空间。
- 隔离泄漏区直至气体散尽。

急救

- 确保医学救援人员了解该物质相关信息，并且注意个体防护。
- 将受害者移至空气新鲜处。
- 拨打"120"或其他应急医疗服务电话。
- 若呼吸停止，给予人工呼吸。
- 若呼吸困难，给吸氧。
- 脱去并隔离污染的衣物和鞋。
- 如果接触液化气体，用温水浸泡冻伤部位。
- 万一烧伤，立即用冷水冷却烧伤部位。若衣服与皮肤粘连，切勿脱衣。
- 受害者注意保温，保持安静。

处置方案编号 117　气体-有毒-易燃(极度危险的)

潜 在 危 害

健康危害

- **有毒；极度危险。**
- 吸入或经皮吸收可致死。
- 最初具有刺激或恶臭味,可降低嗅觉。
- 接触气体或液化气体可引起灼伤、严重损害和/或冻伤。
- 燃烧可产生刺激性、腐蚀性和/或有毒的气体。
- 消防排水可引起污染。

燃烧、爆炸

- 极度易燃。
- 与空气能形成爆炸性混合物。
- 受热、遇明火或火花可引起燃烧。
- 液化气体的蒸气最初比空气重,可沿地面扩散。
- 蒸气扩散后,遇火源着火回燃。
- 流出的泄漏物有燃烧或爆炸危险。
- 气瓶暴露于火中,可能通过减压装置放出易燃气体。
- 容器受热可发生爆炸。
- 破裂的钢瓶具有飞射危险。

公 众 安 全

- **首先拨打运输标签上的应急电话,若没有合适的信息,拨打国家危险化学品事故应急咨询电话0532-83889090。**
- 立即在所有方向上隔离泄漏区至少100米。
- 疏散无关人员。
- 在上风、上坡或上游处停留。
- 大多数气体比空气重,沿地面扩散,聚积于低洼处或密闭空间(如下水道、地下室、罐)。
- 切勿进入低洼处。
- 进入密闭空间前先通风。

个体防护

- 佩戴正压自给式呼吸器(SCBA)。
- 穿生产商特别推荐的化学防护服,注意该类防护服可能不防热。
- 消防防护服仅用于灭火时的防护,对泄漏防护则无效。

疏散

泄漏
- 见常见危险化学品初始隔离和防护距离一览表(表1)。

火灾
- 火场内如果有储罐、槽车或罐车,四周隔离1600米,并考虑初始撤离1600米。

应 急 行 动

火灾

- **若不能切断气源，则不得熄灭正在燃烧的气体火灾。**

小火
- 用干粉、CO_2、水幕或常规泡沫灭火。

大火
- 用水幕、雾状水或常规泡沫灭火。
- 在确保安全的前提下将容器移离火场。
- 损坏的钢瓶只能由专业人员处理。

储罐火灾
- 从远处或者使用遥控水枪、水炮灭火。
- 用大量水冷却容器，直至火扑灭。
- 切勿对泄漏口或安全阀直接喷水；可能出现冰冻。
- 若安全阀发出声响或储罐变色，立即撤离。
- 远离着火的储罐。

泄漏处置

- 消除所有点火源(泄漏区附近禁止吸烟，消除所有明火、火花或火焰)。
- 作业时所有设备应接地。
- 泄漏但未着火时应穿全封闭蒸气防护服。
- 禁止接触或跨越泄漏物。
- 在保证安全的情况下堵漏。
- 喷雾状水抑制蒸气或改变蒸气云流向，避免水流接触泄漏物。
- 禁止用水直接冲击泄漏物或泄漏源。
- 如果可能的话，翻转泄漏的容器，使之漏出气体而不是液体。
- 防止泄漏物进入水体、下水道、地下室或密闭空间。
- 隔离泄漏区直至气体散尽。
- 可考虑引燃泄漏物以减少有毒气体扩散。

急救

- 将受害者移至空气新鲜处。
- 拨打"120"或其他应急医疗服务电话。
- 若呼吸停止，给予人工呼吸。
- **如果食入或吸入本品，禁用口对口人工呼吸。如需要人工呼吸可用带单向阀的小型面罩或其他适当的医学设备。**
- 若呼吸困难，给吸氧。
- 脱去并隔离污染的衣物和鞋。
- 皮肤或眼睛接触本品，立即用流动清水冲洗至少 20 分钟。
- 如果接触液化气体，用温水浸泡冻伤部位。
- 万一烧伤，立即用冷水冷却烧伤部位。若衣服与皮肤粘连，切勿脱衣。
- 受害者注意保温，保持安静。
- 持续观察受害者。
- 吸入或接触可引起迟发反应。
- 确保医学救援人员了解该物质相关信息，并且注意个体防护。

处置方案编号 118　气体-易燃-腐蚀性的

潜 在 危 害

燃烧、爆炸

- **极度易燃**。
- 受热、遇明火或火花可引起燃烧。
- 与空气能形成爆炸性混合物。
- 液化气体的蒸气最初比空气重，可沿地面扩散。
- 蒸气扩散后，遇火源着火回燃。
- 有些物质与水剧烈反应。
- 气瓶暴露于火中，可能通过减压装置放出易燃气体。
- 容器受热可发生爆炸。
- 破裂的钢瓶具有飞射危险。

健康危害

- 吸入可引起中毒。
- 蒸气具有强烈刺激性。
- 接触气体或液化气体可引起灼伤、严重损害和/或冻伤。
- 燃烧可产生刺激性、腐蚀性和/或有毒的气体。
- 消防排水可引起污染。

公 众 安 全

- **首先拨打运输标签上的应急电话，若没有合适的信息，拨打国家危险化学品事故应急咨询电话 0532-83889090。**
- 立即在所有方向上隔离泄漏区至少 100 米。
- 疏散无关人员。
- 在上风、上坡或上游处停留。
- 大多数气体比空气重，沿地面扩散，聚积于低洼处或密闭空间（如下水道、地下室、罐）。
- 切勿进入低洼处。
- 进入密闭空间前先通风。

个体防护

- 佩戴正压自给式呼吸器（SCBA）。
- 穿生产商特别推荐的化学防护服，注意该类防护服可能不防热。
- 消防防护服仅用于灭火时的防护，对泄漏防护则无效。

疏散

大量泄漏
- 考虑下风向最初撤离至少 800 米。

火灾
- 火场内如果有储罐、槽车或罐车，四周隔离 1600 米，并考虑初始撤离 1600 米。

应 急 行 动

火灾

- **若不能切断气源，则不得熄灭正在燃烧的气体火灾。**

小火

- 用干粉、CO_2灭火。

大火

- 用水幕、雾状水或常规泡沫灭火。
- 在确保安全的前提下将容器移离火场。
- 损坏的钢瓶只能由专业人员处理。

储罐火灾

- 从远处或者使用遥控水枪、水炮灭火。
- 用大量水冷却容器，直至火扑灭。
- 切勿对泄漏口或安全阀直接喷水；可能出现冰冻。
- 若安全阀发出声响或储罐变色，立即撤离。
- 远离着火的储罐。

泄漏处置

- 消除所有点火源(泄漏区附近禁止吸烟，消除所有明火、火花或火焰)。
- 作业时所有设备应接地。
- 泄漏、未着火时应穿全封闭蒸气防护服。
- 禁止接触或跨越泄漏物。
- 在保证安全的情况下堵漏。
- 如果可能的话，翻转泄漏的容器，使之漏出气体而不是液体。
- 喷雾状水抑制蒸气或改变蒸气云流向，避免水流接触泄漏物。
- 禁止用水直接冲击泄漏物或泄漏源。
- 隔离泄漏区直至气体散尽。

急救

- 确保医学救援人员了解该物质相关信息，并且注意个体防护。
- 将受害者移至空气新鲜处。
- 拨打"120"或其他应急医疗服务电话。
- 若呼吸停止，给予人工呼吸。
- **如果食入或吸入本品，禁用口对口人工呼吸。如需要人工呼吸可用带单向阀的小型面罩或其他适当的医学设备。**
- 若呼吸困难，给吸氧。
- 脱去并隔离污染的衣物和鞋。
- 如果接触液化气体，用温水浸泡冻伤部位。
- 万一烧伤，立即用冷水冷却烧伤部位。若衣服与皮肤粘连，切勿脱衣。
- 受害者注意保温，保持安静。
- 持续观察受害者。
- 吸入或接触可引起迟发反应。

处置方案编号 119 气体–有毒–易燃

潜 在 危 害

健康危害

- **有毒。吸入或经皮吸收可致死。**
- 接触气体或液化气体可引起灼伤、严重损害和/或冻伤。
- 燃烧可产生刺激性、腐蚀性和/或有毒的气体。
- 消防排水可引起污染。

燃烧、爆炸

- 易燃，受热、遇明火或火花可引起燃烧。
- 与空气能形成爆炸性混合物。
- 标有字母"P"的物质受热或处于火场时可发生爆炸性聚合。
- 液化气体的蒸气最初比空气重，可沿地面扩散。
- 蒸气扩散后，遇火源着火回燃。
- 有些物质与水剧烈反应。
- 气瓶暴露于火中，可能通过减压装置放出易燃气体。
- 容器受热可发生爆炸。
- 破裂的钢瓶具有飞射危险。
- 流出的泄漏物有燃烧或爆炸危险。

公 众 安 全

- **首先拨打运输标签上的应急电话，若没有合适的信息，拨打国家危险化学品事故应急咨询电话 0532–83889090。**
- 立即在所有方向上隔离泄漏区至少 100 米。
- 疏散无关人员。
- 在上风、上坡或上游处停留。
- 大多数气体比空气重，沿地面扩散，聚积于低洼处或密闭空间(如下水道、地下室、罐)。
- 切勿进入低洼处。
- 进入密闭空间前先通风。

个体防护

- 佩戴正压自给式呼吸器(SCBA)。
- 穿生产商特别推荐的化学防护服，注意该类防护服可能不防热。
- 消防防护服仅用于灭火时的防护，对泄漏防护则无效。

疏散

泄漏
- 铺灰色底纹物质(指在物质名称索引和 UN 号索引中铺灰色底纹的物质)参见常见危险化学品初始隔离和防护距离一览表(表1)。未铺灰色底纹物质(指在物质名称索引和 UN 号索引中未铺灰色底纹的物质)在"公众安全"项指示的隔离距离的基础上加大下风向的隔离距离。
火灾
- 火场内如果有储罐、槽车或罐车，四周隔离 1600 米，并考虑初始撤离 1600 米。

应 急 行 动

火灾

- **若不能切断气源，则不得熄灭正在燃烧的气体火灾。**

小火

- 用干粉、CO_2、水幕或抗醇泡沫灭火。

大火

- 用水幕、雾状水或抗醇泡沫灭火。
- **对氯硅烷类，禁止用水扑救，使用 AFFF 抗醇泡沫灭火。**
- 在确保安全的前提下将容器移离火场。
- 损坏的钢瓶只能由专业人员处理。

储罐火灾

- 从远处或者使用遥控水枪、水炮灭火。
- 用大量水冷却容器，直至火扑灭。
- 切勿对泄漏口或安全阀直接喷水；可能出现冰冻。
- 若安全阀发出声响或储罐变色，立即撤离。
- 远离着火的储罐。

泄漏处置

- 消除所有点火源(泄漏区附近禁止吸烟，消除所有明火、火花或火焰)。
- 作业时所有设备应接地。
- 泄漏但未着火时应穿全封闭蒸气防护服。
- 禁止接触或跨越泄漏物。
- 在保证安全的情况下堵漏。
- 禁止用水直接冲击泄漏物或泄漏源。
- 喷雾状水抑制蒸气或改变蒸气云流向，避免水流接触泄漏物。
- **对氯硅烷类，使用 AFFF 抗醇泡沫抑制蒸气产生。**
- 如果可能的话，翻转泄漏的容器，使之漏出气体而不是液体。
- 防止泄漏物进入水体、下水道、地下室或密闭空间。
- 隔离泄漏区直至气体散尽。

急救

- 确保医学救援人员了解该物质相关信息，并且注意个体防护。
- 将受害者移至空气新鲜处。
- 拨打"120"或其他应急医疗服务电话。
- 若呼吸停止，给予人工呼吸。
- **如果食入或吸入本品，禁用口对口人工呼吸。如需要人工呼吸可用带单向阀的小型面罩或其他适当的医学设备。**
- 若呼吸困难，给吸氧。
- 脱去并隔离污染的衣物和鞋。
- 皮肤或眼睛接触本品，立即用流动清水冲洗至少 20 分钟。
- 如果接触液化气体，用温水浸泡冻伤部位。
- 万一烧伤，立即用冷水冷却烧伤部位。若衣服与皮肤粘连，切勿脱衣。
- 受害者注意保温，保持安静。
- 持续观察受害者。
- 吸入或接触可引起迟发反应。

处置方案编号 120　气体–惰性的(包括冷冻液化气体)

潜 在 危 害

健康危害

- 没有任何预兆，蒸气可引起头晕或窒息。
- 液化气体的蒸气最初比空气重，可沿地面扩散。
- 接触气体或液化气体可引起灼伤、严重损害和/或冻伤。

燃烧、爆炸

- **不燃气体。**
- 容器受热可发生爆炸。
- 破裂的钢瓶具有飞射危险。

公 众 安 全

- **首先拨打运输标签上的应急电话，若没有合适的信息，拨打国家危险化学品事故应急咨询电话 0532–83889090。**
- 立即在所有方向上隔离泄漏区至少 100 米。
- 疏散无关人员。
- 在上风、上坡或上游处停留。
- 大多数气体比空气重，沿地面扩散，聚积于低洼处或密闭空间(如下水道、地下室、罐)。
- 切勿进入低洼处。
- 进入密闭空间前先通风。

个体防护

- 佩戴正压自给式呼吸器(SCBA)。
- 一般消防防护服仅能提供有限的保护。
- 处理冷冻或低温液体或固体时，应穿防寒服。

疏散

大量泄漏
- 考虑最初下风向撤离至少 100 米。

火灾
- 火场内如有储罐、槽车或罐车，四周隔离 800 米，考虑初始撤离 800 米。

应 急 行 动

火灾

- 使用适合周围火灾的灭火剂。
- 在确保安全的前提下将容器移离火场。
- 损坏的钢瓶只能由专业人员处理。

储罐火灾

- 从远处或者使用遥控水枪、水炮灭火。
- 用大量水冷却容器，直至火扑灭。
- 切勿对泄漏口或安全阀直接喷水；可能出现冰冻。
- 若安全阀发出声响或储罐变色，立即撤离。
- 远离着火的储罐。

泄漏处置

- 禁止接触或跨越泄漏物。
- 在保证安全的情况下堵漏。
- 喷雾状水抑制蒸气或改变蒸气云流向，避免水流接触泄漏物。
- 禁止用水直接冲击泄漏物或泄漏源。
- 如果可能的话，翻转泄漏的容器，使之漏出气体而不是液体。
- 防止泄漏物进入水体、下水道、地下室或密闭空间。
- 允许泄漏物蒸发。
- 泄漏场所保持通风。

注意：许多材料接触冷冻/低温液体变脆，很可能没有预兆就发生破裂。

急救

- 确保医学救援人员了解该物质相关信息，并且注意个体防护。
- 将受害者移至空气新鲜处。
- 拨打"120"或其他应急医疗服务电话。
- 若呼吸停止，给予人工呼吸。
- 若呼吸困难，给吸氧。
- 衣服冻在皮肤上，在脱去之前要进行解冻。
- 如果接触液化气体，用温水浸泡冻伤部位。
- 受害者注意保温，保持安静。

处置方案编号 121　气体-惰性的

潜 在 危 害

健康危害

- 没有任何预兆，蒸气可引起头晕或窒息。
- 液化气体的蒸气最初比空气重，可沿地面扩散。

燃烧、爆炸

- **不燃气体。**
- 容器受热可发生爆炸。
- 破裂的钢瓶具有飞射危险。

公 众 安 全

- 首先拨打运输标签上的应急电话，若没有合适的信息，拨打国家危险化学品事故应急咨询电话 0532-83889090。
- 立即在所有方向上隔离泄漏区至少 100 米。
- 疏散无关人员。
- 在上风、上坡或上游处停留。
- 大多数气体比空气重，沿地面扩散，聚积于低洼处或密闭空间(如下水道、地下室、罐)。
- 切勿进入低洼处。
- 进入密闭空间前先通风。

个体防护

- 佩戴正压自给式呼吸器(SCBA)。
- 一般消防防护服仅能提供有限的保护。

疏散

大量泄漏

- 考虑最初下风向撤离至少 100 米。

火灾

- 火场内如有储罐、槽车或罐车，四周隔离 800 米，考虑初始撤离 800 米。

应 急 行 动

火灾

- 使用适合周围火灾的灭火剂。
- 在确保安全的前提下将容器移离火场。
- 损坏的钢瓶只能由专业人员处理。

储罐火灾

- 从远处或者使用遥控水枪、水炮灭火。
- 用大量水冷却容器，直至火扑灭。
- 切勿对泄漏口或安全阀直接喷水；可能出现冰冻。
- 若安全阀发出声响或储罐变色，立即撤离。
- 远离着火的储罐。

泄漏处置

- 禁止接触或跨越泄漏物。
- 在保证安全的情况下堵漏。
- 喷雾状水抑制蒸气或改变蒸气云流向，避免水流接触泄漏物。
- 禁止用水直接冲击泄漏物或泄漏源。
- 如果可能的话，翻转泄漏的容器，使之漏出气体而不是液体。
- 防止泄漏物进入水体、下水道、地下室或密闭空间。
- 允许泄漏物蒸发。
- 泄漏场所保持通风。

急救

- 确保医学救援人员了解该物质相关信息，并且注意个体防护。
- 将受害者移至空气新鲜处。
- 拨打"120"或其他应急医疗服务电话。
- 若呼吸停止，给予人工呼吸。
- 若呼吸困难，给吸氧。
- 受害者注意保温，保持安静。

处置方案编号 122　气体-氧化性的(包括冷冻液化气体)

潜 在 危 害

燃烧、爆炸

- 不燃但可助燃。
- 有些物质与燃料可发生爆炸性反应。
- 遇可燃物(如木材、纸、油、衣物等)可引起燃烧。
- 液化气体的蒸气最初比空气重,可沿地面扩散。
- 流出的泄漏物有燃烧或爆炸危险。
- 容器受热可发生爆炸。
- 破裂的钢瓶具有飞射危险。

健康危害

- 没有任何预兆,蒸气可引起头晕或窒息。
- 接触气体或液化气体可引起灼伤、严重损害和/或冻伤。
- 燃烧可产生刺激性和/或有毒的气体。

公 众 安 全

- 首先拨打运输标签上的应急电话,若没有合适的信息,拨打国家危险化学品事故应急咨询电话 **0532-83889090**。
- 立即在所有方向上隔离泄漏区至少 100 米。
- 疏散无关人员。
- 在上风、上坡或上游处停留。
- 大多数气体比空气重,沿地面扩散,聚积于低洼处或密闭空间(如下水道、地下室、罐)。
- 切勿进入低洼处。
- 进入密闭空间前先通风。

个体防护

- 佩戴正压自给式呼吸器(SCBA)。
- 穿生产商特别推荐的化学防护服,注意该类防护服可能不防热。
- 消防防护服仅用于灭火时的防护,对泄漏防护则无效。
- 处理冷冻或低温液体时,应穿防寒服。

疏散

大量泄漏
- 考虑最初下风向撤离至少 500 米。

火灾
- 火场内如有储罐、槽车或罐车,四周隔离 800 米,考虑初始撤离 800 米。

应 急 行 动

火灾

- 使用适合周围火灾的灭火剂。

小火
- 用干粉或 CO_2 灭火。

大火
- 用水幕、雾状水或常规泡沫灭火。
- 在确保安全的前提下将容器移离火场。
- 损坏的钢瓶只能由专业人员处理。

储罐火灾
- 从远处或者使用遥控水枪、水炮灭火。
- 用大量水冷却容器，直至火扑灭。
- 切勿对泄漏口或安全阀直接喷水；可能出现冰冻。
- 若安全阀发出声响或储罐变色，立即撤离。
- 远离着火的储罐。
- 大面积火灾，使用遥控水枪、水炮灭火；否则，立即撤离，让其自行燃烧。

泄漏处置

- 远离可燃物（如木材、纸张、油品等）。
- 禁止接触或跨越泄漏物。
- 在保证安全的情况下堵漏。
- 如果可能的话，翻转泄漏的容器，使之漏出气体而不是液体。
- 禁止用水直接冲击泄漏物或泄漏源。
- 喷雾状水抑制蒸气或改变蒸气云流向，避免水流接触泄漏物。
- 防止泄漏物进入水体、下水道、地下室或密闭空间。
- 允许泄漏物蒸发。
- 隔离泄漏区直至气体散尽。

注意：许多材料接触冷冻/低温液体变脆，很可能没有预兆就发生破裂。

急救

- 确保医学救援人员了解该物质相关信息，并且注意个体防护。
- 将受害者移至空气新鲜处。
- 拨打"120"或其他应急医疗服务电话。
- 若呼吸停止，给予人工呼吸。
- 若呼吸困难，给吸氧。
- 脱去并隔离污染的衣物和鞋。
- 衣服冻在皮肤上，在脱去之前要进行解冻。
- 如果接触液化气体，用温水浸泡冻伤部位。
- 受害者注意保温，保持安静。

处置方案编号 123　气体–有毒和/或腐蚀性的

潜 在 危 害

健康危害

- **有毒。吸入或经皮吸收可致死。**
- 蒸气具有刺激性。
- 接触气体或液化气体可引起灼伤、严重损害和/或冻伤。
- 燃烧可产生刺激性、腐蚀性和/或有毒的气体。
- 消防排水可引起污染。

燃烧、爆炸

- 有些物质可燃，但难以引燃。
- 液化气体的蒸气最初比空气重，可沿地面扩散。
- 气瓶暴露于火中，可能通过减压装置放出易燃气体。
- 容器受热可发生爆炸。
- 破裂的钢瓶具有飞射危险。

公 众 安 全

- 首先拨打运输标签上的应急电话，若没有合适的信息，拨打国家危险化学品事故应急咨询电话 0532–83889090。
- 立即在所有方向上隔离泄漏区至少 100 米。
- 疏散无关人员。
- 在上风、上坡或上游处停留。
- 大多数气体比空气重，沿地面扩散，聚积于低洼处或密闭空间（如下水道、地下室、罐）。
- 切勿进入低洼处。
- 进入密闭空间前先通风。

个体防护

- 佩戴正压自给式呼吸器（SCBA）。
- 穿生产商特别推荐的化学防护服，注意该类防护服可能不防热。
- 消防防护服仅用于灭火时的防护，对泄漏防护则无效。

疏散

泄漏
- 铺灰色底纹的物质参见常见危险化学品初始隔离和防护距离一览表（表1）。未铺灰色底纹的物质在"公众安全"项指示的隔离距离的基础上加大下风向的隔离距离。
火灾
- 火场内如有储罐、槽车或罐车，四周隔离 800 米，考虑初始撤离 800 米。

应 急 行 动

火灾

小火
- 用干粉或 CO_2 灭火。

大火
- 用水幕、雾状水或常规泡沫灭火。
- 容器内禁止注水。
- 在确保安全的前提下将容器移离火场。
- 损坏的钢瓶只能由专业人员处理。

储罐火灾
- 从远处或者使用遥控水枪、水炮灭火。
- 用大量水冷却容器，直至火扑灭。
- 切勿对泄漏口或安全阀直接喷水；可能出现冰冻。
- 若安全阀发出声响或储罐变色，立即撤离。
- 远离着火的储罐。

泄漏处置

- 泄漏但未着火时应穿全封闭蒸气防护服。
- 禁止接触或跨越泄漏物。
- 在保证安全的情况下堵漏。
- 如果可能的话，翻转泄漏的容器，使之漏出气体而不是液体。
- 防止泄漏物进入水体、下水道、地下室或密闭空间。
- 喷雾状水抑制蒸气或改变蒸气云流向，避免水流接触泄漏物。
- 禁止用水直接冲击泄漏物或泄漏源。
- 隔离泄漏区直至气体散尽。

急救

- 确保医学救援人员了解该物质相关信息，并且注意个体防护。
- 将受害者移至空气新鲜处。
- 拨打"120"或其他应急医疗服务电话。
- 若呼吸停止，给予人工呼吸。
- **如果食入或吸入本品，禁用口对口人工呼吸。如需要人工呼吸可用带单向阀的小型面罩或其他适当的医学设备。**
- 若呼吸困难，给吸氧。
- 脱去并隔离污染的衣物和鞋。
- 如果接触液化气体，用温水浸泡冻伤部位。
- 皮肤或眼睛接触本品，立即用流动清水冲洗至少 20 分钟。
- 受害者注意保温，保持安静。
- 持续观察受害者。
- 吸入或接触可引起迟发反应。

处置方案编号 124　气体–有毒和/或腐蚀–氧化性的

潜 在 危 害

健康危害

- **有毒。吸入或经皮吸收可致死。**
- 燃烧可产生刺激性、腐蚀性和/或有毒的气体。
- 接触气体或液化气体可引起灼伤、严重损害和/或冻伤。
- 消防排水可引起污染。

燃烧、爆炸

- 不燃但可助燃。
- 液化气体的蒸气最初比空气重，可沿地面扩散。
- 强氧化剂，可与包括燃料在内的许多材料发生剧烈反应或爆炸性反应。
- 遇可燃物(如木材、纸、油、衣物等)可引起燃烧。
- 有些物质与空气、潮湿空气或水发生剧烈反应。
- 气瓶暴露于火中，可能通过减压装置放出易燃气体。
- 容器受热可发生爆炸。
- 破裂的钢瓶具有飞射危险。

公 众 安 全

- 首先拨打运输标签上的应急电话，若没有合适的信息，拨打国家危险化学品事故应急咨询电话 0532–83889090。
- 立即在所有方向上隔离泄漏区至少 100 米。
- 疏散无关人员。
- 在上风、上坡或上游处停留。
- 大多数气体比空气重，沿地面扩散，聚积于低洼处或密闭空间(如下水道、地下室、罐)。
- 切勿进入低洼处。
- 进入密闭空间前先通风。

个体防护

- 佩戴正压自给式呼吸器(SCBA)。
- 穿生产商特别推荐的化学防护服，注意该类防护服可能不防热。
- 消防防护服仅用于灭火时的防护，对泄漏防护则无效。

疏散

泄漏
- 参见常见危险化学品初始隔离和防护距离一览表(表 1)给出的隔离距离。

火灾
- 火场内如有储罐、槽车或罐车，四周隔离 800 米，考虑初始撤离 800 米。

应 急 行 动

火灾

注意：这些物质不燃但助燃。有些与水剧烈反应。

小火

- 控制燃烧并让其烧尽。如果必须灭火，推荐使用水幕或雾状水。
- **只能用水灭火，不得用干粉、CO_2或哈龙等灭火剂。**
- 容器内禁止注水。
- 在确保安全的前提下将容器移离火场。
- 损坏的钢瓶只能由专业人员处理。

储罐火灾

- 从远处或者使用遥控水枪、水炮灭火。
- 用大量水冷却容器，直至火扑灭。
- 切勿对泄漏口或安全阀直接喷水；可能出现冰冻。
- 若安全阀发出声响或储罐变色，立即撤离。
- 远离着火的储罐。
- 大面积火灾，使用遥控水枪、水炮灭火；否则，立即撤离，让其自行燃烧。

泄漏处置

- 泄漏但未着火时应穿全封闭蒸气防护服。
- 禁止接触或跨越泄漏物。
- 远离可燃物（如木材、纸张、油品等）。
- 在保证安全的情况下堵漏。
- 喷雾状水抑制蒸气或改变蒸气云流向，避免水流接触泄漏物。
- 禁止用水直接冲击泄漏物或泄漏源。
- 如果可能的话，翻转泄漏的容器，使之漏出气体而不是液体。
- 防止泄漏物进入水体、下水道、地下室或密闭空间。
- 隔离泄漏区直至气体散尽。
- 泄漏场所保持通风。

急救

- 确保医学救援人员了解该物质相关信息，并且注意个体防护。
- 将受害者移至空气新鲜处。
- 拨打"120"或其他应急医疗服务电话。
- 若呼吸停止，给予人工呼吸。
- **如果食入或吸入本品，禁用口对口人工呼吸。如需要人工呼吸可用带单向阀的小型面罩或其他适当的医学设备。**
- 若呼吸困难，给吸氧。
- 衣服冻在皮肤上，在脱去之前要进行解冻。
- 脱去并隔离污染的衣物和鞋。
- 皮肤或眼睛接触本品，立即用流动清水冲洗至少20分钟。
- 受害者注意保温，保持安静。
- 持续观察受害者。
- 吸入或接触可引起迟发反应。

处置方案编号 125　气体–腐蚀性的

潜 在 危 害

健康危害

- **有毒。吸入、食入或经皮吸收可致死。**
- 蒸气具有强刺激性和腐蚀性。
- 接触气体或液化气体可引起灼伤、严重损害和/或冻伤。
- 燃烧可产生刺激性、腐蚀性和/或有毒的气体。
- 消防排水可引起污染。

燃烧、爆炸

- 有些物质可燃，但难以引燃。
- 液化气体的蒸气最初比空气重，可沿地面扩散。
- 有些物质与水剧烈反应。
- 气瓶暴露于火中，可能通过减压装置放出易燃气体。
- 容器受热可发生爆炸。
- 破裂的钢瓶具有飞射危险。

公 众 安 全

- 首先拨打运输标签上的应急电话，若没有合适的信息，拨打国家危险化学品事故应急咨询电话 0532-83889090。
- 立即在所有方向上隔离泄漏区至少 100 米。
- 疏散无关人员。
- 在上风、上坡或上游处停留。
- 大多数气体比空气重，沿地面扩散，聚积于低洼处或密闭空间(如下水道、地下室、罐)。
- 切勿进入低洼处。
- 进入密闭空间前先通风。

个体防护

- 佩戴正压自给式呼吸器(SCBA)。
- 穿生产商特别推荐的化学防护服，注意该类防护服可能不防热。
- 消防防护服仅用于灭火时的防护，对泄漏防护则无效。

疏散

泄漏
- 铺灰色底纹的物质参见常见危险化学品初始隔离和防护距离一览表(表 1)。未铺灰色底纹的物质在"公众安全"项指示的隔离距离的基础上加上下风向的隔离距离。
火灾
- 火场内如果有储罐、槽车或罐车，四周隔离 1600 米，并考虑初始撤离 1600 米。

应 急 行 动

火灾

小火
- 用干粉或 CO_2 灭火。

大火
- 用水幕、雾状水或常规泡沫灭火。
- 在确保安全的前提下将容器移离火场。
- 容器内禁止注水。
- 损坏的钢瓶只能由专业人员处理。

储罐火灾
- 从远处或者使用遥控水枪、水炮灭火。
- 用大量水冷却容器，直至火扑灭。
- 切勿对泄漏口或安全阀直接喷水；可能出现冰冻。
- 若安全阀发出声响或储罐变色，立即撤离。
- 远离着火的储罐。

泄漏处置

- 泄漏但未着火时应穿全封闭蒸气防护服。
- 禁止接触或跨越泄漏物。
- 在保证安全的情况下堵漏。
- 如果可能的话，翻转泄漏的容器，使之漏出气体而不是液体。
- 防止泄漏物进入水体、下水道、地下室或密闭空间。
- 禁止用水直接冲击泄漏物或泄漏源。
- 喷雾状水抑制蒸气或改变蒸气云流向，避免水流接触泄漏物。
- 隔离泄漏区直至气体散尽。

急救

- 确保医学救援人员了解该物质相关信息，并且注意个体防护。
- 将受害者移至空气新鲜处。
- 拨打"120"或其他应急医疗服务电话。
- 若呼吸停止，给予人工呼吸。
- **如果食入或吸入本品，禁用口对口人工呼吸。如需要人工呼吸可用带单向阀的小型面罩或其他适当的医学设备。**
- 若呼吸困难，给吸氧。
- 脱去并隔离污染的衣物和鞋。
- 如果接触液化气体，用温水浸泡冻伤部位。
- 皮肤或眼睛接触本品，立即用流动清水冲洗至少 20 分钟。
- **如果接触无水氟化氢（UN 1052），先用清水冲洗皮肤和眼睛 5 分钟；**然后，用钙/果冻剂涂抹在皮肤接触部位；用清水或钙溶液清洗眼睛 15 分钟。
- 受害者注意保温，保持安静。
- 持续观察受害者。
- 吸入或接触可引起迟发反应。

处置方案编号 126　气体-压缩或液化的(包括冷冻液化气体)

潜在危害

燃烧、爆炸

- 有些物质可燃，但难以引燃。
- 容器受热可发生爆炸。
- 破裂的钢瓶具有飞射危险。

健康危害

- 没有任何预兆，蒸气可引起头晕或窒息。
- 液化气体的蒸气最初比空气重，可沿地面扩散。
- 接触气体或液化气体可引起灼伤、严重损害和/或冻伤。
- 燃烧可产生刺激性、腐蚀性和/或有毒的气体。

公众安全

- 首先拨打运输标签上的应急电话，若没有合适的信息，拨打国家危险化学品事故应急咨询电话 0532-83889090。
- 立即在所有方向上隔离泄漏区至少 100 米。
- 疏散无关人员。
- 在上风、上坡或上游处停留。
- 大多数气体比空气重，沿地面扩散，聚积于低洼处或密闭空间(如下水道、地下室、罐)。
- 切勿进入低洼处。
- 进入密闭空间前先通风。

个体防护

- 佩戴正压自给式呼吸器(SCBA)。
- 穿生产商特别推荐的化学防护服，注意该类防护服可能不防热。
- 一般消防防护服仅能提供有限的保护。

疏散

大量泄漏

- 考虑最初下风向撤离至少 500 米。

火灾

- 火场内如有储罐、槽车或罐车，四周隔离 800 米，考虑初始撤离 800 米。

应 急 行 动

火灾

- 使用适合周围火灾的灭火剂。

小火

- 用干粉或 CO_2 灭火。

大火

- 用水幕、雾状水或常规泡沫灭火。
- 在确保安全的前提下将容器移离火场。
- 损坏的钢瓶只能由专业人员处理。

储罐火灾

- 从远处或者使用遥控水枪、水炮灭火。
- 用大量水冷却容器，直至火扑灭。
- 切勿对泄漏口或安全阀直接喷水；可能出现冰冻。
- 若安全阀发出声响或储罐变色，立即撤离。
- 远离着火的储罐。
- 如果溢出，可能挥发出易燃物。

泄漏处置

- 禁止接触或跨越泄漏物。
- 在保证安全的情况下堵漏。
- 禁止用水直接冲击泄漏物或泄漏源。
- 喷雾状水抑制蒸气或改变蒸气云流向，避免水流接触泄漏物。
- 如果可能的话，翻转泄漏的容器，使之漏出气体而不是液体。
- 防止泄漏物进入水体、下水道、地下室或密闭空间。
- 允许泄漏物蒸发。
- 泄漏场所保持通风。

急救

- 确保医学救援人员了解该物质相关信息，并且注意个体防护。
- 将受害者移至空气新鲜处。
- 拨打"120"或其他应急医疗服务电话。
- 若呼吸停止，给予人工呼吸。
- 若呼吸困难，给吸氧。
- 脱去并隔离污染的衣物和鞋。
- 如果接触液化气体，用温水浸泡冻伤部位。
- 受害者注意保温，保持安静。

处置方案编号 127　易燃液体(与水互溶的)

潜 在 危 害

燃烧、爆炸

- **高度易燃：受热、遇明火或火花极易燃烧。**
- 蒸气可与空气形成爆炸性混合物。
- 蒸气扩散后，遇火源着火回燃。
- 大多数蒸气比空气重，沿地面扩散并易积存于低洼处或密闭空间(如下水道、地下室、罐)。
- 户外、室内、下水道内有蒸气爆炸危险。
- 标有字母"P"的物质受热或处于火场时可发生爆炸性聚合。
- 流入下水道有引起燃烧和爆炸的危险。
- 容器受热可发生爆炸。
- 大多数液体比水轻。

健康危害

- 吸入或皮肤和眼睛接触可引起刺激或灼伤。
- 燃烧可产生刺激性、腐蚀性和/或有毒的气体。
- 蒸气可引起头晕或窒息。
- 消防排水可引起污染。

公 众 安 全

- **首先拨打运输标签上的应急电话，若没有合适的信息，拨打国家危险化学品事故应急咨询电话 0532-83889090。**
- 立即隔离泄漏区至少 50 米。
- 疏散无关人员。
- 在上风、上坡或上游处停留。
- 切勿进入低洼处。
- 进入密闭空间前先通风。

个体防护

- 佩戴正压自给式呼吸器(SCBA)。
- 一般消防防护服仅能提供有限的保护。

疏散

大量泄漏
- 考虑最初下风向撤离至少 300 米。

火灾
- 火场内如有储罐、槽车或罐车，四周隔离 800 米，考虑初始撤离 800 米。

应 急 行 动

火灾

注意： 闪点很低，用水灭火无效。
注意： 对于涉及到如下的化学品（UN 1170，UN 1987，UN 3475），应使用抗溶性泡沫灭火剂。
小火
- 用干粉、CO_2、水幕或抗醇泡沫灭火。

大火
- 用水幕、雾状水或抗醇泡沫灭火。不得使用直流水扑救。
- 在确保安全的前提下将容器移离火场。

储罐、公路/铁路槽车火灾
- 从远处或者使用遥控水枪、水炮灭火。
- 用大量水冷却容器，直至火扑灭。
- 若安全阀发出声响或储罐变色，立即撤离。
- 远离着火的储罐。
- 大面积火灾，使用遥控水枪、水炮灭火；否则，立即撤离，让其自行燃烧。

泄漏处置

- 消除所有点火源（泄漏区附近禁止吸烟、消除所有明火、火花或火焰）。
- 作业时所有设备应接地。
- 禁止接触或跨越泄漏物。
- 在保证安全的情况下堵漏。
- 防止泄漏物进入水体、下水道、地下室或密闭空间。
- 用泡沫覆盖抑制蒸气产生。
- 用干土、砂或其他不燃性材料吸收或覆盖并收集于容器中。
- 用洁净非火花工具收集吸收材料。

大量泄漏
- 在液体泄漏物前方筑堤堵截以备处理。
- 雾状水能抑制蒸气的产生，但在密闭空间中的蒸气仍能被引燃。

急救

- 确保医学救援人员了解该物质相关信息，并且注意个体防护。
- 将受害者移至空气新鲜处。
- 拨打"120"或其他应急医疗服务电话。
- 若呼吸停止，给予人工呼吸。
- 若呼吸困难，给吸氧。
- 脱去并隔离污染的衣物和鞋。
- 皮肤或眼睛接触本品，立即用流动清水冲洗至少 20 分钟。
- 用肥皂和水清洗皮肤。
- 万一烧伤，立即用冷水冷却烧伤部位。若衣服与皮肤粘连，切勿脱衣。
- 受害者注意保温，保持安静。

处置方案编号 128　易燃液体(与水不混溶的)

潜 在 危 害

燃烧、爆炸

- **高度易燃，受热、遇明火或火花极易燃烧。**
- 蒸气与空气可形成爆炸性混合物。
- 蒸气扩散后，遇火源着火回燃。
- 大多数蒸气比空气重，沿地面扩散并易积存于低洼处或密闭空间(如下水道、地下室、罐)。
- 户外、室内、下水道内有蒸气爆炸危险。
- 标有字母"P"的物质受热或处于火场时可发生爆炸性聚合。
- 流入下水道有引起燃烧和爆炸的危险。
- 容器受热可发生爆炸。
- 大多数液体比水轻。
- 物质可能传热。
- 对于 UN 3166，如果存在锂离子电池，查阅处置方案编号 147。
- **如果涉及熔融铝，参见处置方案编号 169。**

健康危害

- 吸入或皮肤和眼睛接触可引起刺激或灼伤。
- 燃烧可产生刺激性、腐蚀性和/或有毒的气体。
- 蒸气可引起头晕或窒息。
- 消防排水或稀释水可引起污染。

公 众 安 全

- 首先拨打运输标签上的应急电话，若没有合适的信息，拨打国家危险化学品事故应急咨询电话 0532-83889090。
- 立即隔离泄漏区至少 50 米。
- 疏散无关人员。
- 在上风、上坡或上游处停留。
- 切勿进入低洼处。
- 进入密闭空间前先通风。

个体防护

- 佩戴正压自给式呼吸器(SCBA)。
- 一般消防防护服仅能提供有限的保护。

疏散

大量泄漏
- 考虑最初下风向撤离至少 300 米。

火灾
- 火场内如有储罐、槽车或罐车，四周隔离 800 米，考虑初始撤离 800 米。

应 急 行 动

火灾

注意：闪点很低，用水灭火无效。
当涉及醇类或极性物质，抗醇泡沫更有效。
小火
- 用干粉、CO_2、水幕或常规泡沫灭火。

大火
- 用水幕、雾状水或常规泡沫灭火。不得使用直流水扑救。
- 在确保安全的前提下将容器移离火场。

储罐、公路/铁路槽车火灾
- 从远处或者使用遥控水枪、水炮灭火。
- 用大量水冷却容器，直至火扑灭。
- 若安全阀发出声响或储罐变色，立即撤离。
- 远离着火的储罐。
- 大面积火灾，使用遥控水枪、水炮灭火；否则，立即撤离，让其自行燃烧。

泄漏处置

- 消除所有点火源(泄漏区附近禁止吸烟、消除所有明火、火花或火焰)。
- 作业时所有设备应接地。
- 禁止接触或跨越泄漏物。
- 在保证安全的情况下堵漏。
- 防止泄漏物进入水体、下水道、地下室或密闭空间。
- 用泡沫覆盖抑制蒸气产生。
- 用干土、砂或其他不燃性材料吸收或覆盖并收集于容器中。
- 用洁净非火花工具收集吸收材料。

大量泄漏
- 在液体泄漏物前方筑堤堵截以备处理。
- 雾状水能抑制蒸气的产生，但在密闭空间中的蒸气仍能被引燃。

急救

- 确保医学救援人员了解该物质相关信息，并且注意个体防护。
- 将受害者移至空气新鲜处。
- 拨打"120"或其他应急医疗服务电话。
- 若呼吸停止，给予人工呼吸。
- 若呼吸困难，给吸氧。
- 脱去并隔离污染的衣物和鞋。
- 皮肤或眼睛接触本品，立即用流动清水冲洗至少 20 分钟。
- 用肥皂和水清洗皮肤。
- 万一烧伤，立即用冷水冷却烧伤部位。若衣服与皮肤粘连，切勿脱衣。
- 受害者注意保温，保持安静。

处置方案编号 129 易燃液体(与水混溶的或有毒的)

潜 在 危 害

燃烧、爆炸

- **高度易燃，受热、遇明火或火花极易燃烧。**
- 蒸气与空气可形成爆炸性混合物。
- 蒸气扩散后，遇火源着火回燃。
- 大多数蒸气比空气重，沿地面扩散并易积存于低洼处或密闭空间(如下水道、地下室、罐)。
- 户外、室内、下水道内有蒸气爆炸危险。
- 标有字母"P"的物质受热或处于火场时可发生爆炸性聚合。
- 流入下水道有引起燃烧和爆炸的危险。
- 容器受热可发生爆炸。
- 大多数液体比水轻。

健康危害

- 吸入或经皮吸收可引起中毒。
- 吸入或皮肤和眼睛接触可引起刺激或灼伤。
- 燃烧可产生刺激性、腐蚀性和/或有毒的气体。
- 蒸气可引起头晕或窒息。
- 消防排水或稀释水可引起污染。

公 众 安 全

- **首先拨打运输标签上的应急电话，若没有合适的信息，拨打国家危险化学品事故应急咨询电话 0532-83889090。**
- 立即隔离泄漏区至少 50 米。
- 疏散无关人员。
- 在上风、上坡或上游处停留。
- 切勿进入低洼处。
- 进入密闭空间前先通风。

个体防护

- 佩戴正压自给式呼吸器(SCBA)。
- 一般消防防护服仅能提供有限的保护。

疏散

大量泄漏
- 考虑最初下风向撤离至少 300 米。

火灾
- 火场内如有储罐、槽车或罐车，四周隔离 800 米，考虑初始撤离 800 米。

应 急 行 动

火灾

注意：闪点很低，用水灭火无效。
小火
- 用干粉、CO_2、水幕或抗醇泡沫灭火。
- **禁止使用干粉灭火剂扑救硝基甲烷或硝基乙烷火灾。**

大火
- 用水幕、雾状水或抗醇泡沫灭火。
- **不得使用直流水扑救。**
- 在确保安全的前提下将容器移离火场。

储罐、公路/铁路槽车火灾
- 从远处或者使用遥控水枪、水炮灭火。
- 用大量水冷却容器，直至火扑灭。
- 若安全阀发出声响或储罐变色，立即撤离。
- 远离着火的储罐。
- 大面积火灾，使用遥控水枪、水炮灭火；否则，立即撤离，让其自行燃烧。

泄漏处置

- 消除所有点火源(泄漏区附近禁止吸烟、消除所有明火、火花或火焰)。
- 作业时所有设备应接地。
- 禁止接触或跨越泄漏物。
- 在保证安全的情况下堵漏。
- 防止泄漏物进入水体、下水道、地下室或密闭空间。
- 用泡沫覆盖抑制蒸气产生。
- 用干土、砂或其他不燃性材料吸收或覆盖并收集于容器中。
- 用洁净非火花工具收集吸收材料。

大量泄漏
- 在液体泄漏物前方筑堤堵截以备处理。
- 雾状水能抑制蒸气的产生，但在密闭空间中的蒸气仍能被引燃。

急救

- 确保医学救援人员了解该物质相关信息，并且注意个体防护。
- 将受害者移至空气新鲜处。
- 拨打"120"或其他应急医疗服务电话。
- 若呼吸停止，给予人工呼吸。
- 若呼吸困难，给吸氧。
- 脱去并隔离污染的衣物和鞋。
- 皮肤或眼睛接触本品，立即用流动清水冲洗至少 20 分钟。
- 用肥皂和水清洗皮肤。
- 受害者注意保温，保持安静。
- 万一烧伤，立即用冷水冷却烧伤部位。若衣服与皮肤粘连，切勿脱衣。
- 吸入、食入或皮肤接触本品可引起迟发反应。

处置方案编号 130　易燃液体 (与水不混溶/有毒的)

潜　在　危　害

燃烧、爆炸

- **高度易燃，受热、遇明火或火花极易燃烧。**
- 蒸气与空气可形成爆炸性混合物。
- 蒸气扩散后，遇火源着火回燃。
- 大多数蒸气比空气重，沿地面扩散并易积存于低洼处或密闭空间 (如下水道、地下室、罐)。
- 户外、室内、下水道内有蒸气爆炸危险。
- 标有字母 "P" 的物质受热或处于火场时可发生爆炸性聚合。
- 流入下水道有引起燃烧和爆炸的危险。
- 容器受热可发生爆炸。
- 许多液体比水轻。

健康危害

- 吸入或经皮吸收可引起中毒。
- 吸入或皮肤和眼睛接触可引起刺激或灼伤。
- 燃烧可产生刺激性、腐蚀性和/或有毒的气体。
- 蒸气可引起头晕或窒息。
- 消防排水或稀释水可引起污染。

公　众　安　全

- **首先拨打运输标签上的应急电话，若没有合适的信息，拨打国家危险化学品事故应急咨询电话 0532–83889090。**
- 立即隔离泄漏区至少 50 米。
- 疏散无关人员。
- 在上风、上坡或上游处停留。
- 切勿进入低洼处。
- 进入密闭空间前先通风。

个体防护

- 佩戴正压自给式呼吸器 (SCBA)。
- 一般消防防护服仅能提供有限的保护。

疏散

大量泄漏
- 考虑最初下风向撤离至少 300 米。

火灾
- 火场内如有储罐、槽车或罐车，四周隔离 800 米，考虑初始撤离 800 米。

应 急 行 动

火灾

注意：闪点很低，用水灭火无效。

小火
- 用干粉、CO_2、水幕或常规泡沫灭火。

大火
- 用水幕、雾状水或常规泡沫灭火。不得使用直流水扑救。
- 在确保安全的前提下将容器移离火场。

储罐、公路/铁路槽车火灾
- 从远处或者使用遥控水枪、水炮灭火。
- 用大量水冷却容器，直至火扑灭。
- 若安全阀发出声响或储罐变色，立即撤离。
- 远离着火的储罐。
- 大面积火灾，使用遥控水枪、水炮灭火；否则，立即撤离，让其自行燃烧。

泄漏处置

- 消除所有点火源(泄漏区附近禁止吸烟，消除所有明火、火花或火焰)。
- 作业时所有设备应接地。
- 禁止接触或跨越泄漏物。
- 在保证安全的情况下堵漏。
- 防止泄漏物进入水体、下水道、地下室或密闭空间。
- 用泡沫覆盖抑制蒸气产生。
- 用干土、砂或其他不燃性材料吸收或覆盖并收集于容器中。
- 用洁净非火花工具收集吸收材料。

大量泄漏
- 在液体泄漏物前方筑堤堵截以备处理。
- 雾状水能抑制蒸气的产生，但在密闭空间中的蒸气仍能被引燃。

急救

- 确保医学救援人员了解该物质相关信息，并且注意个体防护。
- 将受害者移至空气新鲜处。
- 拨打"120"或其他应急医疗服务电话。
- 若呼吸停止，给予人工呼吸。
- 若呼吸困难，给吸氧。
- 脱去并隔离污染的衣物和鞋。
- 皮肤或眼睛接触本品，立即用流动清水冲洗至少20分钟。
- 用肥皂和水清洗皮肤。
- 万一烧伤，立即用冷水冷却烧伤部位。若衣服与皮肤粘连，切勿脱衣。
- 受害者注意保温，保持安静。
- 吸入、食入或皮肤接触本品可引起迟发反应。

处置方案编号 131 易燃液体–有毒的

潜 在 危 害

健康危害

- **有毒。吸入、食入或经皮吸收可致死。**
- 吸入或皮肤和眼睛接触可引起刺激或灼伤。
- 燃烧可产生刺激性、腐蚀性和/或有毒的气体。
- 蒸气可引起头晕或窒息。消防排水或稀释水可引起污染。

燃烧、爆炸

- 高度易燃，受热、遇明火或火花极易燃烧。
- 蒸气与空气可形成爆炸性混合物。蒸气扩散后，遇火源着火回燃。
- 大多数蒸气比空气重，沿地面扩散并易积存于低洼处或密闭空间（如下水道、地下室、罐）。
- 户外、室内、下水道内有蒸气爆炸、中毒危险。
- 标有字母"P"的物质受热或处于火场时可发生爆炸性聚合。
- 流入下水道有引起燃烧和爆炸的危险。
- 容器受热可发生爆炸。大多数液体比水轻。

公 众 安 全

- **首先拨打运输标签上的应急电话，若没有合适的信息，拨打国家危险化学品事故应急咨询电话 0532–83889090。**
- 立即隔离泄漏区至少 50 米。
- 疏散无关人员。在上风、上坡或上游处停留。
- 切勿进入低洼处。进入密闭空间前先通风。

个体防护

- 佩戴正压自给式呼吸器（SCBA）。
- 穿生产商特别推荐的化学防护服，注意该类防护服可能不防热。
- 消防防护服仅用于灭火时的防护，对泄漏防护则无效。

疏散

泄漏
- 铺灰色底纹的物质参见常见危险化学品初始隔离和防护距离一览表（表1）。未铺灰色底纹的物质在"公众安全"项指示的隔离距离的基础上加大下风向的隔离距离。
火灾
- 火场内如有储罐、槽车或罐车，四周隔离 800 米，考虑初始撤离 800 米。

应 急 行 动

火灾

注意：闪点很低，用水灭火无效。

小火
- 用干粉、CO_2、水幕或抗醇泡沫灭火。

大火
- 用水幕、雾状水或抗醇泡沫灭火。不得使用直流水扑救。
- 在确保安全的前提下将容器移离火场。
- 筑堤收容消防水以备处理，不得随意排放。

储罐、公路/铁路槽车火灾
- 从远处或者使用遥控水枪、水炮灭火。
- 用大量水冷却容器，直至火扑灭。
- 若安全阀发出声响或储罐变色，立即撤离。远离着火的储罐。
- 大面积火灾，使用遥控水枪、水炮灭火；否则，立即撤离，让其自行燃烧。

泄漏处置

- 泄漏但未着火时应穿全封闭蒸气防护服。
- 消除所有点火源(泄漏区附近禁止吸烟，消除所有明火、火花或火焰)。
- 作业时所有设备应接地。禁止接触或跨越泄漏物。
- 在保证安全的情况下堵漏。
- 防止泄漏物进入水体、下水道、地下室或密闭空间。
- 用泡沫覆盖抑制蒸气产生。

小量泄漏
- 用土、砂或其他不燃性材料吸收后收集于容器中以备处理。
- 用洁净非火花工具收集吸收材料。

大量泄漏
- 在液体泄漏物前方筑堤堵截以备处理。
- 雾状水能抑制蒸气的产生，但在密闭空间中的蒸气仍能被引燃。

急救

- 确保医学救援人员了解该物质相关信息，并且注意个体防护。
- 将受害者移至空气新鲜处。拨打"120"或其他应急医疗服务电话。
- 若呼吸停止，给予人工呼吸。若呼吸困难，给氧。
- **如果食入或吸入本品，禁用口对口人工呼吸。如需要人工呼吸可用带单向阀的小型面罩或其他适当的医学设备。**
- 脱去并隔离污染的衣物和鞋。
- 皮肤或眼睛接触本品，立即用流动清水冲洗至少 20 分钟。
- 用肥皂和水清洗皮肤。受害者注意保温，保持安静。
- 万一烧伤，立即用冷水冷却烧伤部位。若衣服与皮肤粘连，切勿脱衣。
- 吸入、食入或皮肤接触本品可引起迟发反应。

处置方案编号 132　易燃液体–腐蚀性的

潜 在 危 害

燃烧、爆炸

- 易燃/可燃物质。
- 受热、遇明火或火花可引起燃烧。
- 蒸气与空气可形成爆炸性混合物。
- 蒸气扩散后，遇火源着火回燃。
- 大多数蒸气比空气重，沿地面扩散并易积存于低洼处或密闭空间（如下水道、地下室、罐）。
- 户外、室内、下水道内有蒸气爆炸危险。
- 标有字母"P"的物质受热或处于火场时可发生爆炸性聚合。
- 流入下水道有引起燃烧和爆炸的危险。
- 容器受热可发生爆炸。
- 大多数液体比水轻。

健康危害

- 吸入、食入/吞服可引起中毒。
- 皮肤和眼睛接触本品可引起严重灼伤。
- 燃烧可产生刺激性、腐蚀性和/或有毒的气体。
- 蒸气可引起头晕或窒息。
- 消防排水或稀释水可引起污染。

公 众 安 全

- 首先拨打运输标签上的应急电话，若没有合适的信息，拨打国家危险化学品事故应急咨询电话 0532–83889090。
- 立即隔离泄漏区至少 50 米。
- 疏散无关人员。
- 在上风、上坡或上游处停留。
- 切勿进入低洼处。
- 进入密闭空间前先通风。

个体防护

- 佩戴正压自给式呼吸器（SCBA）。
- 穿生产商特别推荐的化学防护服，注意该类防护服可能不防热。
- 消防防护服仅用于灭火时的防护，对泄漏防护则无效。

疏散

大量泄漏
- 铺灰色底纹的物质参见常见危险化学品初始隔离和防护距离一览表（表1）。未铺灰色底纹的物质在"公众安全"项指示的隔离距离的基础上加大下风向的隔离距离。
火灾
- 火场内如有储罐、槽车或罐车，四周隔离 800 米，考虑初始撤离 800 米。

应 急 行 动

火灾
- 有些物质可与水剧烈反应。

小火
- 用干粉、CO_2、水幕或抗醇泡沫灭火。

大火
- 用水幕、雾状水或抗醇泡沫灭火。
- 在确保安全的前提下将容器移离火场。
- 筑堤收容消防水以备处理，不得随意排放。
- 容器内禁止注水。

储罐、公路/铁路槽车火灾
- 从远处或者使用遥控水枪、水炮灭火。
- 用大量水冷却容器，直至火扑灭。
- 若安全阀发出声响或储罐变色，立即撤离。
- 远离着火的储罐。
- 大面积火灾，使用遥控水枪、水炮灭火；否则，立即撤离，让其自行燃烧。

泄漏处置
- 泄漏但未着火时应穿全封闭蒸气防护服。
- 消除所有点火源(泄漏区附近禁止吸烟，消除所有明火、火花或火焰)。
- 作业时所有设备应接地。
- 禁止接触或跨越泄漏物。
- 在保证安全的情况下堵漏。
- 防止泄漏物进入水体、下水道、地下室或密闭空间。
- 用泡沫覆盖抑制蒸气产生。
- 用砂土或其他不燃性材料吸收后收集于容器中(肼除外)。
- 用洁净非火花工具收集吸收材料。

大量泄漏
- 在液体泄漏物前方筑堤堵截以备处理。
- 雾状水能抑制蒸气的产生，但在密闭空间中的蒸气仍能被引燃。

急救
- 确保医学救援人员了解该物质相关信息，并且注意个体防护。
- 将受害者移至空气新鲜处。
- 拨打"120"或其他应急医疗服务电话。
- 若呼吸停止，给予人工呼吸。
- **如果食入或吸入本品，禁用口对口人工呼吸。如需要人工呼吸可用带单向阀的小型面罩或其他适当的医学设备。**
- 若呼吸困难，给吸氧。
- 脱去并隔离污染的衣物和鞋。
- 皮肤或眼睛接触本品，立即用流动清水冲洗至少 20 分钟。
- 万一烧伤，立即用冷水冷却烧伤部位。若衣服与皮肤粘连，切勿脱衣。
- 受害者注意保温，保持安静。
- 吸入、食入或皮肤接触本品可引起迟发反应。

处置方案编号 133　易燃固体

潜 在 危 害

燃烧、爆炸

- 易燃/可燃物质。
- 受热、摩擦，遇明火或火花可引起燃烧。
- 有些物质可能迅速燃烧，有闪光燃烧效果。
- 粉末、粉尘、刨花、钻粉、镗屑或切屑可发生爆炸或爆炸性燃烧。
- 物质可能以熔融状态在高于其闪点温度下运输。
- 火熄灭后可能复燃。

健康危害

- 燃烧可产生刺激性和/或有毒的气体。
- 皮肤和眼睛接触可引起灼伤。
- 皮肤和眼睛接触熔融物质可引起严重灼伤。
- 消防排水可引起污染。

公 众 安 全

- 首先拨打运输标签上的应急电话，若没有合适的信息，拨打国家危险化学品事故应急咨询电话 0532-83889090。
- 立即隔离泄漏区至少 25 米。
- 疏散无关人员。
- 在上风、上坡或上游处停留。
- 切勿进入低洼处。

个体防护

- 佩戴正压自给式呼吸器(SCBA)。
- 一般消防防护服仅能提供有限的保护。

疏散

大量泄漏
- 考虑最初下风向撤离至少 100 米。

火灾
- 火场内如有储罐、槽车或罐车，四周隔离 800 米，考虑初始撤离 800 米。

应 急 行 动

火灾

小火

- 用干粉、CO_2、沙土、水幕或常规泡沫灭火。

大火

- 用水幕、雾状水或常规泡沫灭火。
- 在确保安全的前提下将容器移离火场。

金属颜料或浆料火灾（例如：铝粉浆）

- 铝粉浆火灾应按易燃金属火灾处理。用干砂、石墨粉、以干燥氯化钠为基料的灭火器、G-1®或 Met-L-X®干粉。同时，参见常见危险化学品处置方案编号 170。

储罐、公路/铁路槽车火灾

- 用大量水冷却容器，直至火扑灭。
- 大面积火灾，使用遥控水枪、水炮灭火；否则，立即撤离，让其自行燃烧。
- 若安全阀发出声响或储罐变色，立即撤离。
- 远离着火的储罐。

泄漏处置

- 消除所有点火源(泄漏区附近禁止吸烟，消除所有明火、火花或火焰)。
- 禁止接触或跨越泄漏物。

小量固体泄漏

- 用洁净的铲子将泄漏物收集于干净、干燥且盖子较松的容器内，并将容器移离泄漏区。

大量泄漏

- 用水湿润并筑堤堵截以备处理。
- 防止泄漏物进入水体、下水道、地下室或密闭空间。

急救

- 确保医学救援人员了解该物质相关信息，并且注意个体防护。
- 将受害者移至空气新鲜处。
- 拨打"120"或其他应急医疗服务电话。
- 若呼吸停止，给予人工呼吸。
- 若呼吸困难，给吸氧。
- 脱去并隔离污染的衣物和鞋。
- 皮肤或眼睛接触本品，立即用流动清水冲洗至少 20 分钟。
- 从皮肤上擦去固化的熔融物需要医生帮助。
- 受害者注意保温，保持安静。

处置方案编号 134　易燃固体-有毒和/或腐蚀性的

潜 在 危 害

燃烧、爆炸

- 易燃/可燃物质。
- 受热、遇明火或火花可引起燃烧。
- 加热时蒸气与空气可形成爆炸性混合物，室内、户外和下水道内有爆炸危险。
- 与金属接触可放出易燃的氢气。
- 容器受热可发生爆炸。

健康危害

- **有毒**。吸入、食入或皮肤接触可引起严重损害或死亡。
- 燃烧可产生刺激性、腐蚀性和/或有毒的气体。
- 消防排水或稀释水具有腐蚀性和/或毒性，并可引起污染。

公 众 安 全

- **首先拨打运输标签上的应急电话，若没有合适的信息，拨打国家危险化学品事故应急咨询电话 0532-83889090。**
- 立即隔离泄漏区至少 25 米。
- 在上风、上坡或上游处停留。
- 疏散无关人员。
- 切勿进入低洼处。
- 密闭空间加强通风。

个体防护

- 佩戴正压自给式呼吸器(SCBA)。
- 穿生产商特别推荐的化学防护服，注意该类防护服可能不防热。
- 消防防护服仅用于灭火时的防护，对泄漏防护则无效。

疏散

大量泄漏

- 考虑最初下风向撤离至少 100 米。

火灾

- 火场内如有储罐、槽车或罐车，四周隔离 800 米，考虑初始撤离 800 米。

应 急 行 动

火灾

小火

- 用干粉、CO_2、水幕或抗醇泡沫灭火。

大火

- 用水幕、雾状水或抗醇泡沫灭火。不得使用直流水扑救。
- 在确保安全的前提下将容器移离火场。
- 容器内禁止注水。
- 筑堤收容消防水以备处理，不得随意排放。

储罐、公路/铁路槽车火灾

- 从远处或者使用遥控水枪、水炮灭火。
- 用大量水冷却容器，直至火扑灭。
- 若安全阀发出声响或储罐变色，立即撤离。
- 远离着火的储罐。

泄漏处置

- 泄漏但未着火时应穿全封闭蒸气防护服。
- 消除所有点火源(泄漏区附近禁止吸烟、消除所有明火、火花或火焰)。
- 在保证安全的情况下堵漏。
- 未穿全身防护服时，禁止触及毁损容器或泄漏物。
- 防止泄漏物进入水体、下水道、地下室或密闭空间。
- 使用洁净的无火花工具收集泄漏物，置于盖子较松的塑料容器中待稍后处理。

急救

- 确保医学救援人员了解该物质相关信息，并且注意个体防护。
- 将受害者移至空气新鲜处。
- 拨打"120"或其他应急医疗服务电话。
- 若呼吸停止，给予人工呼吸。
- **如果食入或吸入本品，禁用口对口人工呼吸。如需要人工呼吸可用带单向阀的小型面罩或其他适当的医学设备。**
- 若呼吸困难，给吸氧。
- 脱去并隔离污染的衣物和鞋。
- 皮肤或眼睛接触本品，立即用流动清水冲洗至少20分钟。
- 对于小面积皮肤接触，应避免物质在未受影响皮肤上蔓延。
- 受害者注意保温、保持安静。
- 吸入、食入或皮肤接触本品可引起迟发反应。

处置方案编号 135　　自燃性物质

潜 在 危 害

燃烧、爆炸

- 易燃/可燃物质。
- 遇潮湿空气或湿气可引起燃烧。
- 有些物质可能迅速燃烧，有闪光燃烧效果。
- 与水接触发生剧烈反应或爆炸性反应。
- 受热或处于火场中可发生爆炸性分解。
- 火熄灭后可能复燃。
- 流出的泄漏物有燃烧或爆炸危险。
- 容器受热可发生爆炸。

健康危害

- 燃烧可产生刺激性、腐蚀性和/或有毒的气体。
- 吸入分解产物可引起严重损害或死亡。
- 皮肤和眼睛接触本品可引起严重灼伤。
- 消防排水可引起污染。

公 众 安 全

- **首先拨打运输标签上的应急电话，若没有合适的信息，拨打国家危险化学品事故应急咨询电话 0532-83889090。**
- 立即在所有方向上隔离泄漏区，液体至少 50 米，固体至少 25 米。
- 在上风、上坡或上游处停留。
- 疏散无关人员。
- 切勿进入低洼处。

个体防护

- 佩戴正压自给式呼吸器（SCBA）。
- 穿生产商特别推荐的化学防护服，注意该类防护服可能不防热。
- 一般消防防护服仅能提供有限的保护。

疏散

泄漏

- 铺灰色底纹的物质参见常见危险化学品初始隔离和防护距离一览表（表1）。未铺灰色底纹的物质在"公众安全"项指示的隔离距离的基础上加大下风向的隔离距离。

火灾

- 火场内如有储罐、槽车或罐车，四周隔离 800 米，考虑初始撤离 800 米。

应 急 行 动

火灾

- 不得使用水、CO_2或泡沫灭火。有些物质可与水剧烈反应。

注意：对黄酸盐、UN3342 以及连二亚硫酸盐（亚硫酸氢盐）UN1384、UN1923 和 UN1929 火灾，需用大量水扑救终止反应。隔绝空气对这些物质不起作用，因为它们燃烧不需要空气。

小火

- 除了 UN1384、UN1923、UN1929 和 UN 3342，可用干粉、苏打灰、石灰或干砂灭火。

大火

- 除 UN1384、UN1923、UN1929 和 UN 3342 外，可用干砂、干粉、苏打灰或石灰灭火，或者撤离现场，任其烧尽。

注意：当 UN 3342 被水淹没时，将继续释放易燃的二硫化碳蒸气。

- 在确保安全的前提下将容器移离火场。

储罐、公路/铁路槽车火灾

- 从远处或者使用遥控水枪、水炮灭火。
- 禁止将水注入容器，或避免物质与水接触。
- 用大量水冷却容器，直至火扑灭。
- 若安全阀发出声响或储罐变色，立即撤离。
- 远离着火的储罐。

泄漏处置

- 泄漏但未着火时应穿全封闭蒸气防护服。
- 消除所有点火源(泄漏区附近禁止吸烟，消除所有明火、火花或火焰)。
- 禁止接触或跨越泄漏物。
- 在保证安全的情况下堵漏。

小量泄漏

注意：对于黄酸盐、UN3342 以及连二亚硫酸盐（亚硫酸氢盐）、UN 1384、UN 1923 和 UN 1929，用 5 份水溶解，收集以备处理。

注意：当 UN 3342 被水淹没时，将继续释放易燃的二硫化碳蒸气。

- 用干土、干砂或其他不燃性材料覆盖，接着盖上塑料薄膜，以减少扩散或避免淋雨。
- 使用洁净的无火花工具收集泄漏物，置于盖子较松的塑料容器中待稍后处理。
- 防止泄漏物进入水体、下水道、地下室或密闭空间。

急救

- 确保医学救援人员了解该物质相关信息，并且注意个体防护。
- 将受害者移至空气新鲜处。
- 拨打"120"或其他应急医疗服务电话。
- 若呼吸停止，给予人工呼吸。
- 若呼吸困难，给吸氧。
- 脱去并隔离污染的衣物和鞋。
- 皮肤或眼睛接触本品，立即用流动清水冲洗至少 20 分钟。
- 受害者注意保温，保持安静。

处置方案编号 136 自燃性物质-有毒和/或腐蚀性(与空气反应)

潜 在 危 害

燃烧、爆炸

- 极度易燃。暴露于空气中会自燃。
- 燃烧迅速，放出白色刺激性浓烟。
- 物质可以熔融状态运输。
- 火熄灭后可能复燃。
- 腐蚀性物质与金属接触可产生易燃的氢气。
- 容器受热可发生爆炸。

健康危害

- 燃烧可产生刺激性、腐蚀性和/或有毒的气体。
- **有毒**。食入本品或吸入分解产物可引起严重损害或死亡。
- 皮肤和眼睛接触本品可引起严重灼伤。
- 皮肤吸收对身体产生一些影响。
- 消防排水具有腐蚀性和/或毒性，可引起污染。

公 众 安 全

- 首先拨打运输标签上的应急电话，若没有合适的信息，拨打国家危险化学品事故应急咨询电话 0532-83889090。
- 立即在所有方向上隔离泄漏区，液体至少 50 米，固体至少 25 米。
- 在上风、上坡或上游处停留。
- 疏散无关人员。
- 切勿进入低洼处。

个体防护

- 佩戴正压自给式呼吸器(SCBA)。
- 穿生产商特别推荐的化学防护服，注意该类防护服可能不防热。
- 消防防护服仅用于灭火时的防护，对泄漏防护则无效。
- **对于磷(UN1381)，当可能直接接触时应穿特殊镀铝防护服。**

疏散

泄漏

- 考虑最初下风向撤离至少 300 米。

火灾

- 火场内如有储罐、槽车或罐车，四周隔离 800 米，考虑初始撤离 800 米。

应 急 行 动

火灾

小火
- 用水幕、湿砂或湿土灭火。

大火
- 用水幕或雾状水灭火。
- **不得用高压水流驱散泄漏物。**
- 在确保安全的前提下将容器移离火场。

储罐、公路/铁路槽车火灾
- 从远处或者使用遥控水枪、水炮灭火。
- 用大量水冷却容器，直至火扑灭。
- 若安全阀发出声响或储罐变色，立即撤离。
- 远离着火的储罐。

泄漏处置

- 泄漏但未着火时应穿全封闭蒸气防护服。
- 消除所有点火源(泄漏区附近禁止吸烟，消除所有明火、火花或火焰)。
- 禁止接触或跨越泄漏物。
- 未穿全身防护服时，禁止触及毁损容器或泄漏物。
- 在保证安全的情况下堵漏。

小量泄漏
- 用水、砂或土覆盖，铲入金属容器并用水密封。

大量泄漏
- 筑堤堵截并用湿的砂土覆盖。
- 防止泄漏物进入水体、下水道、地下室或密闭空间。

急救

- 确保医学救援人员了解该物质相关信息，并且注意个体防护。
- 将受害者移至空气新鲜处。
- 拨打"120"或其他应急医疗服务电话。
- 若呼吸停止，给予人工呼吸。
- 若呼吸困难，给吸氧。
- 万一皮肤与物质接触，在得到医护人员协助前，把接触部位浸入水中或敷以湿绷带。
- 从皮肤上擦去固化的熔融物需要医生帮助。
- 脱去并隔离污染的衣物和鞋，置于装满水的金属容器中。若是干的，有着火危险。
- 吸入、食入或皮肤接触本品可引起迟发反应。
- 受害者注意保温，保持安静。

处置方案编号 137　与水反应物质–腐蚀性的

潜 在 危 害

健康危害

- 腐蚀性和/或有毒；吸入、食入或皮肤、眼睛接触其蒸气、粉尘或本品可引起严重损害、灼伤或死亡。
- 燃烧可产生刺激性、腐蚀性和/或有毒的气体。
- 与水反应放出大量热量并产生烟雾。
- 皮肤和眼睛接触熔融物质可引起严重灼伤。
- 消防排水或稀释水可引起污染。

燃烧、爆炸

- **除了乙酸酐（UN 1715）易燃**，其他大部分物质可燃，但难以引燃。
- 遇可燃物（如木材、纸、油、衣物等）可引起燃烧。
- 与水反应（有的剧烈反应），放出腐蚀性和/或有毒气体。
- 易燃/有毒气体可聚积在密闭空间（地下室、罐、料仓/罐车等）。
- 与金属接触可放出易燃的氢气。
- 容器受热或进水可发生爆炸。
- 物质可以熔融状态运输。

公 众 安 全

- **首先拨打运输标签上的应急电话，若没有合适的信息，拨打国家危险化学品事故应急咨询电话 0532–83889090。**
- 立即在所有方向上隔离泄漏区，液体至少 50 米，固体至少 25 米。
- 疏散无关人员。
- 在上风、上坡或上游处停留。
- 切勿进入低洼处。
- 密闭空间加强通风。

个体防护

- 佩戴正压自给式呼吸器（SCBA）。
- 穿生产商特别推荐的化学防护服，注意该类防护服可能不防热。
- 消防防护服仅用于灭火时的防护，对泄漏防护则无效。

疏散

泄漏
- 铺灰色底纹的物质参见常见危险化学品初始隔离和防护距离一览表（表1）。未铺灰色底纹的物质在"公众安全"项指示的隔离距离的基础上加大下风向的隔离距离。
火灾
- 火场内如有储罐、槽车或罐车，四周隔离 800 米，考虑初始撤离 800 米。

应 急 行 动

火灾

- **若该物质尚未卷入火中，则不要向它喷水。**

小火

- 用干粉或 CO_2 灭火。
- 在确保安全的前提下将容器移离火场。

大火

- 用大量水灭火，同时用雾状水驱散蒸气。供水不足时则优先考虑蒸气驱散。

储罐、公路/铁路槽车火灾

- 用大量水冷却容器，直至火扑灭。
- 容器内禁止注水。
- 若安全阀发出声响或储罐变色，立即撤离。
- 远离着火的储罐。

泄漏处置

- 泄漏但未着火时应穿全封闭蒸气防护服。
- 未穿全身防护服时，禁止触及毁损容器或泄漏物。
- 在保证安全的情况下堵漏。
- 用雾状水抑制蒸气，禁止将水直接喷向泄漏区或容器内。
- 远离可燃物（如木材、纸张、油品等）。

小量泄漏

- 用干土、干砂或其他不燃性材料覆盖，接着盖上塑料薄膜，以减少扩散或避免淋雨。
- 使用洁净的无火花工具收集泄漏物，置于盖子较松的塑料容器中待稍后处理。
- 防止泄漏物进入水体、下水道、地下室或密闭空间。

急救

- 确保医学救援人员了解该物质相关信息，并且注意个体防护。
- 将受害者移至空气新鲜处。
- 拨打"120"或其他应急医疗服务电话。
- 若呼吸停止，给予人工呼吸。
- **如果食入或吸入本品，禁用口对口人工呼吸。如需要人工呼吸可用带单向阀的小型面罩或其他适当的医学设备。**
- 若呼吸困难，给吸氧。
- 脱去并隔离污染的衣物和鞋。
- 皮肤或眼睛接触本品，立即用流动清水冲洗至少 20 分钟。
- 对于小面积皮肤接触，应避免物质在未受影响皮肤上蔓延。
- 从皮肤上擦去固化的熔融物需要医生帮助。
- 受害者注意保温，保持安静。
- 吸入、食入或皮肤接触本品可引起迟发反应。

处置方案编号 138　与水反应物质（产生易燃气体）

潜 在 危 害

燃烧、爆炸

- 与水接触产生易燃气体。
- 与水或潮湿空气接触可燃烧。
- 与水接触发生剧烈反应或爆炸性反应。
- 受热、遇明火或火花可引起燃烧。
- 火熄灭后可能复燃。
- 某些物质在高度易燃液体中运输。
- 泄漏物有燃烧或爆炸危险。

健康危害

- 吸入或接触蒸气、本品或分解产物可引起严重损害或死亡。
- 遇水可产生腐蚀性溶液。
- 燃烧可产生刺激性、腐蚀性和/或有毒的气体。
- 消防排水可引起污染。

公 众 安 全

- 首先拨打运输标签上的应急电话，若没有合适的信息，拨打国家危险化学品事故应急咨询电话 0532-83889090。
- 立即在所有方向上隔离泄漏区，液体至少 50 米，固体至少 25 米。
- 疏散无关人员。
- 在上风、上坡或上游处停留。
- 切勿进入低洼处。
- 进入前必须先通风。

个体防护

- 佩戴正压自给式呼吸器（SCBA）。
- 穿生产商特别推荐的化学防护服，注意该类防护服可能不防热。
- 消防防护服仅用于灭火时的防护，对泄漏防护则无效。

疏散

大量泄漏

- 铺灰色底纹的物质参见常见危险化学品初始隔离和防护距离一览表（表1）。未铺灰色底纹的物质在"公众安全"项指示的隔离距离的基础上加大下风向的隔离距离。

火灾

- 火场内如有储罐、槽车或罐车，四周隔离 800 米，考虑初始撤离 800 米。

应 急 行 动

火灾

- 禁止用水或泡沫灭火。

小火

- 用干粉、苏打灰、石灰或砂灭火。

大火

- 用干砂、干粉、苏打灰或石灰灭火，或撤离现场，任其烧尽。
- 在确保安全的前提下将容器移离火场。

金属或金属粉末(铝、锂、镁等)火灾

- 用干粉、干砂、食盐粉、石墨粉或 Met-L-X® 干粉灭火；此外，对于锂火灾，可以用 Lith-X®干粉或铜粉灭火。同时参考常见危险品处置方案编号 170。

储罐、公路/铁路槽车火灾

- 从远处或者使用遥控水枪、水炮灭火。
- 容器内禁止注水。
- 用大量水冷却容器，直至火扑灭。
- 若安全阀发出声响或储罐变色，立即撤离。
- 远离着火的储罐。

泄漏处置

- 消除所有点火源(泄漏区附近禁止吸烟，消除所有明火、火花或火焰)。
- 禁止接触或跨越泄漏物。
- 在保证安全的情况下堵漏。
- 喷雾状水抑制蒸气或改变蒸气云流向，避免水流接触泄漏物。
- **禁止把水喷到泄漏物上或容器内。**

小量泄漏

- 用干土、干砂或其他不燃性材料覆盖，接着盖上塑料薄膜，以减少扩散或避免淋雨
- 筑堤堵截；禁止用水，除非指示这么做。

粉末泄漏

- 用塑料薄膜或帆布覆盖粉状泄漏物，以减少扩散，保持粉末干燥。
- **除非在专业人员指导下，否则禁止清除或废弃。**

急救

- 确保医学救援人员了解该物质相关信息，并且注意个体防护。
- 将受害者移至空气新鲜处。
- 拨打"120"或其他应急医疗服务电话。
- 若呼吸停止，给予人工呼吸。
- 若呼吸困难，给吸氧。
- 脱去并隔离污染的衣物和鞋。
- 皮肤或眼睛接触本品，立即将皮肤上污染物擦去；用流动清水冲洗皮肤或眼睛至少 20 分钟。
- 受害者注意保温，保持安静。

处置方案编号 139　与水反应物质(放出易燃和有毒气体)

潜 在 危 害

燃烧、爆炸

- 与水接触产生易燃和有毒气体。
- 与水或潮湿空气接触可燃烧。
- 与水接触发生剧烈反应或爆炸性反应。
- 受热、遇明火或火花可引起燃烧。
- 火熄灭后可能复燃。
- 有些物质在高度易燃液体中运输。
- 容器受热可发生爆炸。
- 泄漏物有燃烧或爆炸危险。

健康危害

- 高毒。与水接触产生有毒气体，若吸入可致死。
- 吸入或接触蒸气、本品或分解产物可引起严重损害或死亡。
- 遇水可产生腐蚀性溶液。
- 燃烧可产生刺激性、腐蚀性和/或有毒的气体。
- 消防排水可引起污染。

公 众 安 全

- **首先拨打运输标签上的应急电话，若没有合适的信息，拨打国家危险化学品事故应急咨询电话 0532-83889090。**
- 立即在所有方向上隔离泄漏区，液体至少 50 米，固体至少 25 米。
- 疏散无关人员。
- 在上风、上坡或上游处停留。
- 切勿进入低洼处。
- 进入前必须先通风。

个体防护

- 佩戴正压自给式呼吸器(SCBA)。
- 穿生产商特别推荐的化学防护服，注意该类防护服可能不防热。
- 消防防护服仅用于灭火时的防护，对泄漏防护则无效。

疏散

大量泄漏

- 铺灰色底纹的物质参见常见危险化学品初始隔离和防护距离一览表(表1)。未铺灰色底纹的物质在"公众安全"项指示的隔离距离的基础上加大下风向的隔离距离。

火灾

- 火场内如有储罐、槽车或罐车，四周隔离 800 米，考虑初始撤离 800 米。

应 急 行 动

火灾

- 禁止用水或泡沫灭火(氯硅烷可用泡沫，见下文)。

小火
- 用干粉、苏打灰、石灰或砂灭火。

大火
- 用干砂、干粉、苏打灰或石灰灭火；或撤离现场，任其烧尽。
- **氯硅烷类火灾，禁止用水**；用 AFFF 抗醇泡沫灭火；**禁止使用**干粉、苏打灰或石灰扑救，防止产生大量氢气，发生爆炸。
- 在确保安全的前提下将容器移离火场。

储罐、公路/铁路槽车火灾
- 从远处或者使用遥控水枪、水炮灭火。
- 用大量水冷却容器，直至火扑灭。
- 容器内禁止注水。
- 若安全阀发出声响或储罐变色，立即撤离。
- 远离着火的储罐。

泄漏处置

- 泄漏但未着火时应穿全封闭蒸气防护服。
- 消除所有点火源(泄漏区附近禁止吸烟，消除所有明火、火花或火焰)。
- 禁止接触或跨越泄漏物。
- 在保证安全的情况下堵漏。
- **禁止把水喷到泄漏物上或容器内。**
- 喷雾状水抑制蒸气或改变蒸气云流向，避免水流接触泄漏物。
- **对氯硅烷类**，使用 AFFF 抗醇泡沫抑制蒸气产生。

小量泄漏
- 用干土、干砂或其他不燃性材料覆盖，接着盖上塑料薄膜，以减少扩散或避免淋雨。
- 筑堤堵截，除非直接将水喷向泄漏物，否则禁止用水。

粉末泄漏
- 用塑料薄膜或帆布覆盖粉状泄漏物，以减少扩散，保持粉末干燥。
- 除非在专业人员指导下，否则禁止清除或废弃。

急救

- 确保医学救援人员了解该物质相关信息，并且注意个体防护。
- 将受害者移至空气新鲜处。
- 拨打"120"或其他应急医疗服务电话。
- 若呼吸停止，给予人工呼吸。
- **如果食入或吸入本品，禁用口对口人工呼吸。如需要人工呼吸可用带单向阀的小型面罩或其他适当的医学设备。**
- 若呼吸困难，给吸氧。
- 脱去并隔离污染的衣物和鞋。
- 皮肤或眼睛接触本品，立即将皮肤上污染物擦去，用流动清水冲洗皮肤或眼睛至少 20 分钟。
- 受害者注意保温，保持安静。

处置方案编号 140　氧化剂

潜 在 危 害

燃烧、爆炸

- 在火场中会增大火势。
- 受热或处于火场中可发生爆炸性分解。
- 可因受热或污染而爆炸。
- 遇烃(燃料)可发生爆炸性反应。
- 遇可燃物(如木材、纸、油、衣物等)可引起燃烧。
- 容器受热可发生爆炸。
- 流出的泄漏物有燃烧或爆炸危险。

健康危害

- 吸入、食入或皮肤、眼睛接触蒸气或本品可引起严重损害、灼伤或死亡。
- 燃烧可产生刺激性、腐蚀性和/或有毒的气体。
- 消防排水或稀释水可引起污染。

公 众 安 全

- 首先拨打运输标签上的应急电话，若没有合适的信息，拨打国家危险化学品事故应急咨询电话 0532-83889090。
- 立即在所有方向上隔离泄漏区，液体至少 50 米，固体至少 25 米。
- 疏散无关人员。
- 在上风、上坡或上游处停留。
- 切勿进入低洼处。
- 进入密闭空间前先通风。

个体防护

- 佩戴正压自给式呼吸器(SCBA)。
- 穿生产商特别推荐的化学防护服，注意该类防护服可能不防热。
- 一般消防防护服仅能提供有限的保护。

疏散

大量泄漏
- 考虑最初下风向撤离至少 100 米。

火灾
- 火场内如有储罐、槽车或罐车，四周隔离 800 米，考虑初始撤离 800 米。

· 303 ·

应 急 行 动

火灾

小火
- 用水灭火。禁止使用干粉或泡沫。CO_2 和哈龙可提供有限的控制。

大火
- 远距离用大量水灭火。
- 切勿开动已处于火场中的货船或车辆。
- 在确保安全的前提下将容器移离火场。

储罐、公路/铁路槽车火灾
- 从远处或者使用遥控水枪、水炮灭火。
- 用大量水冷却容器，直至火扑灭。
- 远离着火的储罐。
- 大面积火灾，使用遥控水枪、水炮灭火；否则，立即撤离，让其自行燃烧。

泄漏处置

- 远离可燃物（如木材、纸张、油品等）。
- 未穿全身防护服时，禁止触及毁损容器或泄漏物。
- 在保证安全的情况下堵漏。
- 容器内禁止注水。

小量固体泄漏
- 用洁净的铲子将泄漏物收集于干净、干燥且盖子较松的容器内，并将容器移离泄漏区。

小量液体泄漏
- 用蛭石或砂子等不燃性材料吸收泄漏物，置于容器中以待处理。

大量泄漏
- 在液体泄漏物前方筑堤堵截以备处理。
- **泄漏物回收后，用水冲洗泄漏区。**

急救

- 确保医学救援人员了解该物质相关信息，并且注意个体防护。
- 将受害者移至空气新鲜处。
- 拨打"120"或其他应急医疗服务电话。
- 若呼吸停止，给予人工呼吸。
- 若呼吸困难，给吸氧。
- 脱去并隔离污染的衣物和鞋。
- 污染的衣物干燥时有燃烧的危险。
- 皮肤或眼睛接触本品，立即用流动清水冲洗至少20分钟。
- 受害者注意保温，保持安静。

处置方案编号 141　　氧化剂-有毒的

潜 在 危 害

燃烧、爆炸

- 在火场中会增大火势。
- 可因受热或污染而爆炸。
- 可快速燃烧。
- 遇烃(燃料)可发生爆炸性反应。
- 遇可燃物(如木材、纸、油、衣物等)可引起燃烧。
- 容器受热可发生爆炸。
- 泄漏物有燃烧或爆炸危险。

健康危害

- 食入有毒。
- 吸入粉尘有毒。
- 燃烧可产生刺激性、腐蚀性和/或有毒的气体。
- 皮肤和眼睛接触本品可引起严重灼伤。
- 消防排水或稀释水可引起污染。

公 众 安 全

- 首先拨打运输标签上的应急电话，若没有合适的信息，拨打国家危险化学品事故应急咨询电话 0532-83889090。
- 立即在所有方向上隔离泄漏区，液体至少 50 米，固体至少 25 米。
- 疏散无关人员。
- 在上风、上坡或上游处停留。
- 切勿进入低洼处。
- 进入密闭空间前先通风。

个体防护

- 佩戴正压自给式呼吸器(SCBA)。
- 穿生产商特别推荐的化学防护服，注意该类防护服可能不防热。
- 一般消防防护服仅能提供有限的保护。

疏散

大量泄漏
- 考虑最初下风向撤离至少 100 米。

火灾
- 火场内如有储罐、槽车或罐车，四周隔离 800 米，考虑初始撤离 800 米。

应 急 行 动

火灾

小火

- 用水灭火。禁止使用干粉或泡沫。CO_2和哈龙可提供有限的控制。

大火

- 远距离用大量水灭火。
- 切勿开动已处于火场中的货船或车辆。
- 在确保安全的前提下将容器移离火场。

储罐、公路/铁路槽车火灾

- 从远处或者使用遥控水枪、水炮灭火。
- 用大量水冷却容器，直至火扑灭。
- 远离着火的储罐。
- 大面积火灾，使用遥控水枪、水炮灭火；否则，立即撤离，让其自行燃烧。

泄漏处置

- 远离可燃物(如木材、纸张、油品等)。
- 未穿全身防护服时，禁止触及毁损容器或泄漏物。
- 在保证安全的情况下堵漏。

小量固体泄漏

- 用洁净的铲子将泄漏物收集于干净、干燥且盖子较松的容器内，并将容器移离泄漏区。

大量泄漏

- 在泄漏物前方筑堤堵截以备处理。

急救

- 确保医学救援人员了解该物质相关信息，并且注意个体防护。
- 将受害者移至空气新鲜处。
- 拨打"120"或其他应急医疗服务电话。
- 若呼吸停止，给予人工呼吸。
- 若呼吸困难，给吸氧。
- 脱去并隔离污染的衣物和鞋。
- 污染的衣物干燥时有燃烧的危险。
- 皮肤或眼睛接触本品，立即用流动清水冲洗至少20分钟。
- 受害者注意保温，保持安静。

处置方案编号 142　氧化剂-有毒的(液体)

潜 在 危 害

燃烧、爆炸

- 在火场中会增大火势。
- 可因受热或污染而爆炸。
- 遇烃(燃料)可发生爆炸性反应。
- 遇可燃物(如木材、纸、油、衣物等)可引起燃烧。
- 容器受热可发生爆炸。
- 流出的泄漏物有燃烧或爆炸危险。

健康危害

- **有毒**；吸入、食入或眼睛、皮肤接触蒸气或本物质可导致严重损伤、烧伤或死亡。
- 燃烧可产生刺激性、腐蚀性和/或有毒的气体。
- 易燃/有毒气体可聚积在密闭空间(地下室、罐、料仓/罐车等)。
- 消防排水或稀释水可引起污染。

公 众 安 全

- 首先拨打运输标签上的应急电话，若没有合适的信息，拨打国家危险化学品事故应急咨询电话 0532-83889090。
- 立即隔离泄漏区至少 50 米。
- 疏散无关人员。
- 在上风、上坡或上游处停留。
- 切勿进入低洼处。
- 进入密闭空间前先通风。

个体防护

- 佩戴正压自给式呼吸器(SCBA)。
- 穿生产商特别推荐的化学防护服，注意该类防护服可能不防热。
- 一般消防防护服仅能提供有限的保护，对泄漏防护无效。

疏散

大量泄漏

- 铺灰色底纹的物质参见常见危险化学品初始隔离和防护距离一览表(表1)。未铺灰色底纹的物质在"公众安全"项指示的隔离距离的基础上加大下风向的隔离距离。

火灾

- 火场内如有储罐、槽车或罐车，四周隔离 800 米，考虑初始撤离 800 米。

应 急 行 动

火灾

小火
- 用水灭火。禁止使用干粉或泡沫。CO_2和哈龙可提供有限的控制。

大火
- 远距离用大量水灭火。
- 切勿开动已处于火场中的货船或车辆。
- 在确保安全的前提下将容器移离火场。

储罐、公路/铁路槽车火灾
- 从远处或者使用遥控水枪、水炮灭火。
- 用大量水冷却容器，直至火扑灭。
- 远离着火的储罐。
- 大面积火灾，使用遥控水枪、水炮灭火；否则，立即撤离，让其自行燃烧。

泄漏处置

- 远离可燃物（如木材、纸张、油品等）。
- 泄漏但未着火时应穿全封闭蒸气防护服。
- 未穿全身防护服时，禁止触及毁损容器或泄漏物。
- 在保证安全的情况下堵漏。
- 喷雾状水抑制蒸气或改变蒸气云流向。
- 禁止将水注入容器。

小量液体泄漏
- 用蛭石或砂子等不燃性材料吸收泄漏物，置于容器中以待处理。

大量泄漏
- 在泄漏物前方筑堤堵截以备处理。

急救

- 确保医学救援人员了解该物质相关信息，并且注意个体防护。
- 将受害者移至空气新鲜处。
- 拨打"120"或其他应急医疗服务电话。
- 若呼吸停止，给予人工呼吸。
- **如果食入或吸入本品，禁用口对口人工呼吸。如需要人工呼吸可用带单向阀的小型面罩或其他适当的医学设备。**
- 若呼吸困难，给吸氧。
- 脱去并隔离污染的衣物和鞋。
- 污染的衣物干燥时有燃烧的危险。
- 皮肤或眼睛接触本品，立即用流动清水冲洗至少20分钟。
- 受害者注意保温，保持安静。

处置方案编号 143　氧化剂(不稳定的)

潜 在 危 害

燃烧、爆炸

- 可因摩擦、受热或污染而爆炸。
- 在火场中会增大火势。
- 遇可燃物(如木材、纸、油、衣物等)可引起燃烧。
- 遇烃(燃料)可发生爆炸性反应。
- 容器受热可发生爆炸。
- 流出的泄漏物有燃烧或爆炸危险。

健康危害

- **有毒。**吸入、食入或皮肤、眼睛接触其蒸气、粉尘或本品可引起严重损害、灼伤或死亡。
- 燃烧可产生刺激性和/或有毒的气体。
- 有毒气体或粉尘可积聚在密闭场所(地下室、罐、料仓/罐车等)。
- 消防排水或稀释水可引起污染。

公 众 安 全

- **首先拨打运输标签上的应急电话,若没有合适的信息,拨打国家危险化学品事故应急咨询电话 0532–83889090。**
- 立即在所有方向上隔离泄漏区,液体至少 50 米,固体至少 25 米。
- 疏散无关人员。
- 在上风、上坡或上游处停留。
- 切勿进入低洼处。
- 进入密闭空间前先通风。

个体防护

- 佩戴正压自给式呼吸器(SCBA)。
- 穿生产商特别推荐的化学防护服,注意该类防护服可能不防热。
- 消防防护服仅用于灭火时的防护,对泄漏防护则无效。

疏散

泄漏

- 铺灰色底纹的物质参见常见危险化学品初始隔离和防护距离一览表(表1)。未铺灰色底纹的物质在"公众安全"项指示的隔离距离的基础上加大下风向的隔离距离。

火灾

- 火场内如有储罐、槽车或罐车,四周隔离 800 米,考虑初始撤离 800 米。

· 309 ·

应 急 行 动

火灾

小火

- 用水灭火。禁止使用干粉或泡沫。CO_2和哈龙可提供有限的控制。

大火

- 远距离用大量水灭火。
- 切勿开动已处于火场中的货船或车辆。
- 在确保安全的前提下将容器移离火场。
- 禁止将水注入容器，避免发生剧烈反应。

储罐、公路/铁路槽车火灾

- 用大量水冷却容器，直至火扑灭。
- 筑堤收容消防水以备处理。
- 远离着火的储罐。
- 大面积火灾，使用遥控水枪、水炮灭火；否则，立即撤离，让其自行燃烧。

泄漏处置

- 远离可燃物（如木材、纸张、油品等）。
- 未穿全身防护服时，禁止触及毁损容器或泄漏物。
- 喷雾状水抑制蒸气或改变蒸气云流向。
- 防止泄漏物进入水体、下水道、地下室或密闭空间。

小量泄漏

- 用大量水冲洗泄漏区。

大量泄漏

- **除非在专业人员指导下，否则禁止清除或废弃。**

急救

- 确保医学救援人员了解该物质相关信息，并且注意个体防护。
- 将受害者移至空气新鲜处。
- 拨打"120"或其他应急医疗服务电话。
- 若呼吸停止，给予人工呼吸。
- 若呼吸困难，给吸氧。
- 脱去并隔离污染的衣物和鞋。
- 污染的衣物干燥时有燃烧的危险。
- 皮肤或眼睛接触本品，立即用流动清水冲洗至少 20 分钟。
- 受害者注意保温，保持安静。

处置方案编号 144　氧化剂(与水反应的)

潜 在 危 害

燃烧、爆炸

- 遇可燃物(如木材、纸、油、衣物等)可引起燃烧。
- 与水接触发生剧烈反应或爆炸性反应。
- 与水接触产生有毒和/或腐蚀性物质。
- 易燃/有毒气体可积聚在储罐和漏斗车中。
- 与金属接触可产生易燃的氢气。
- 容器受热可发生爆炸。
- 流出的泄漏物有燃烧或爆炸危险。

健康危害

- **有毒**。吸入或接触蒸气、本品或分解产物可引起严重损害或死亡。
- 燃烧可产生刺激性、腐蚀性和/或有毒的气体。
- 消防排水或稀释水可引起污染。

公 众 安 全

- 首先拨打运输标签上的应急电话,若没有合适的信息,拨打国家危险化学品事故应急咨询电话 **0532-83889090**。
- 立即在所有方向上隔离泄漏区,液体至少 50 米,固体至少 25 米。
- 疏散无关人员。
- 在上风、上坡或上游处停留。
- 切勿进入低洼处。
- 进入密闭空间前先通风。

个体防护

- 佩戴正压自给式呼吸器(SCBA)。
- 穿生产商特别推荐的化学防护服,注意该类防护服可能不防热。
- 消防防护服仅用于灭火时的防护,对泄漏防护则无效。

疏散

泄漏

- 铺灰色底纹的物质参见常见危险化学品初始隔离和防护距离一览表(表1)。未铺灰色底纹的物质在"公众安全"项指示的隔离距离的基础上加大下风向的隔离距离。

火灾

- 火场内如有储罐、槽车或罐车,四周隔离 800 米,考虑初始撤离 800 米。

应 急 行 动

火灾

- **禁止用水或泡沫灭火。**

小火
- 用干粉、苏打灰、石灰灭火。

大火
- 用干砂、干粉、苏打灰或石灰灭火，或撤离现场、任其烧尽。
- 切勿开动已处于火场中的货船或车辆。
- 在确保安全的前提下将容器移离火场。

储罐、公路/铁路槽车火灾
- 从远处或者使用遥控水枪、水炮灭火。
- 用大量水冷却容器，直至火扑灭。
- 若安全阀发出声响或储罐变色，立即撤离。
- 远离着火的储罐。

泄漏处置

- 消除所有点火源(泄漏区附近禁止吸烟，消除所有明火、火花或火焰)。
- 未穿全身防护服时，禁止触及毁损容器或泄漏物。
- 在保证安全的情况下堵漏。
- 喷雾状水抑制蒸气或改变蒸气云流向，避免水流接触泄漏物。
- **禁止把水喷到泄漏物上或容器内。**

小量泄漏
- 用干土、干砂或其他不燃性材料覆盖，接着盖上塑料薄膜，以减少扩散或避免淋雨。

大量泄漏
- **除非在专业人员指导下，否则禁止清除或废弃。**

急救

- 确保医学救援人员了解该物质相关信息，并且注意个体防护。
- 将受害者移至空气新鲜处。
- 拨打"120"或其他应急医疗服务电话。
- 若呼吸停止，给予人工呼吸。
- **如果食入或吸入本品，禁用口对口人工呼吸。如需要人工呼吸可用带单向阀的小型面罩或其他适当的医学设备。**
- 若呼吸困难，给吸氧。
- 脱去并隔离污染的衣物和鞋。
- 污染的衣物干燥时有燃烧的危险。
- 皮肤或眼睛接触本品，立即用流动清水冲洗至少20分钟。
- 受害者注意保温，保持安静。
- 持续观察受害者。
- 吸入或接触可引起迟发反应。

处置方案编号 145　　有机过氧化物(对热和杂质敏感的)

潜 在 危 害

燃烧、爆炸

- 可因受热或污染而爆炸。
- 遇可燃物(如木材、纸、油、衣物等)可引起燃烧。
- 受热、遇明火或火花可引起燃烧。
- 有些物质可能迅速燃烧,有闪光燃烧效果。
- 容器受热可发生爆炸。
- 流出的泄漏物有燃烧或爆炸危险。

健康危害

- 燃烧可产生刺激性、腐蚀性和/或有毒的气体。
- 食入或皮肤和眼睛接触可引起严重刺激或灼伤。
- 消防排水或稀释水可引起污染。

公 众 安 全

- **首先拨打运输标签上的应急电话,若没有合适的信息,拨打国家危险化学品事故应急咨询电话 0532-83889090。**
- 立即在所有方向上隔离泄漏区,液体至少 50 米,固体至少 25 米。
- 疏散无关人员。
- 在上风、上坡或上游处停留。
- 切勿进入低洼处。

个体防护

- 佩戴正压自给式呼吸器(SCBA)。
- 穿生产商特别推荐的化学防护服,注意该类防护服可能不防热。
- 一般消防防护服仅能提供有限的保护。

疏散

大量泄漏
- 考虑最初撤离至少 250 米。

火灾
- 火场内如有储罐、槽车或罐车,四周隔离 800 米,考虑初始撤离 800 米。

应 急 行 动

火灾

小火
- 首选用水幕或雾状水灭火；无水时，可用干粉、CO_2 或常规泡沫扑救。

大火
- 远距离用大量水灭火。
- 用水幕或雾状水灭火。禁止使用直流水扑救。
- 切勿开动已处于火场中的货船或车辆。
- 在确保安全的前提下将容器移离火场。

储罐、公路/铁路槽车火灾
- 从远处或者使用遥控水枪、水炮灭火。
- 用大量水冷却容器，直至火扑灭。
- 远离着火的储罐。
- 大面积火灾，使用遥控水枪、水炮灭火；否则，立即撤离，让其自行燃烧。

泄漏处置

- 消除所有点火源(泄漏区附近禁止吸烟，消除所有明火、火花或火焰)。
- 远离可燃物(如木材、纸张、油品等)。
- 未穿全身防护服时，禁止触及毁损容器或泄漏物。
- 用雾状水保持泄漏物湿润。
- 在保证安全的情况下堵漏。

小量泄漏
- 用惰性、湿润的不燃性材料吸收，使用洁净的无火花工具收集，置于盖子较松的塑料容器中以待处理。

大量泄漏
- 用水湿润并筑堤堵截以备处理。
- 防止泄漏物进入水体、下水道、地下室或密闭空间。
- 除非在专业人员指导下，否则禁止清除或废弃。

急救

- 确保医学救援人员了解该物质相关信息，并且注意个体防护。
- 将受害者移至空气新鲜处。
- 拨打"120"或其他应急医疗服务电话。
- 若呼吸停止，给予人工呼吸。
- 若呼吸困难，给吸氧。
- 脱去并隔离污染的衣物和鞋。
- 污染的衣物干燥时有燃烧的危险。
- 立即擦去皮肤上的污染物。
- 皮肤或眼睛接触本品，立即用流动清水冲洗至少 20 分钟。
- 受害者注意保温，保持安静。

处置方案编号 146　有机过氧化物(对热、杂质和摩擦敏感的)

潜 在 危 害

燃烧、爆炸

- 受热、撞击、摩擦或混入杂质可发生爆炸。
- 遇可燃物(如木材、纸、油、衣物等)可引起燃烧。
- 受热、遇明火或火花可引起燃烧。
- 有些物质可能迅速燃烧,有闪光燃烧效果。
- 容器受热可发生爆炸。
- 流出的泄漏物有燃烧或爆炸危险。

健康危害

- 燃烧可产生刺激性、腐蚀性和/或有毒的气体。
- 食入或皮肤和眼睛接触可引起严重刺激或灼伤。
- 消防排水或稀释水可引起污染。

公 众 安 全

- **首先拨打运输标签上的应急电话,若没有合适的信息,拨打国家危险化学品事故应急咨询电话 0532-83889090。**
- 立即在所有方向上隔离泄漏区,液体至少 50 米,固体至少 25 米。
- 疏散无关人员。
- 在上风、上坡或上游处停留。
- 切勿进入低洼处。

个体防护

- 佩戴正压自给式呼吸器(SCBA)。
- 穿生产商特别推荐的化学防护服,注意该类防护服可能不防热。
- 一般消防防护服仅能提供有限的保护。

疏散

大量泄漏
- 考虑最初撤离至少 250 米。

火灾
- 火场内如有储罐、槽车或罐车,四周隔离 800 米,考虑初始撤离 800 米。

应 急 行 动

火灾

小火
- 首选用水幕或雾状水灭火；无水时，可用干粉、CO_2或常规泡沫扑救。

大火
- 远距离用大量水灭火。
- 用水幕或雾状水灭火。禁止使用直流水扑救。
- 切勿开动已处于火场中的货船或车辆。
- 在确保安全的前提下将容器移离火场。

储罐、公路/铁路槽车火灾
- 从远处或者使用遥控水枪、水炮灭火。
- 用大量水冷却容器，直至火扑灭。
- 远离着火的储罐。
- 大面积火灾，使用遥控水枪、水炮灭火；否则，立即撤离，让其自行燃烧。

泄漏处置

- 消除所有点火源(泄漏区附近禁止吸烟，消除所有明火、火花或火焰)。
- 远离可燃物(如木材、纸张、油品等)。
- 未穿全身防护服时，禁止触及毁损容器或泄漏物。
- 用雾状水保持泄漏物湿润。
- 在保证安全的情况下堵漏。

小量泄漏
- 用惰性、湿润的不燃性材料吸收，使用洁净的无火花工具收集，置于盖子较松的塑料容器中以待处理。

大量泄漏
- 用水湿润并筑堤堵截以备处理。
- 防止泄漏物进入水体、下水道、地下室或密闭空间。
- **除非在专业人员指导下，否则禁止清除或废弃。**

急救

- 确保医学救援人员了解该物质相关信息，并且注意个体防护。
- 将受害者移至空气新鲜处。
- 拨打"120"或其他应急医疗服务电话。
- 若呼吸停止，给予人工呼吸。
- 若呼吸困难，给吸氧。
- 脱去并隔离污染的衣物和鞋。
- 污染的衣物干燥时有燃烧的危险。
- 立即擦去皮肤上的污染物。
- 皮肤或眼睛接触本品，立即用流动清水冲洗至少20分钟。
- 受害者注意保温，保持安静。

处置方案编号 147　锂离子电池

潜 在 危 害

燃烧、爆炸

- 锂离子电池含有易燃液体电解液，当受到高温（>150℃）影响或被破坏、滥用（例如机械损伤或过量充电）时，可泄漏、燃烧和产生火花。
- 有些物质可能迅速燃烧，有闪光燃烧效果。
- 可引燃临近的电池。

健康危害

- 接触电池电解液可对皮肤、眼睛和黏膜产生刺激。
- 燃烧可产生刺激性、腐蚀性和/或有毒的气体。
- 电池燃烧可产生有毒的氟化氢气体（参见常见危险化学品应急处置方案编号 125）。
- 烟雾可致头晕或窒息。

公 众 安 全

- **首先拨打运输标签上的应急电话，若没有合适的信息，拨打国家危险化学品事故应急咨询电话 0532-83889090。**
- 立即隔离泄漏区至少 25 米。
- 疏散无关人员。
- 在上风、上坡或上游处停留。
- 切勿进入低洼处。
- 进入密闭空间前先通风。

个体防护

- 佩戴正压自给式呼吸器（SCBA）。
- 消防防护服仅能提供有限的保护。

疏散

大量泄漏

- 考虑最初下风向撤离至少 100 米。

火灾

- 火场内如有储罐、槽车或罐车，四周隔离 500 米，考虑初始撤离 500 米。

应 急 行 动

火灾

小火
- 用干粉、CO_2、水幕或常规泡沫灭火。

大火
- 用水幕、雾状水或常规泡沫灭火。
- 在确保安全的前提下将容器移离火场。

泄漏处置

- 消除所有点火源(隔离区内禁止吸烟，消除所有明火、火花或火焰)。
- 禁止穿越和接触泄漏物。
- 用砂土或其他不燃性材料吸收。
- 泄漏的电池和被污染的吸收材料应用金属容器盛放。

急救

- 确保医学救援人员了解该物质相关信息，并且注意个体防护。
- 将受害者移至空气新鲜处。
- 拨打"120"或其他应急医疗服务电话。
- 若呼吸停止，给予人工呼吸。
- 若呼吸困难，给吸氧。
- 脱去并隔离污染的衣物和鞋。
- 皮肤或眼睛接触本品，立即用流动清水冲洗至少20分钟。

处置方案编号 148　有机过氧化物(对热和杂质敏感/需控制温度的)

潜　在　危　害

燃烧、爆炸

- 可因受热、污染或温度失控而爆炸。
- 对温度特别敏感，超过控制温度会剧烈分解并着火。
- 遇可燃物(如木材、纸、油、衣物等)可引起燃烧。
- 暴露于空气中会自燃。
- 受热、遇明火或火花可引起燃烧。
- 有些物质可能迅速燃烧，有闪光燃烧效果。
- 容器受热可发生爆炸。
- 泄漏物有燃烧或爆炸危险。

健康危害

- 燃烧可产生刺激性、腐蚀性和/或有毒的气体。
- 食入或皮肤和眼睛接触可引起严重刺激或灼伤。
- 消防排水或稀释水可引起污染。

公　众　安　全

- 首先拨打运输标签上的应急电话，若没有合适的信息，拨打国家危险化学品事故应急咨询电话 0532-83889090。
- 立即在所有方向上隔离泄漏区，液体至少 50 米，固体至少 25 米。
- 疏散无关人员。
- 在上风、上坡或上游处停留。
- 切勿进入低洼处。
- 避免泄漏物温度升高，可用液氮(穿防寒服)、干冰或冰冷却。如果没有冷却剂，立即撤离泄漏区。

个体防护

- 佩戴正压自给式呼吸器(SCBA)。
- 穿生产商特别推荐的化学防护服，注意该类防护服可能不防热。
- 一般消防防护服仅能提供有限的保护。

疏散

大量泄漏

- 考虑最初撤离至少 250 米。

火灾

- 火场内如有储罐、槽车或罐车，四周隔离 800 米，考虑初始撤离 800 米。

应 急 行 动

火灾
- **物质的温度必须始终维持在"控制温度"或以下。**

小火
- 首选用水幕或雾状水灭火；无水时，可用干粉、CO_2 或常规泡沫扑救。

大火
- 远距离用大量水灭火。
- 用水幕或雾状水灭火。禁止使用直流水扑救。
- 切勿开动已处于火场中的货船或车辆。
- 在确保安全的前提下将容器移离火场。

储罐、公路/铁路槽车火灾
- 从远处或者使用遥控水枪、水炮灭火。
- 用大量水冷却容器，直至火扑灭。
- **谨防容器爆炸。**
- 远离着火的储罐。
- 大面积火灾，使用遥控水枪、水炮灭火；否则，立即撤离，让其自行燃烧。

泄漏处置
- 消除所有点火源(泄漏区附近禁止吸烟，消除所有明火、火花或火焰)。
- 远离可燃物(如木材、纸张、油品等)。
- 禁止接触或跨越泄漏物。
- 在保证安全的情况下堵漏。

小量泄漏
- 用惰性、湿润的不燃性材料吸收，使用洁净的无火花工具收集，置于盖子较松的塑料容器中以待处理。

大量泄漏
- 在液体泄漏物前方筑堤堵截以备处理。
- 防止泄漏物进入水体、下水道、地下室或密闭空间。
- **除非在专业人员指导下，否则禁止清除或废弃。**

急救
- 确保医学救援人员了解该物质相关信息，并且注意个体防护。
- 将受害者移至空气新鲜处。
- 拨打"120"或其他应急医疗服务电话。
- 若呼吸停止，给予人工呼吸。
- 若呼吸困难，给吸氧。
- 脱去并隔离污染的衣物和鞋。
- 污染的衣物干燥时有燃烧的危险。
- 立即擦去皮肤上的污染物。
- 皮肤或眼睛接触本品，立即用流动清水冲洗至少 20 分钟。
- 受害者注意保温，保持安静。

处置方案编号 149　物质（自反应的）

潜 在 危 害

燃烧、爆炸

- 受热、化学反应、摩擦或撞击会触发其自分解或自燃。
- 受热、遇明火或火花可引起燃烧。
- 受热或处于火场中可发生爆炸性分解。
- 可猛烈燃烧，分解可自加速并产生大量气体。
- 蒸气或粉尘与空气可形成爆炸性混合物。

健康危害

- 吸入或接触蒸气、本品或分解产物可引起严重损害或死亡。
- 可产生刺激，有毒和/或腐蚀性气体。
- 消防排水可引起污染。

公 众 安 全

- 首先拨打运输标签上的应急电话，若没有合适的信息，拨打国家危险化学品事故应急咨询电话 0532-83889090。
- 立即在所有方向上隔离泄漏区，液体至少 50 米，固体至少 25 米。
- 疏散无关人员。
- 在上风、上坡或上游处停留。
- 切勿进入低洼处。

个体防护

- 佩戴正压自给式呼吸器（SCBA）。
- 穿生产商特别推荐的化学防护服，注意该类防护服可能不防热。
- 一般消防防护服仅能提供有限的保护。

疏散

大量泄漏

- 考虑最初下风向撤离至少 250 米。

火灾

- 火场内如有储罐、槽车或罐车，四周隔离 800 米，考虑初始撤离 800 米。

应 急 行 动

火灾

小火

- 用干粉、CO_2、水幕或常规泡沫灭火。

大火

- 远距离用大量水灭火。
- 在确保安全的前提下将容器移离火场。

储罐、公路/铁路槽车火灾

- **谨防容器爆炸。**
- 从远处或者使用遥控水枪、水炮灭火。
- 用大量水冷却容器，直至火扑灭。
- 若安全阀发出声响或储罐变色，立即撤离。
- 远离着火的储罐。

泄漏处置

- 消除所有点火源（泄漏区附近禁止吸烟，消除所有明火、火花或火焰）。
- 禁止接触或跨越泄漏物。
- 在保证安全的情况下堵漏。

小量泄漏

- 用惰性、湿润的不燃性材料吸收，使用洁净的无火花工具收集，置于盖子较松的塑料容器中以待处理。
- 防止泄漏物进入水体、下水道、地下室或密闭空间。

急救

- 确保医学救援人员了解该物质相关信息，并且注意个体防护。
- 将受害者移至空气新鲜处。
- 拨打"120"或其他应急医疗服务电话。
- 若呼吸停止，给予人工呼吸。
- 若呼吸困难，给吸氧。
- 脱去并隔离污染的衣物和鞋。
- 皮肤或眼睛接触本品，立即用流动清水冲洗至少20分钟。
- 受害者注意保温，保持安静。

处置方案编号 150　物质(自反应的或需控制温度的)

潜 在 危 害

燃烧、爆炸

- **受热、化学反应、摩擦或撞击会触发其自分解或自燃。**
- 如果特定的控制温度未维持,可发生自加速分解。
- 对温度升高特别敏感,超过"控制温度"会猛烈分解并着火。
- 受热、遇明火或火花可引起燃烧。
- 受热或处于火场中可发生爆炸性分解。
- 可猛烈燃烧,分解可自加速并产生大量气体。
- 蒸气或粉尘与空气可形成爆炸性混合物。

健康危害

- 吸入或接触蒸气、本品或分解产物可引起严重损害或死亡。
- 可产生刺激、有毒和/或腐蚀性气体。
- 消防排水可引起污染。

公 众 安 全

- **首先拨打运输标签上的应急电话,若没有合适的信息,拨打国家危险化学品事故应急咨询电话 0532-83889090。**
- 立即在所有方向上隔离泄漏区,液体至少 50 米,固体至少 25 米。
- 疏散无关人员。
- 在上风、上坡或上游处停留。
- 切勿进入低洼处。
- **避免泄漏物温度升高,可用液氮(穿防寒服)、干冰或冰冷却。如果没有冷却剂,立即撤离泄漏区。**

个体防护

- 佩戴正压自给式呼吸器(SCBA)。
- 穿生产商特别推荐的化学防护服,注意该类防护服可能不防热。
- 一般消防防护服仅能提供有限的保护。

疏散

大量泄漏
- 考虑最初下风向撤离至少 250 米。

火灾
- 火场内如有储罐、槽车或罐车,四周隔离 800 米,考虑初始撤离 800 米。

应 急 行 动

火灾

- 物质的温度必须始终维持在"控制温度"或以下。

小火

- 用干粉、CO_2、水幕或常规泡沫灭火。

大火

- 远距离用大量水灭火。
- 在确保安全的前提下将容器移离火场。

储罐、公路/铁路槽车火灾

- 谨防容器爆炸。
- 从远处或者使用遥控水枪、水炮灭火。
- 用大量水冷却容器，直至火扑灭。
- 若安全阀发出声响或储罐变色，立即撤离。
- 远离着火的储罐。

泄漏处置

- 消除所有点火源(泄漏区附近禁止吸烟，消除所有明火、火花或火焰)。
- 禁止接触或跨越泄漏物。
- 在保证安全的情况下堵漏。

小量泄漏

- 用惰性、湿润的不燃性材料吸收，使用洁净的无火花工具收集，置于盖子较松的塑料容器中以待处理。
- 防止泄漏物进入水体、下水道、地下室或密闭空间。
- 除非在专业人员指导下，否则禁止清除或废弃。

急救

- 确保医学救援人员了解该物质相关信息，并且注意个体防护。
- 将受害者移至空气新鲜处。
- 拨打"120"或其他应急医疗服务电话。
- 若呼吸停止，给予人工呼吸。
- 若呼吸困难，给吸氧。
- 脱去并隔离污染的衣物和鞋。
- 皮肤或眼睛接触本品，立即用流动清水冲洗至少 20 分钟。
- 受害者注意保温，保持安静。

处置方案编号 151　有毒物质(不燃的)

潜 在 危 害

健康危害

- **高毒**，吸入、吞服或经皮吸收可致死。
- 避免皮肤接触。
- 吸入或接触可引起迟发反应。
- 燃烧可产生刺激性、腐蚀性和/或有毒的气体。
- 消防排水或稀释水具有腐蚀性和/或毒性，并可引起污染。

燃烧、爆炸

- 不燃，受热分解产生腐蚀性和/或有毒烟雾。
- 容器受热可发生爆炸。
- 泄漏物会污染水体。

公 众 安 全

- 首先拨打运输标签上的应急电话，若没有合适的信息，拨打国家危险化学品事故应急咨询电话 0532-83889090。
- 立即在所有方向上隔离泄漏区，液体至少 50 米，固体至少 25 米。
- 疏散无关人员。
- 在上风、上坡或上游处停留。
- 切勿进入低洼处。

个体防护

- 佩戴正压自给式呼吸器(SCBA)。
- 穿生产商特别推荐的化学防护服，注意该类防护服可能不防热。
- 消防防护服仅用于灭火时的防护，对泄漏防护则无效。

疏散

泄漏
- 铺灰色底纹的物质参见常见危险化学品初始隔离和防护距离一览表(表1)。未铺灰色底纹的物质在"公众安全"项指示的隔离距离的基础上加大下风向的隔离距离。

火灾
- 火场内如有储罐、槽车或罐车，四周隔离 800 米，考虑初始撤离 800 米。

应 急 行 动

火灾

小火
- 用干粉、CO_2 或水幕灭火。

大火
- 用水幕、雾状水或常规泡沫灭火。禁止使用直流水扑救。
- 在确保安全的前提下将容器移离火场。
- 筑堤收容消防水以备处理，不得随意排放。

储罐、公路/铁路槽车火灾
- 从远处或者使用遥控水枪、水炮灭火。
- 容器内禁止注水。
- 用大量水冷却容器，直至火扑灭。
- 若安全阀发出声响或储罐变色，立即撤离。
- 远离着火的储罐。
- 大面积火灾，使用遥控水枪、水炮灭火；否则，立即撤离，让其自行燃烧。

泄漏处置

- 未穿全身防护服时，禁止触及毁损容器或泄漏物。
- 在保证安全的情况下堵漏。
- 防止泄漏物进入水体、下水道、地下室或密闭空间。
- 用塑料薄膜覆盖以防止扩散。
- 用干土、砂或其他不燃性材料吸收或覆盖并收集于容器中。
- 容器内禁止注水。

急救

- 确保医学救援人员了解该物质相关信息，并且注意个体防护。
- 将受害者移至空气新鲜处。
- 拨打"120"或其他应急医疗服务电话。
- 若呼吸停止，给予人工呼吸。
- **如果食入或吸入本品，禁用口对口人工呼吸。如需要人工呼吸可用带单向阀的小型面罩或其他适当的医学设备。**
- 若呼吸困难，给吸氧。
- 脱去并隔离污染的衣物和鞋。
- 皮肤或眼睛接触本品，立即用流动清水冲洗至少 20 分钟。
- 对于小面积皮肤接触，应避免物质在未受影响皮肤上蔓延。
- 受害者注意保温，保持安静。
- 吸入、食入或皮肤接触本品可引起迟发反应。

处置方案编号 152　有毒物质(可燃的)

潜 在 危 害

健康危害

- **高毒**,吸入、吞服或经皮吸收可致死。
- 皮肤和眼睛接触熔融物质可引起严重灼伤。
- 避免皮肤接触。
- 吸入或接触可引起迟发反应。
- 燃烧可产生刺激性、腐蚀性和/或有毒的气体。
- 消防排水或稀释水具有腐蚀性和/或毒性,并可引起污染。

燃烧、爆炸

- 可燃但不易引燃。
- 容器受热可发生爆炸。
- 泄漏物会污染水体。
- 物质可以熔融状态运输。

公 众 安 全

- 首先拨打运输标签上的应急电话,若没有合适的信息,拨打国家危险化学品事故应急咨询电话 0532-83889090。
- 立即在所有方向上隔离泄漏区,液体至少 50 米,固体至少 25 米。
- 疏散无关人员。
- 在上风、上坡或上游处停留。
- 切勿进入低洼处。

个体防护

- 佩戴正压自给式呼吸器(SCBA)。
- 穿生产商特别推荐的化学防护服,注意该类防护服可能不防热。
- 消防防护服仅用于灭火时的防护,对泄漏防护则无效。

疏散

泄漏
- 铺灰色底纹的物质参见常见危险化学品初始隔离和防护距离一览表(表1)。未铺灰色底纹的物质在"公众安全"项指示的隔离距离的基础上加大下风向的隔离距离。

火灾
- 火场内如有储罐、槽车或罐车,四周隔离 800 米,考虑初始撤离 800 米。

应 急 行 动

火灾

小火

- 用干粉、CO_2 或水幕灭火。

大火

- 用水幕、雾状水或常规泡沫灭火。禁止使用直流水扑救。
- 在确保安全的前提下将容器移离火场。
- 筑堤收容消防水以备处理，不得随意排放。

储罐、公路/铁路槽车火灾

- 从远处或者使用遥控水枪、水炮灭火。
- 容器内禁止注水。
- 用大量水冷却容器，直至火扑灭。
- 若安全阀发出声响或储罐变色，立即撤离。
- 远离着火的储罐。
- 大面积火灾，使用遥控水枪、水炮灭火；否则，立即撤离，让其自行燃烧。

泄漏处置

- 消除所有点火源(泄漏区附近禁止吸烟，消除所有明火、火花或火焰)。
- 未穿全身防护服时，禁止触及毁损容器或泄漏物。
- 在保证安全的情况下堵漏。
- 防止泄漏物进入水体、下水道、地下室或密闭空间。
- 用塑料薄膜覆盖以防止扩散。
- 用干土、砂或其他不燃性材料吸收或覆盖并收集于容器中。
- 容器内禁止注水。

急救

- 确保医学救援人员了解该物质相关信息，并且注意个体防护。
- 将受害者移至空气新鲜处。
- 拨打"120"或其他应急医疗服务电话。
- 若呼吸停止，给予人工呼吸。
- **如果食入或吸入本品，禁用口对口人工呼吸。如需要人工呼吸可用带单向阀的小型面罩或其他适当的医学设备。**
- 若呼吸困难，给吸氧。
- 脱去并隔离污染的衣物和鞋。
- 皮肤或眼睛接触本品，立即用流动清水冲洗至少20分钟。
- 对于小面积皮肤接触，应避免物质在未受影响皮肤上蔓延。
- 受害者注意保温，保持安静。
- 吸入、食入或皮肤接触本品可引起迟发反应。

处置方案编号 153 有毒和/或腐蚀性物质(可燃的)

潜 在 危 害

健康危害
- **有毒**。吸入、食入或皮肤接触可引起严重损害或死亡。
- 皮肤和眼睛接触熔融物质可引起严重灼伤。
- 避免皮肤接触。
- 吸入或接触可引起迟发反应。
- 燃烧可产生刺激性、腐蚀性和/或有毒的气体。
- 消防排水或稀释水具有腐蚀性和/或毒性,并可引起污染。

燃烧、爆炸
- 可燃但不易引燃。
- 加热时蒸气与空气可形成爆炸性混合物,室内、户外和下水道内有爆炸危险。
- 标有字母"P"的物质受热或处于火场时可发生爆炸性聚合。
- 与金属接触可放出易燃的氢气。
- 容器受热可发生爆炸。
- 泄漏物会污染水体。
- 物质可以熔融状态运输。

公 众 安 全

- **首先拨打运输标签上的应急电话,若没有合适的信息,拨打国家危险化学品事故应急咨询电话 0532-83889090。**
- 立即在所有方向上隔离泄漏区,液体至少 50 米,固体至少 25 米。
- 疏散无关人员。
- 在上风、上坡或上游处停留。
- 切勿进入低洼处。
- 密闭空间加强通风。

个体防护
- 佩戴正压自给式呼吸器(SCBA)。
- 穿生产商特别推荐的化学防护服,注意该类防护服可能不防热。
- 消防防护服仅用于灭火时的防护,对泄漏防护则无效。

疏散

泄漏
- 铺灰色底纹的物质参见常见危险化学品初始隔离和防护距离一览表(表1)。未铺灰色底纹的物质在"公众安全"项指示的隔离距离的基础上加大下风向的隔离距离。

火灾
- 火场内如有储罐、槽车或罐车,四周隔离 800 米,考虑初始撤离 800 米。

应 急 行 动

火灾

小火

- 用干粉、CO_2 或水幕灭火。

大火

- 用干粉、CO_2、抗醇泡沫或水幕灭火。
- 在确保安全的前提下将容器移离火场。
- 筑堤收容消防水以备处理，不得随意排放。

储罐、公路/铁路槽车火灾

- 从远处或者使用遥控水枪、水炮灭火。
- 容器内禁止注水。
- 用大量水冷却容器，直至火扑灭。
- 若安全阀发出声响或储罐变色，立即撤离。
- 远离着火的储罐。

泄漏处置

- 消除所有点火源(泄漏区附近禁止吸烟，消除所有明火、火花或火焰)。
- 未穿全身防护服时，禁止触及毁损容器或泄漏物。
- 在保证安全的情况下堵漏。
- 防止泄漏物进入水体、下水道、地下室或密闭空间。
- 用干土、砂或其他不燃性材料吸收或覆盖并收集于容器中。
- 容器内禁止注水。

急救

- 确保医学救援人员了解该物质相关信息，并且注意个体防护。
- 将受害者移至空气新鲜处。
- 拨打"120"或其他应急医疗服务电话。
- 若呼吸停止，给予人工呼吸。
- **如果食入或吸入本品，禁用口对口人工呼吸。如需要人工呼吸可用带单向阀的小型面罩或其他适当的医学设备。**
- 若呼吸困难，给吸氧。
- 脱去并隔离污染的衣物和鞋。
- 皮肤或眼睛接触本品，立即用流动清水冲洗至少 20 分钟。
- 对于小面积皮肤接触，应避免物质在未受影响皮肤上蔓延。
- 受害者注意保温，保持安静。
- 吸入、食入或皮肤接触本品可引起迟发反应。

处置方案编号 154　有毒和/或腐蚀性物质(不燃的)

潜 在 危 害

健康危害

- **有毒**。吸入、食入或皮肤接触可引起严重损害或死亡。
- 皮肤和眼睛接触熔融物质可引起严重灼伤。
- 避免皮肤接触。
- 吸入或接触可引起迟发反应。
- 燃烧可产生刺激性、腐蚀性和/或有毒的气体。
- 消防排水或稀释水具有腐蚀性和/或毒性,并可引起污染。

燃烧、爆炸

- 不燃,受热分解产生腐蚀性和/或有毒烟雾。
- 有些物质是氧化剂,可引燃可燃物(如木材、纸、油、衣物等)。
- 与金属接触可放出易燃的氢气。
- 容器受热可发生爆炸。
- 对于 UN 3171,如果存在锂离子电池,查阅处置方案编号 147。

公 众 安 全

- **首先拨打运输标签上的应急电话,若没有合适的信息,拨打国家危险化学品事故应急咨询电话 0532-83889090。**
- 立即在所有方向上隔离泄漏区,液体至少 50 米,固体至少 25 米。
- 疏散无关人员。
- 在上风、上坡或上游处停留。
- 切勿进入低洼处。
- 密闭空间加强通风。

个体防护

- 佩戴正压自给式呼吸器(SCBA)。
- 穿生产商特别推荐的化学防护服,注意该类防护服可能不防热。
- 消防防护服仅用于灭火时的防护,对泄漏防护则无效。

疏散

泄漏
- 铺灰色底纹的物质参见常见危险化学品初始隔离和防护距离一览表(表1)。未铺灰色底纹的物质在"公众安全"项指示的隔离距离的基础上加大下风向的隔离距离。

火灾
- 火场内如有储罐、槽车或罐车,四周隔离 800 米,考虑初始撤离 800 米。

应 急 行 动

火灾

小火

- 用干粉、CO_2或水幕灭火。

大火

- 用干粉、CO_2、抗醇泡沫或水幕灭火。
- 在确保安全的前提下将容器移离火场。
- 筑堤收容消防水以备处理，不得随意排放。

储罐、公路/铁路槽车火灾

- 从远处或者使用遥控水枪、水炮灭火。
- 容器内禁止注水。
- 用大量水冷却容器，直至火扑灭。
- 若安全阀发出声响或储罐变色，应立即撤离。
- 远离着火的储罐。

泄漏处置

- 消除所有点火源(泄漏区附近禁止吸烟，消除所有明火、火花或火焰)。
- 未穿全身防护服时，禁止触及毁损容器或泄漏物。
- 在保证安全的情况下堵漏。
- 防止泄漏物进入水体、下水道、地下室或密闭空间。
- 用干土、砂或其他不燃性材料吸收或覆盖并收集于容器中。
- 容器内禁止注水。

急救

- 确保医学救援人员了解该物质相关信息，并且注意个体防护。
- 将受害者移至空气新鲜处。
- 拨打"120"或其他应急医疗服务电话。
- 若呼吸停止，给予人工呼吸。
- **如果食入或吸入本品，禁用口对口人工呼吸。如需要人工呼吸可用带单向阀的小型面罩或其他适当的医学设备。**
- 若呼吸困难，给吸氧。
- 脱去并隔离污染的衣物和鞋。
- 若皮肤或眼睛接触本品，应立即用流动清水冲洗至少20分钟。
- 对于小面积皮肤接触，应避免物质在未受影响的皮肤上蔓延。
- 受害者注意保温，保持安静。
- 吸入、食入或皮肤接触本品可引起迟发反应。

处置方案编号 155　有毒和/或腐蚀性物质 (易燃/与水反应的)

<h2 style="text-align:center">潜 在 危 害</h2>

燃烧、爆炸

- **高度易燃，受热、遇明火或火花极易燃烧。**
- 蒸气与空气能形成爆炸性混合物，室内、户外和下水道内有爆炸危险。
- 大多数蒸气比空气重，沿地面扩散并易积存于低洼处或密闭空间 (如下水道、地下室、罐)。
- 蒸气扩散后，遇火源着火回燃。
- 标有字母"P"的物质受热或处于火场时可发生爆炸性聚合。
- 与水反应(有的剧烈反应)，放出易燃、有毒或腐蚀性气体。
- 与金属接触可放出易燃的氢气。
- 容器受热或进水可发生爆炸。

健康危害

- **有毒。**吸入、食入或皮肤、眼睛接触其蒸气、粉尘或本品可引起严重损害、灼伤或死亡。
- **溴乙酸盐和氯乙酸盐是强刺激物/催泪剂。**
- 与水或潮湿空气反应放出有毒、腐蚀或易燃气体。
- 与水反应放出大量热量并产生烟雾。
- 燃烧可产生刺激性、腐蚀性和/或有毒的气体。
- 消防排水或稀释水具有腐蚀性和/或毒性，并可引起污染。

<h2 style="text-align:center">公 众 安 全</h2>

- 首先拨打运输标签上的应急电话，若没有合适的信息，拨打国家危险化学品事故应急咨询电话 **0532-83889090**。
- 立即在所有方向上隔离泄漏区，液体至少 50 米，固体至少 25 米。
- 疏散无关人员。
- 在上风、上坡或上游处停留。
- 切勿进入低洼处。
- 密闭空间加强通风。

个体防护

- 佩戴正压自给式呼吸器(SCBA)。
- 穿生产商特别推荐的化学防护服，注意该类防护服可能不防热。
- 消防防护服仅用于灭火时的防护，对泄漏防护则无效。

疏散

泄漏
- 铺灰色底纹的物质参见常见危险化学品初始隔离和防护距离一览表 (表1)。未铺灰色底纹的物质在"公众安全"项指示的隔离距离的基础上加大下风向的隔离距离。

火灾
- 火场内如有储罐、槽车或罐车，四周隔离 800 米，考虑初始撤离 800 米。

应 急 行 动

火灾

- 注意：绝大多数泡沫都与该物质反应并放出有毒和/或腐蚀性的气体。
  警告：对于乙酰氯（UN 1717），只能用 CO_2 或干粉灭火。

小火
- 用 CO_2、干粉、干砂或抗醇泡沫灭火。

大火
- 用水幕、雾状水或抗醇泡沫灭火。禁止使用直流水扑救。
- **对氯硅烷类，禁止用水扑救，使用 AFFF 抗醇泡沫灭火。**
- 在确保安全的前提下将容器移离火场。

储罐、公路/铁路槽车火灾
- 从远处或者使用遥控水枪、水炮灭火。
- 容器内禁止注水。用大量水冷却容器，直至火扑灭。
- 若安全阀发出声响或储罐变色，应立即撤离。
- 远离着火的储罐。

泄漏处置

- 消除所有点火源（泄漏区附近禁止吸烟，消除所有明火、火花或火焰）。
- 作业时所有设备应接地。
- 未穿全身防护服时，禁止触及毁损容器或泄漏物。
- 在保证安全的情况下堵漏。
- 用泡沫覆盖抑制蒸气产生。
- **对氯硅烷类，使用 AFFF 抗醇泡沫抑制蒸气产生。**
- **禁止把水喷到泄漏物上或容器内。**
- 喷雾状水抑制蒸气或改变蒸气云流向，避免水流接触泄漏物。
- 防止泄漏物进入水体、下水道、地下室或密闭空间。

小量泄漏
- 用干土、干砂或其他不燃性材料覆盖，接着盖上塑料薄膜，以减少扩散或避免淋雨。
- 使用洁净的无火花工具收集泄漏物，置于盖子较松的塑料容器中待稍后处理。

急救

- 确保医学救援人员了解该物质相关信息，并且注意个体防护。
- 将受害者移至空气新鲜处。
- 拨打"120"或其他应急医疗服务电话。
- 若呼吸停止，给予人工呼吸。若呼吸困难，给吸氧。
- **如果食入或吸入本品，禁用口对口人工呼吸。如需要人工呼吸可用带单向阀的小型面罩或其他适当的医学设备。**
- 脱去并隔离污染的衣物和鞋。
- 若皮肤或眼睛接触本品，应立即用流动清水冲洗至少 20 分钟。
- 对于小面积皮肤接触，应避免物质在未受影响的皮肤上蔓延。
- 受害者注意保温，保持安静。
- 吸入、食入或皮肤接触本品可引起迟发反应。

处置方案编号 156　有毒和/或腐蚀性物质（可燃/与水反应的）

潜在危害

燃烧、爆炸

- 可燃但不易引燃。
- 与水反应（有的剧烈反应），放出易燃、有毒或腐蚀性气体。
- 加热时蒸气与空气可形成爆炸性混合物，室内、户外和下水道内有爆炸危险。
- 大多数蒸气比空气重，沿地面扩散并易积存于低洼处或密闭处（如下水道、地下室、罐）。
- 蒸气扩散后，遇火源着火回燃。
- 与金属接触可放出易燃的氢气。
- 容器受热或进水可发生爆炸。

健康危害

- **有毒**。吸入、食入或皮肤、眼睛接触其蒸气、粉尘或本品可引起严重损害、灼伤或死亡。
- 眼睛、皮肤接触熔融状态的物质可引起严重灼伤。
- 与水或潮湿空气反应放出有毒、腐蚀或易燃气体。
- 与水反应放出大量热量并产生烟雾。
- 燃烧可产生刺激性、腐蚀性和/或有毒的气体。
- 消防排水或稀释水具有腐蚀性和/或毒性，并可引起污染。

公众安全

- **首先拨打运输标签上的应急电话，若没有合适的信息，拨打国家危险化学品事故应急咨询电话 0532-83889090。**
- 立即在所有方向上隔离泄漏区，液体至少 50 米，固体至少 25 米。
- 疏散无关人员。
- 在上风、上坡或上游处停留。
- 切勿进入低洼处。
- 密闭空间加强通风。

个体防护

- 佩戴正压自给式呼吸器（SCBA）。
- 穿生产商特别推荐的化学防护服，注意该类防护服可能不防热。
- 消防防护服仅用于灭火时的防护，对泄漏防护则无效。

疏散

泄漏
- 铺灰色底纹的物质参见常见危险化学品初始隔离和防护距离一览表（表1）。未铺灰色底纹的物质在"公众安全"项指示的隔离距离的基础上加大下风向的隔离距离。
火灾
- 火场内如有储罐、槽车或罐车，四周隔离 800 米，考虑初始撤离 800 米。

应 急 行 动

火灾

- 注意：绝大多数泡沫都与该物质反应并放出有毒和/或腐蚀性的气体。

小火

- 用 CO_2、干粉、干砂或抗醇泡沫灭火。

大火

- 用水幕、雾状水或抗醇泡沫灭火。禁止使用直流水扑救。
- **对氯硅烷类，禁止用水扑救，使用 AFFF 抗醇泡沫灭火。**
- 在确保安全的前提下将容器移离火场。

储罐、公路/铁路槽车火灾

- 从远处或者使用遥控水枪、水炮灭火。
- 容器内禁止注水。
- 用大量水冷却容器，直至火扑灭。
- 若安全阀发出声响或储罐变色，应立即撤离。
- 远离着火的储罐。

泄漏处置

- 消除所有点火源（泄漏区附近禁止吸烟，消除所有明火、火花或火焰）。
- 作业时所有设备应接地。
- 未穿全身防护服时，禁止触及毁损容器或泄漏物。
- 在保证安全的情况下堵漏。
- 用泡沫覆盖抑制蒸气产生。
- **对氯硅烷类，使用 AFFF 抗醇泡沫抑制蒸气产生。**
- **禁止把水喷到泄漏物上或容器内。**
- 喷雾状水抑制蒸气或改变蒸气云流向，避免水流接触泄漏物。
- 防止泄漏物进入水体、下水道、地下室或密闭空间。

小量泄漏

- 用干土、干砂或其他不燃性材料覆盖，接着盖上塑料薄膜，以减少扩散或避免淋雨。
- 使用洁净的无火花工具收集泄漏物，置于盖子较松的塑料容器中待稍后处理。

急救

- 确保医学救援人员了解该物质相关信息，并且注意个体防护。
- 将受害者移至空气新鲜处。
- 拨打"120"或其他应急医疗服务电话。
- 若呼吸停止，给予人工呼吸。
- **如果食入或吸入本品，禁用口对口人工呼吸。如需要人工呼吸可用带单向阀的小型面罩或其他适当的医学设备。**
- 若呼吸困难，给吸氧。
- 脱去并隔离污染的衣物和鞋。
- 若皮肤或眼睛接触本品，应立即用流动清水冲洗至少 20 分钟。
- 对于小面积皮肤接触，应避免物质在未受影响的皮肤上蔓延。
- 受害者注意保温，保持安静。
- 吸入、食入或皮肤接触本品可引起迟发反应。

处置方案编号 157　有毒和/或腐蚀性物质(不燃/与水反应的)

潜 在 危 害

健康危害

- **有毒**。吸入、食入或皮肤、眼睛接触其蒸气、粉尘或本品可引起严重损害、灼伤或死亡。
- 与水或潮湿空气反应放出有毒、腐蚀或易燃气体。
- 与水反应放出大量热量并产生烟雾。
- 燃烧可产生刺激性、腐蚀性和/或有毒的气体。
- 消防排水或稀释水具有腐蚀性和/或毒性,并可引起污染。

燃烧、爆炸

- 不燃,受热分解产生腐蚀性和/有毒烟雾。
- 对于高浓度的 UN 1796、UN 1826、UN 2031 和 UN 2032,可以作为氧化剂,查阅处置方案编号 140。
- 蒸气可积聚在密闭空间(地下室、罐、料仓/罐车等)。
- 与水反应(有的剧烈反应),放出腐蚀性和/或有毒气体。
- 与金属接触可放出易燃的氢气。
- 容器受热或进水可发生爆炸。

公 众 安 全

- 首先拨打运输标签上的应急电话,若没有合适的信息,拨打国家危险化学品事故应急咨询电话 0532-83889090。
- 立即在所有方向上隔离泄漏区,液体至少 50 米,固体至少 25 米。
- 疏散无关人员。
- 在上风、上坡或上游处停留。
- 切勿进入低洼处。
- 密闭空间加强通风。

个体防护

- 佩戴正压自给式呼吸器(SCBA)。
- 穿生产商特别推荐的化学防护服,注意该类防护服可能不防热。
- 消防防护服仅用于灭火时的防护,对泄漏防护则无效。

疏散

泄漏
- 铺灰色底纹的物质参见常见危险化学品初始隔离和防护距离一览表(表1)。未铺灰色底纹的物质在"公众安全"项指示的隔离距离的基础上加大下风向的隔离距离。
火灾
- 火场内如有储罐、槽车或罐车,四周隔离 800 米,考虑初始撤离 800 米。

应 急 行 动

火灾

- 注意：绝大多数泡沫都与该物质反应并放出有毒和/或腐蚀性的气体。

小火

- 用 CO_2（氰化物除外）、干粉、干砂或抗醇泡沫灭火。

大火

- 用水幕、雾状水或抗醇泡沫灭火。禁止使用直流水扑救。
- 在确保安全的前提下将容器移离火场。
- 筑堤收容消防水以备处理，不得随意排放。

储罐、公路/铁路槽车火灾

- 从远处或者使用遥控水枪、水炮灭火。
- **容器内禁止注水。**
- 用大量水冷却容器，直至火扑灭。
- 若安全阀发出声响或储罐变色，应立即撤离。
- 远离着火的储罐。

泄漏处置

- 消除所有点火源（泄漏区附近禁止吸烟，消除所有明火、火花或火焰）。
- 作业时所有设备应接地。
- 未穿全身防护服时，禁止触及毁损容器或泄漏物。
- 在保证安全的情况下堵漏。
- 用泡沫覆盖抑制蒸气产生。
- **容器内禁止注水。**
- 喷雾状水抑制蒸气或改变蒸气云流向，避免水流接触泄漏物。
- 防止泄漏物进入水体、下水道、地下室或密闭空间。

小量泄漏

- 用干土、干砂或其他不燃性材料覆盖，接着盖上塑料薄膜，以减少扩散或避免淋雨。
- 使用洁净的无火花工具收集泄漏物，置于盖子较松的塑料容器中待稍后处理。

急救

- 确保医学救援人员了解该物质相关信息，并且注意个体防护。
- 将受害者移至空气新鲜处。
- 拨打"120"或其他应急医疗服务电话。
- 若呼吸停止，给予人工呼吸。
- **如果食入或吸入本品，禁用口对口人工呼吸。如需要人工呼吸可用带单向阀的小型面罩或其他适当的医学设备。**
- 若呼吸困难，给吸氧。
- 脱去并隔离污染的衣物和鞋。
- 若皮肤或眼睛接触本品，应立即用流动清水冲洗至少 20 分钟。
- **若接触氢氟酸，**先用水冲洗皮肤和眼睛 5 分钟，然后，皮肤接触处擦上葡萄糖酸钙凝胶；眼睛若可能用葡萄糖酸钙水溶液冲洗，否则继续用水冲洗 15 分钟。
- 对于小面积皮肤接触，应避免物质在未受影响的皮肤上蔓延。
- 受害者注意保温，保持安静。
- 吸入、食入或皮肤接触本品可引起迟发反应。

处置方案编号 158　感染性物质

潜　在　危　害

健康危害

- 吸入或接触本物质可引起感染、疾病或死亡。
- 表 A 中的感染性物质（如 UN 2814、UN 2900）较表 B 中的生物性物质（UN 3373）或医疗废物（UN 3291）更加危险。
- 消防排水可引起污染。

注意：破损的包装含有作为制冷剂的干冰（CO_2）时，可冷凝空气形成水或霜。不要接触这些液体，因为它们可能已经被包装的内容物污染。

- 直接接触固态二氧化碳可能会引起灼伤、严重的损伤或冻伤。

燃烧、爆炸

- 有些物质可燃，但难以引燃。
- 有些物质在易燃液体中运输。

公　众　安　全

- 首先拨打运输标签上的应急电话，若没有合适的信息，拨打国家危险化学品事故应急咨询电话 0532-83889090。
- 立即隔离泄漏区至少 25 米。
- 疏散无关人员。
- 在上风、上坡或上游处停留。
- 获得有关物质的特性。

个体防护

- 佩戴正压自给式呼吸器（SCBA）。
- 着全身防护服［特卫强（Tyvek）防护套装］口罩、防液体手套（如乳胶、橡胶手套）。
- 穿合适工鞋，可穿戴一次性鞋套以防止污染。
- 如接触尖锐物体（如破碎玻璃、针），将防刺和防割手套套在防液体手套上。
- 在处理干冰（UN 1845）时，将绝缘手套套在防液体手套上。
- 净化防护服和个体防护装备使用后、清洗或处置前要使用合适的化学杀菌剂（如 10% 的漂白剂溶液，等同于 0.5% 的次氯酸钠）或通过已认证的净化技术（如高压釜）处理。
- 消防防护服仅能提供有限的保护。

应 急 行 动

火灾

小火
- 用干粉、苏打灰、石灰或沙土灭火。

大火
- 使用适合周围火灾的灭火剂灭火。
- 禁止用高压水流驱散泄漏物料。
- 在确保安全的前提下将容器移离火场。

泄漏处置

- 禁止接触或跨越泄漏物。
- 未穿全身防护服时，禁止触及毁损容器或泄漏物。
- 用砂土或其他不燃材料吸收。
- 用湿毛巾或抹布覆盖破损的包装或泄漏物，并用液体漂白剂或其他消毒剂保持湿润。
- **除非在专业人员指导下，否则禁止清理现场。**

急救

- 确保医学救援人员了解该物质相关信息，并且注意个体防护。
- 将受害者移至空气新鲜处。

注意：受害者可能是污染源。
- 拨打"120"或其他应急医疗服务电话。
- 脱去并隔离污染的衣物和鞋。
- 若皮肤或眼睛接触本品，应立即用流动清水冲洗至少20分钟。
- 吸入、食入或皮肤接触本品可引起迟发反应。
- **联系当地的毒物控制中心进一步救治。**

处置方案编号 159　物质（刺激的）

潜 在 危 害

健康危害

- 吸入蒸气或粉尘具有强烈刺激性。
- 可引起眼睛灼伤和流泪。
- 可引起咳嗽、呼吸困难和恶心。
- 短暂接触造成的影响仅持续几分钟。
- 封闭场所接触危害很大。
- 燃烧可产生刺激性、腐蚀性和/或有毒的气体。
- 消防排水或稀释水可引起污染。

燃烧、爆炸

- 有些物质可燃，但难以引燃。
- 容器受热可发生爆炸。

公 众 安 全

- 首先拨打运输标签上的应急电话，若没有合适的信息，拨打国家危险化学品事故应急咨询电话 0532-83889090。
- 立即在所有方向上隔离泄漏区，液体至少 50 米，固体至少 25 米。
- 疏散无关人员。
- 在上风、上坡或上游处停留。
- 切勿进入低洼处。
- 进入密闭空间前先通风。

个体防护

- 佩戴正压自给式呼吸器（SCBA）。
- 穿生产商特别推荐的化学防护服，注意该类防护服可能不防热。
- 消防防护服仅用于灭火时的防护，对泄漏防护则无效。

疏散

大量泄漏

- 铺灰色底纹的物质参见常见危险化学品初始隔离和防护距离一览表（表1）。未铺灰色底纹的物质在"公众安全"项指示的隔离距离的基础上加大下风向的隔离距离。

火灾

- 火场内如有储罐、槽车或罐车，四周隔离 800 米，考虑初始撤离 800 米。

应 急 行 动

火灾

小火
- 用干粉、CO_2、水幕或常规泡沫灭火。

大火
- 用水幕、雾状水或常规泡沫灭火。
- 在确保安全的前提下将容器移离火场。
- 筑堤收容消防水以备处理，不得随意排放。

储罐、公路/铁路槽车火灾
- 从远处或者使用遥控水枪、水炮灭火。
- 容器内禁止注水。
- 用大量水冷却容器，直至火扑灭。
- 若安全阀发出声响或储罐变色，应立即撤离。
- 远离着火的储罐。
- 大面积火灾，使用遥控水枪、水炮灭火；否则，立即撤离，让其自行燃烧。

泄漏处置

- 禁止接触或跨越泄漏物。
- 在保证安全的情况下堵漏。
- 泄漏但未着火时应穿全封闭蒸气防护服。

小量泄漏
- 用砂或其他不燃性吸收材料吸收，置于容器中待稍后处理。

大量泄漏
- 在液体泄漏物前方筑堤堵截以备处理。
- 防止泄漏物进入水体、下水道、地下室或密闭空间。

急救

- 确保医学救援人员了解该物质相关信息，并且注意个体防护。
- 将受害者移至空气新鲜处。
- 拨打"120"或其他应急医疗服务电话。
- 若呼吸停止，给予人工呼吸。
- **如果食入或吸入本品，禁用口对口人工呼吸。如需要人工呼吸可用带单向阀的小型面罩或其他适当的医学设备。**
- 若呼吸困难，给吸氧。
- 脱去并隔离污染的衣物和鞋。
- 若皮肤或眼睛接触本品，应立即用流动清水冲洗至少 20 分钟。
- 对于小面积皮肤接触，应避免物质在未受影响的皮肤上蔓延。
- 受害者注意保温，保持安静。
- 转移受害者至空气新鲜处，大约 10 分钟物质作用会消失。

处置方案编号 160　卤化溶剂

潜 在 危 害

健康危害

- 摄入有毒。
- 蒸气可引起头晕或窒息。
- 封闭场所接触危害很大。
- 皮肤和眼睛接触可引起刺激或灼伤。
- 燃烧可产生刺激性和/或有毒的气体。
- 消防排水或稀释水可引起污染。

燃烧、爆炸

- 有些物质可燃，但难以引燃。
- 蒸气比空气重。
- 蒸气与空气的混合物遇火源易发生爆炸。
- 处在火场中的容器有爆炸危险。

公 众 安 全

- 首先拨打运输标签上的应急电话，若没有合适的信息，拨打国家危险化学品事故应急咨询电话 **0532-83889090**。
- 立即隔离泄漏区至少 50 米。
- 疏散无关人员。
- 在上风、上坡或上游处停留。
- 大多数气体比空气重，沿地面扩散，聚积于低洼处或密闭空间（如下水道、地下室、罐）。
- 切勿进入低洼处。
- 进入密闭空间前先通风。

个体防护

- 佩戴正压自给式呼吸器（SCBA）。
- 穿生产商特别推荐的防护服。
- 一般消防防护服仅能提供有限的保护。

疏散

大量泄漏
- 考虑最初下风向撤离至少 100 米。

火灾
- 火场内如有储罐、槽车或罐车，四周隔离 800 米，考虑初始撤离 800 米。

应 急 行 动

火灾

小火

- 用干粉、CO_2 或水幕灭火。

大火

- 用干粉、CO_2、抗醇泡沫或水幕灭火。
- 在确保安全的前提下将容器移离火场。
- 筑堤收容消防水以备处理，不得随意排放。

储罐、公路/铁路槽车火灾

- 从远处或者使用遥控水枪、水炮灭火。
- 用大量水冷却容器，直至火扑灭。
- 若安全阀发出声响或储罐变色，应立即撤离。
- 远离着火的储罐。

泄漏处置

- 消除所有点火源(泄漏区附近禁止吸烟，消除所有明火、火花或火焰)。
- 在保证安全的情况下堵漏。

小量液体泄漏

- 用砂、土或其他不燃性材料收集泄漏物。

大量泄漏

- 在液体泄漏物前方筑堤堵截以备处理。
- 防止泄漏物进入水体、下水道、地下室或密闭空间。

急救

- 确保医学救援人员了解该物质相关信息，并且注意个体防护。
- 将受害者移至空气新鲜处。
- 拨打"120"或其他应急医疗服务电话。
- 若呼吸停止，给予人工呼吸。
- 若呼吸困难，给吸氧。
- 脱去并隔离污染的衣物和鞋。
- 若皮肤或眼睛接触本品，应立即用流动清水冲洗至少20分钟。
- 对于小面积皮肤接触，应避免物质在未受影响的皮肤上蔓延。
- 用肥皂和水清洗皮肤。
- 受害者注意保温，保持安静。

处置方案编号 161　放射性物质(低等放射性的)

潜 在 危 害

健康危害

- 发生运输事故时，本品对运输人员、应急人员和公众产生的放射性危害较小。当放射性物质的潜在危害增加时，包装的耐用性也应增加。
- 低放射性物质及包装外的低放射性水平对人产生的危害很低。破损的包装可放出可测量量的放射性物质，但认为由此产生的风险很低。
- 该类物质不能用常规仪器检测。
- 包装上没有Ⅰ、Ⅱ、Ⅲ类放射性标签。有些可能只有空标签或者仅标识"放射性"字样。

燃烧、爆炸

- 可燃但不易引燃。
- 大多数采用硬纸板外包装；内包装(体积上的大小)可能有不同的形式。
- 放射性不会改变物质的易燃性或其他特性。

公 众 安 全

- 首先拨打运输标签上的应急电话，若没有合适的信息，拨打国家危险化学品事故应急咨询电话 0532-83889090。
- 应优先考虑救援、救生、急救、灭火和其他危害控制，这比测定放射性水平更重要。
- 应向放射品管理部门通报事故情况。放射品管理部门通常负责做出放射后果和紧急状态解除的决定。
- 立即隔离泄漏区至少 25 米。
- 在上风、上坡或上游处停留。
- 疏散无关人员。
- 扣留或隔离怀疑受污染的未受伤人员或设备，收到放射品管理部门的指示后才能除污和清除。

个体防护

- 佩戴正压自给式呼吸器(SCBA)，消防防护服能提供足够的防护。

疏散

大量泄漏
- 考虑最初下风向撤离至少 100 米。

火灾
- 当大量泄漏的放射性材料处在火场时，最初撤离 300 米。

应 急 行 动

火灾

- 放射性物质的存在并不影响火灾控制程序，也不影响灭火技术的选择。
- 在确保安全的前提下将容器移离火场。
- 将未损坏的包装移出火场，不要移动已损坏的包装。

小火
- 用干粉、CO_2、水幕或常规泡沫灭火。

大火
- 用水幕、雾状水（大量）灭火。

泄漏处置

- 避免接触泄漏的包装或泄漏物。
- 用砂、土或其他不燃性吸收材料覆盖液体泄漏物。
- 用塑料薄膜或帆布覆盖粉末泄漏物以减少扩散。

急救

- 确保医学救援人员了解该物质相关信息，并且注意个体防护，防止污染传播。
- 拨打"120"或其他应急医疗服务电话。
- 医疗问题应优先考虑放射性的影响。
- 依据受伤的情况作急救处理。
- 重伤员要及时送往医院治疗。
- 若呼吸停止，给予人工呼吸。
- 若呼吸困难，给吸氧。
- 若皮肤或眼睛接触本品，应立即将皮肤上污染物擦去，用流动清水冲洗皮肤或眼睛至少 20 分钟。
- 被泄漏物污染的受伤人员对护理人员、装备、工具不会造成严重危害。

处置方案编号 162　放射性物质(低至中等放射性的)

潜 在 危 害

健康危害

- 发生运输事故时，本品对运输人员、应急人员和公众产生的放射性危害较小。当放射性物质的潜在危害增加时，包装的耐用性也应增加。
- 完好包装是安全的。破损包装的内容物可造成较高的外部辐射；如果内容物外泄，则可造成内部辐射和外部辐射。
- 储存于容器中的本品对外界的放射性危害较小。一旦泄漏，则有低到中等危害。
- 危害大小取决于放射线类型、放射性物质的品种、数量及泄漏量等。
- 发生中等程度的交通事故可致包装泄漏，但对人危害较小。
- 包装破损后的泄漏物及污染物品较易辨别。
- 专载散装和包装物料的车船有时不贴"放射性"标签，但其运输文件、物品标志等均包含危害性的详细资料。
- 某些包装可同时贴有"放射性"标签和次危害标签，就危害来讲，其次危害往往大于放射性危害，故参阅该方案的同时，还要参阅有关次危害的处理方案。
- 该类物质不能用常规仪器检测。消防排水可引起轻度污染。

燃烧、爆炸

- 可燃但不易引燃。
- 铀和钍金属屑或颗粒与空气接触可自燃(参见常见危险化学品应急处置方案编号 136)。
- 硝酸盐是氧化剂，与可燃物接触可引起燃烧(参见常见危险化学品应急处置方案编号 141)。

公 众 安 全

- **首先拨打运输标签上的应急电话，若没有合适的信息，拨打国家危险化学品事故应急咨询电话 0532-83889090。**
- **应优先考虑救援、救生、急救、灭火和其他危害控制，这比测定放射性水平更重要。**
- 应向放射品管理部门通报事故情况。放射品管理部门通常负责做出放射后果和紧急状态解除的决定。
- 立即隔离泄漏区至少 25 米。
- 在上风、上坡或上游处停留。
- 疏散无关人员。
- 扣留或隔离怀疑受污染的未受伤人员或设备，收到放射品管理部门的指示后才能除污和清除。

个体防护

- 佩戴正压自给式呼吸器(SCBA)，消防防护服能提供足够的防护。

公 众 安 全

疏散

大量泄漏
- 考虑最初下风向撤离至少 100 米。

火灾
- 当大量放射性材料处在主火场时，考虑最初在所有方向上撤离 300 米。

应 急 行 动

火灾

- 放射性物质的存在并不影响火灾控制程序，也不影响灭火技术的选择。
- 在确保安全的前提下将容器移离火场。
- 将未损坏的包装移出火场，不要移动已损坏的包装。

小火
- 用干粉、CO_2、水幕或常规泡沫灭火。

大火
- 用水幕、雾状水（大量）灭火。
- 筑堤收容消防水以备处理。

泄漏处置

- 避免接触泄漏的包装或泄漏物。
- 用砂、土或其他不燃性吸收材料覆盖液体泄漏物。
- 筑堤收容大量的液体泄漏物。
- 用塑料薄膜或帆布覆盖粉末泄漏物以减少扩散。

急救

- 确保医学救援人员了解该物质相关信息，并且注意个体防护，防止污染传播。
- 拨打"120"或其他应急医疗服务电话。
- 医疗问题应优先考虑放射性的影响。
- 按照受伤的情况作急救处理。
- 重伤员要及时送往医院治疗。
- 若呼吸停止，给予人工呼吸。
- 若呼吸困难，给吸氧。
- 若皮肤或眼睛接触本品，应立即将皮肤上污染物擦去，用流动清水冲洗皮肤或眼睛至少 20 分钟。
- 被泄漏物污染的受伤人员对护理人员、装备、工具不会造成严重危害。

处置方案编号 163　放射性物质(低至高等放射性)

潜 在 危 害

健康危害

- 发生运输事故时，本品对运输人员、应急人员和公众产生的放射性危害较小。当放射性物质的潜在危害增加时，包装的耐用性也应增加。
- 完好包装是安全的。破损包装的内容物可造成较高的外部辐射；如果内容物外泄，则可造成内部辐射和外部辐射。
- 在包装或货运单上印有"A 类"标识的 A 类包装包含不会危及生命的数量。如果 A 类包装发生中等程度破损，会有部分物质释放。
- B 类包装和 C 类包装含有大量有害物质。只有当内容物被放出或者包装屏蔽失败时，才可发生危及生命的现象。由于包装经过设计、鉴定和测试，这些状况只有在发生严重事故的情况下才可发生。
- 放射性白色-I标签表示单一、隔离、无损包装外的辐射水平很低[小于 0.005mSv/h(0.5 mrem/h)]。贴放射性黄色-Ⅱ和放射性黄色-Ⅲ标签的包装有较高的辐射水平。标签上的运输指数(TI)表示单一、隔离、无损包装在 1 米距离内的最大辐射水平(mrem/h)。
- 该类物质不能用常规仪器检测。消防水可引起污染。

燃烧、爆炸

- 有些物质可燃，但多数不易引燃。
- 放射性不改变物质的易燃性或其他特性。
- B 类包装是按能在火中承受 800℃ 的温度达 30 分钟来设计和评定的。

公 众 安 全

- **首先拨打运输标签上的应急电话，若没有合适的信息，拨打国家危险化学品事故应急咨询电话 0532-83889090。**
- **应优先考虑救援、救生、急救、灭火和其他危害控制，这比测定放射性水平更重要。应向放射品管理部门通报事故情况。放射品管理部门通常负责做出放射后果和紧急状态解除的决定。**
- 立即隔离泄漏区至少 25 米。
- 在上风、上坡或上游处停留。
- 疏散无关人员。
- 扣留或隔离怀疑受污染的未受伤人员或设备，收到放射品管理部门的指示后才能除污和清除。

个体防护

- 正压自给式呼吸器(SCBA)和消防防护服对于内部辐射能提供足够的防护，但对于外部辐射无效。

公 众 安 全

疏散

大量泄漏
- 考虑最初下风向撤离至少 100 米。

火灾
- 当大量放射性材料处在主火场时，考虑最初在所有方向上撤离 300 米。

应 急 行 动

火灾

- 放射性物质的存在并不影响火灾控制程序，也不影响灭火技术的选择。
- 在确保安全的前提下将容器移离火场。
- 将未损坏的包装移出火场，不要移动已损坏的包装。

小火
- 用干粉、CO_2、水幕或常规泡沫灭火。

大火
- 用水幕、雾状水（大量）灭火。
- 筑堤收容消防水以备处理。

泄漏处置

- 避免接触泄漏的包装或泄漏物。
- 无损或轻微损伤包装的外表面湿润不能说明包装失败。大多数液体的包装还有内容器和/或内部吸收材料。
- 用砂、土或其他不燃性吸收材料覆盖液体泄漏物。

急救

- 拨打"120"或其他应急医疗服务电话。
- 医疗问题应优先考虑放射性的影响。
- 按照受伤的情况作急救处理。
- 重伤员要及时送往医院治疗。
- 若呼吸停止，给予人工呼吸。
- 若呼吸困难，给吸氧。
- 若皮肤或眼睛接触本品，应立即将皮肤上污染物擦去，用流动清水冲洗皮肤或眼睛至少 20 分钟。
- 被泄漏物污染的受伤人员对护理人员、装备、工具不会造成严重危害。
- 确保医学救援人员了解该物质相关信息，并且注意个体防护，防止污染传播。

处置方案编号 164　放射性物质（特殊形式/低至高等放射性）

潜 在 危 害

健康危害

- 发生运输事故时，本品对运输人员、应急人员和公众产生的放射性危害较小。当放射性物质的潜在危害增加时，包装的耐用性也应增加。
- 完好包装是安全的。破损包装可能导致外部辐射；如果放出放射性物质，则产生更强的外部辐射。
- 认为污染和内部辐射危害不会发生，但并非不可能。
- 在包装或货运单上印有"A 类"标识的 A 类包装包含不会危及生命的数量。如果 A 类包装发生中等程度破损，会有部分物质释放。
- B 类包装和 C 类包装含有大量有害物质。只有当内容物被放出或者包装屏蔽失败时，才可发生危及生命的现象。由于包装经过设计、鉴定和测试，这些状况只有在发生严重事故的情况下才可发生。
- 放射性白色－Ⅰ标签表示单一、隔离、无损包装外的辐射水平很低［小于 0.005mSv/h（0.5 mrem/h）］。贴放射性黄色－Ⅱ和放射性黄色－Ⅲ标签的包装有较高的辐射水平。标签上的运输指数（TI）表示单一、隔离、无损包装在 1 米距离内的最大辐射水平（mrem/h）。
- 大部分放射线仪器能检测到包装（通常是金属耐用器皿）内货物的放射性。
- 消防水不会引起污染。

燃烧、爆炸

- 如果没有放射性物质从密封的源容器中流失的危险，包装能完全燃烧。
- 放射性不改变物质的易燃性和其他特性。
- 放射源容器和 B 类包装是按能在火中承受 800℃的温度达 30 分钟来设计和评定的。

公 众 安 全

- **首先拨打运输标签上的应急电话，若没有合适的信息，拨打国家危险化学品事故应急咨询电话 0532-83889090。**
- 应优先考虑救援、救生、急救、灭火和其他危害控制，这比测定放射性水平更重要。应向放射品管理部门通报事故情况。放射品管理部门通常负责做出放射后果和紧急状态解除的决定。
- 立即隔离泄漏区至少 25 米。
- 在上风、上坡或上游处停留。
- 疏散无关人员。
- 扣留或隔离怀疑受污染的未受伤人员或设备，收到放射品管理部门的指示后才能除污和清除。

个体防护

- 正压自给式呼吸器（SCBA）和消防防护服对于内部辐射能提供足够的防护，但对于外部辐射无效。

公 众 安 全

疏散

大量泄漏
- 考虑最初下风向撤离至少 100 米。

火灾
- 当大量放射性材料处在主火场时，考虑最初在所有方向上撤离 300 米。

应 急 行 动

火灾

- 放射性物质的存在并不影响火灾控制程序，也不影响灭火技术的选择。
- 在确保安全的前提下将容器移离火场。
- 将未损坏的包装移出火场，不要移动已损坏的包装。

小火
- 用干粉、CO_2、水幕或常规泡沫灭火。

大火
- 用水幕、雾状水（大量）灭火。

泄漏处置

- 避免接触泄漏的包装或泄漏物。
- 无损或轻微损伤包装的外表面湿润不能说明包装失败。内容物很少是液体，通常是金属包装，如果泄漏很容易发现。
- 如果确认源容器在包装外时，**切勿触碰**。撤离现场，等待放射品管理部门的建议。

急救

- 确保医学救援人员了解该物质相关信息，并且注意个体防护，防止污染传播。
- 拨打"120"或其他应急医疗服务电话。
- 医疗问题应优先考虑放射性的影响。
- 按照受伤的情况作急救处理。
- 重伤员要及时送往医院治疗。
- 暴露于特殊形式放射源的人或许未被放射性物质污染。
- 若呼吸停止，给予人工呼吸。
- 若呼吸困难，给吸氧。
- 被泄漏物污染的受伤人员对护理人员、装备、工具不会造成严重危害。

处置方案编号 165　　放射性物质(易分裂的/低至中等放射性的)

潜 在 危 害

健康危害

- 发生运输事故时，本品对运输人员、应急人员和公众产生的放射性危害较小。当放射性物质的潜在危害增加时，包装的耐用性也应增加。

- 完好包装是安全的。破损包装的内容物可造成较高的外部辐射；如果内容物外泄，则可造成内部辐射和外部辐射。AF 或 IF 类包装(在外包装标记)不含有危及生命的量的物质。外部辐射水平低，并且包装经过设计、评估、测试，在严重运输事故中可控制泄漏和预防裂变发生。

- B(U)F、B(M)F 和 CF 类包装包含可能危及生命的量。包装经过设计、鉴定试验和测试，在所有交通事故中除了那些极为严重的，可抑制裂变反应，预期不会发生危及生命的泄漏。少见的特殊装备可能是 AF、BF 或 CF 类包装。

- 标签或货运单上的运输指数(TI)可能不指出单一、隔离、无损包装在 1 米内的辐射水平；相反，它可能涉及运输过程中易分裂物质需要的控制。内容物的易分裂特性可能通过特殊易分裂标签或货运单上的临界安全指数(CSI)来表示。

- 有些放射性材料不能用常规仪器检测。消防水不会引起污染。

燃烧、爆炸

- 这些物质很少是易燃的。包装按照耐火、不会伤害内容物来设计。

- 放射性不改变物质的易燃性和其他特性。

- AF、IF、B(U)F、B(M)F 和 CF 类包装是按能在火中承受 800℃ 的温度达 30 分钟来设计和评定的。

公 众 安 全

- 首先拨打运输标签上的应急电话，若没有合适的信息，拨打国家危险化学品事故应急咨询电话 0532-83889090。

- 应优先考虑救援、救生、急救、灭火和其他危害控制，这比测定放射性水平更重要。应向放射品管理部门通报事故情况。放射品管理部门通常负责做出放射后果和紧急状态解除的决定。

- 立即隔离泄漏区至少 25 米。

- 在上风、上坡或上游处停留。

- 疏散无关人员。

- 扣留或隔离怀疑受污染的未受伤人员或设备，收到放射品管理部门的指示后才能除污和清除。

个体防护

- 正压自给式呼吸器(SCBA)和消防防护服对于内部辐射能提供足够的防护，但对于外部辐射无效。

公 众 安 全

疏散

大量泄漏
- 考虑最初下风向撤离至少 100 米。

火灾
- 当大量放射性材料处在主火场时，考虑最初在所有方向上撤离 300 米。

应 急 行 动

火灾

- 放射性物质的存在并不影响火灾控制程序，也不影响灭火技术的选择。
- 在确保安全的前提下将容器移离火场。
- 将未损坏的包装移出火场，不要移动已损坏的包装。

小火
- 用干粉、CO_2、水幕或常规泡沫灭火。

大火
- 用水幕、雾状水（大量）灭火。

泄漏处置

- 避免接触泄漏的包装或泄漏物。
- 无损或轻微损伤的包装外表面湿润不能说明包装失败。大多数的液体有内部包装和/或吸收材料。

液体泄漏
- 包装内容物很少是液体的。由液体泄漏引起的放射性污染一般是低水平的。

急救

- 确保医学救援人员了解该物质相关信息，并且注意个体防护，防止污染传播。
- 拨打"120"或其他应急医疗服务电话。
- 医疗问题应优先考虑放射性的影响。
- 按照受伤的情况作急救处理。
- 重伤员要及时送往医院治疗。
- 若呼吸停止，给予人工呼吸。
- 若呼吸困难，给吸氧。
- 若皮肤或眼睛接触本品，应立即将皮肤上污染物擦去，用流动清水冲洗皮肤或眼睛至少 20 分钟。
- 被泄漏物污染的受伤人员对护理人员、装备、工具不会造成严重危害。

处置方案编号 166　放射性物质-腐蚀性(六氟化铀/与水反应的)

潜 在 危 害

健康危害

- 发生运输事故时，本品对运输人员、应急人员和公众产生的放射性危害较小。当放射性物质的潜在危害增加时，包装的耐用性也应增加。
- **化学危害远远超过放射性危害**。
- 物质与水和空气中的水蒸气反应生成**有毒、腐蚀性的氟化氢气体**和强烈刺激性、腐蚀性、白色、水溶性残留物。
- 吸入可致死。皮肤、眼睛和呼吸道直接接触可致灼伤。
- 低辐射物质；对人体的辐射危害较低。
- 消防排水可引起轻度污染。

燃烧、爆炸

- 物质不燃。物质可能与燃料剧烈反应。
- 产品会分解产生有毒和/或腐蚀性的烟雾。
- 具有外包装的容器(带固定矮支撑的卧式圆柱形)在其货运单或者外包装上标有 AF、B(U)F 或 H(U)。他们是按能在火中承受 800℃的温度达 30 分钟来设计和评定的。
- 标有 UN 2978[也可能被标记为 H(U)或 H(M)]的裸露的、装满的钢瓶在火中受热可能破裂；裸露的、倒空的(除了残留物)钢瓶则不会破裂。
- 放射性不改变物质的易燃性和其他特性。

公 众 安 全

- 首先拨打运输标签上的应急电话，若没有合适的信息，拨打国家危险化学品事故应急咨询电话 0532-83889090。
- 应优先考虑救援、救生、急救、灭火和其他危害控制，这比测定放射性水平更重要。
- 应向放射品管理部门通报事故情况。放射品管理部门通常负责做出放射后果和紧急状态解除的决定。
- 立即隔离泄漏区至少 25 米。
- 在上风、上坡或上游处停留。
- 疏散无关人员。
- 扣留或隔离怀疑受污染的未受伤人员或设备，收到放射品管理部门的指示后才能除污和清除。

个体防护

- 佩戴正压自给式呼吸器(SCBA)。
- 穿生产商特别推荐的化学防护服，注意该类防护服可能不防热。
- 一般消防防护服仅能提供有限的保护，对于泄漏防护则无效。

公众安全

疏散

大量泄漏
- 参见常见危险化学品初始隔离和防护距离一览表(表1)。

火灾
- 当大量放射性材料处在主火场时,考虑最初在所有方向上撤离300米。

应急行动

火灾

- 禁止对物质直接使用水或者泡沫。
- 在确保安全的前提下将容器移离火场。

小火
- 用干粉或CO_2灭火。

大火
- 用水幕、雾状水或常规泡沫灭火。
- 用大量水冷却容器,直到火熄灭。
- 如果不能控制火势,立即撤离现场,让其自行燃烧。
- 远离着火的储罐。

泄漏处置

- 避免接触泄漏的包装或泄漏物。
- 勿使水进入到容器内。
- 如果没有火或烟,可通过可见的刺激性蒸气和泄漏点形成的残留物确定泄漏。
- 用雾状水抑制蒸气产生;禁止将水直接冲向泄漏处。
- 残留物积聚可自动封闭阻止小泄漏。
- 在泄漏前方筑堤堵截消防水。

急救

- 确保医学救援人员了解该物质相关信息,并且注意个体防护。
- 拨打"120"或其他应急医疗服务电话。
- 医疗问题应优先考虑放射性的影响。
- 按照受伤的情况作急救处理。
- **与氢氟酸接触(UN 1970)**,用大量的水冲洗。皮肤接触,如果有葡萄糖酸钙凝胶剂,冲洗5分钟,再擦拭凝胶剂;否则继续擦洗直到医疗救治赶到;眼睛接触,用清水或盐水冲洗15分钟。
- 重伤员要及时送往医院治疗。
- 若呼吸停止,给予人工呼吸。
- 若呼吸困难,给吸氧。
- 若皮肤或眼睛接触本品,应立即将皮肤上污染物擦去,用流动清水冲洗皮肤或眼睛至少20分钟。
- 吸入、食入或皮肤接触可引起迟发反应。
- 受害者注意保温、保持安静。

处置方案编号 167　　氟（低温冷冻液体）

　　该处置方案编号在第一版对应的物质"氟（低温冷冻液体）"在本版中不再保留。为不影响后续编号及对应物质，该编号继续保留。处置方案内容为空。

处置方案编号 168 一氧化碳(低温冷冻液体)

潜 在 危 害

健康危害

- **有毒。极度危险。**
- 吸入非常危险，可致死。
- 接触气体或液化气体可引起灼伤、严重损害和/或冻伤。
- 无味，不能通过嗅觉来识别。

燃烧、爆炸

- **极度易燃。**
- 受热、遇明火或火花极易燃烧。
- 燃烧时火焰可能看不见。
- 容器受热可发生爆炸。
- 在室内、室外或下水道有蒸气爆炸和中毒危险。
- 液化气体的蒸气最初比空气重，可沿地面扩散。
- 蒸气扩散后，遇火源着火回燃。
- 溢出物可能产生火灾或爆炸危险。

公 众 安 全

- **首先拨打运输标签上的应急电话，若没有合适的信息，拨打国家危险化学品事故应急咨询电话 0532-83889090。**
- 立即在所有方向上隔离泄漏区至少 100 米。
- 疏散无关人员。
- 在上风、上坡或上游处停留。
- 大多数气体比空气重，沿地面扩散，聚积于低洼处或密闭空间(如下水道、地下室、罐)。
- 切勿进入低洼处。
- 进入密闭空间前先通风。

个体防护

- 佩戴正压自给式呼吸器(SCBA)。
- 穿生产商特别推荐的化学防护服，注意该类防护服可能不防热。
- 消防防护服仅用于灭火时的防护，对泄漏防护则无效。
- 处理冷冻或低温液体时，应穿防寒服。

疏散

泄漏
- 参见常见危险化学品初始隔离和防护距离一览表(表 1)。

火灾
- 火场内如有储罐、槽车或罐车，四周隔离 800 米，考虑初始撤离 800 米。

应 急 行 动

火灾

- 若不能切断泄漏源，禁止熄灭泄漏处的火焰。

小火

- 用干粉、CO_2 或水幕灭火。

大火

- 用水幕、雾状水或常规泡沫灭火。
- 在确保安全的前提下将容器移离火场。

储罐火灾

- 从远处或者使用遥控水枪、水炮灭火。
- 用大量水冷却容器，直至火扑灭。
- 切勿对泄漏口或安全阀直接喷水；可能出现冰冻。
- 若安全阀发出声响或储罐变色，应立即撤离。
- 远离着火的储罐。

泄漏处置

- 消除所有点火源(泄漏区附近禁止吸烟，消除所有明火、火花或火焰)。
- 作业时所有设备应接地。
- 泄漏但未着火时应穿全封闭蒸气防护服。
- 禁止接触或跨越泄漏物。
- 在保证安全的情况下堵漏。
- 喷雾状水抑制蒸气或改变蒸气云流向，避免水流接触泄漏物。
- 禁止用水直接冲击泄漏物或泄漏源。
- 如果可能的话，翻转泄漏的容器，使之漏出气体而不是液体。
- 防止泄漏物进入水体、下水道、地下室或密闭空间。
- 隔离泄漏区直至气体散尽。

急救

- 确保医学救援人员了解该物质相关信息，并且注意个体防护。
- 将受害者移至空气新鲜处。
- 拨打"120"或其他应急医疗服务电话。
- 若呼吸停止，给予人工呼吸。
- 若呼吸困难，给吸氧。
- 脱去并隔离污染的衣物和鞋。
- 若皮肤或眼睛接触本品，应立即用流动清水冲洗至少 20 分钟。
- 如果接触液化气体，用温水浸泡冻伤部位。
- 受害者注意保温、保持安静。
- 持续观察受害者。
- 吸入或接触可引起迟发反应。

处置方案编号 169　铝(熔融状态)

潜 在 危 害

健康危害

- 物质在705℃以上以熔融状态输送。
- 与水剧烈反应；接触可引起爆炸或产生易燃气体。
- 可引燃可燃物(木头、纸、汽油、垃圾等)。
- 与硝酸盐或其他氧化剂接触可发生爆炸。
- 与容器或其他物质接触，包括冷的、潮湿或脏的，可引起爆炸。
- 与混凝土接触可引起散裂和小型爆裂。

燃烧、爆炸

- 眼睛和皮肤接触可致严重灼伤。
- 火灾可产生刺激性和/或有毒气体。

公 众 安 全

- 首先拨打运输标签上的应急电话，若没有合适的信息，拨打国家危险化学品事故应急咨询电话 0532-83889090。
- 立即隔离泄漏区至少 50 米。
- 疏散无关人员。
- 进入密闭空间前先通风。

个体防护

- 佩戴正压自给式呼吸器(SCBA)。
- 穿阻燃消防防护服，包括面罩、头盔、手套，这些将提供有限的隔热防护。

应 急 行 动

火灾

- **禁止用水灭火。生命受到威胁的情况例外，只能使用雾状水。**
- **禁止使用卤化灭火剂或泡沫灭火。**
- 在保证安全的情况下移除泄漏物流经途径的可燃物。
- 由熔融铝引发的火灾要使用适合于燃烧物的方法灭火；水、卤代烷灭火剂和泡沫要远离熔融物。

泄漏处置

- 禁止接触或跨越泄漏物。
- 由于有爆炸危险，禁止尝试堵漏。
- 远离可燃物（木材、纸张、油品等）。
- 物质流动性高、快速扩散、可飞溅。禁止用铲子或其他物体阻挡。
- 在泄漏前方筑堤；用干砂堵截泄漏物。
- 尽可能让熔融物质自然凝固。
- 即使物质凝固后也避免接触。熔融的、加热的和冷却的铝看似相同，除非知道是凉的，否则禁止接触。
- 物质凝固后，在专家监督下清理。

急救

- 确保医学救援人员了解该物质相关信息，并且注意个体防护。
- 将受害者移至空气新鲜处。
- 拨打"120"或其他应急医疗服务电话。
- 若呼吸停止，给予人工呼吸。
- 若呼吸困难，给吸氧。
- 对于严重的烧伤，立即给予必需的医学治疗。
- 擦去皮肤上固化的熔融物需要医生帮助。
- 脱去并隔离污染的衣物和鞋。
- 若皮肤或眼睛接触本品，应立即用流动清水冲洗至少20分钟。
- 受害者注意保温、保持安静。

处置方案编号 170　金属 (粉末、粉尘、薄屑、钻粉、切屑等)

潜 在 危 害

燃烧、爆炸

- 与水接触发生剧烈反应或爆炸性反应。
- 在易燃液体中运输。
- 受热、摩擦，遇明火或火花可引起燃烧。
- 可因强热而引起燃烧。
- 其粉尘或烟雾与空气能形成爆炸性混合物。
- 容器受热可发生爆炸。
- 火熄灭后可能复燃。

健康危害

- 金属燃烧产生的氧化物具有严重的健康危害。
- 吸入、接触本品或分解产物可引起严重损害或死亡。
- 燃烧可产生刺激性、腐蚀性和/或有毒的气体。
- 消防排水或稀释水可引起污染。

公 众 安 全

- 首先拨打运输标签上的应急电话，若没有合适的信息，拨打国家危险化学品事故应急咨询电话 0532-83889090。
- 立即在所有方向上隔离泄漏区，液体至少 50 米，固体至少 25 米。
- 在上风、上坡或上游处停留。
- 疏散无关人员。

个体防护

- 佩戴正压自给式呼吸器(SCBA)。
- 一般消防防护服仅能提供有限的保护。

疏散

大量泄漏
- 考虑最初下风向撤离至少 50 米。

火灾
- 火场内如有储罐、槽车或罐车，四周隔离 800 米，考虑初始撤离 800 米。

应 急 行 动

火灾

- 禁止使用水、泡沫或 CO_2 灭火。
- 用水扑救金属火灾会产生大量氢气，有引起强烈爆炸的危险，特别是在密闭空间（如建筑物、货舱等）爆炸危险性更大。
- 使用干砂、石墨粉、干燥氯化钠基灭火剂、G-1® 或 Met-L-X® 粉末灭火。
- 密闭空间的金属火灾，尤其不要用水灭火。
- 在确保安全的前提下将容器移离火场。

储罐、公路/铁路槽车火灾

- 若无扑灭可能，保护好周围设施，让其自行烧尽。

泄漏处置

- 消除所有点火源（泄漏区附近禁止吸烟，消除所有明火、火花或火焰）。
- 禁止接触或跨越泄漏物。
- 在保证安全的情况下堵漏。
- 防止泄漏物进入水体、下水道、地下室或密闭空间。

急救

- 确保医学救援人员了解该物质相关信息，并且注意个体防护。
- 将受害者移至空气新鲜处。
- 拨打"120"或其他应急医疗服务电话。
- 若呼吸停止，给予人工呼吸。
- 若呼吸困难，给吸氧。
- 脱去并隔离污染的衣物和鞋。
- 若皮肤或眼睛接触本品，应立即用流动清水冲洗至少20分钟。
- 受害者注意保温，保持安静。

处置方案编号 171　物质（低至中等危害）

潜 在 危 害

燃烧、爆炸

- 有些物质可燃，但难以引燃。
- 容器受热可发生爆炸。
- 有些物质可能传热。
- 对于 UN 3508，清楚可能会引起短路，因为本品在带电状态下运输。

健康危害

- 吸入有害。
- 皮肤和眼睛接触可引起灼伤。
- 吸入石棉尘对肺有损害。
- 燃烧可产生刺激性、腐蚀性和/或有毒的气体。
- 有些液体产生的蒸气可引起头晕或窒息。
- 消防排水可引起污染。

公 众 安 全

- 首先拨打运输标签上的应急电话，若没有合适的信息，拨打国家危险化学品事故应急咨询电话 **0532-83889090**。
- 立即在所有方向上隔离泄漏区，液体至少 50 米，固体至少 25 米。
- 疏散无关人员。
- 在上风、上坡或上游处停留。

个体防护

- 佩戴正压自给式呼吸器（SCBA）。
- 一般消防防护服仅能提供有限的保护。

疏散

泄漏

- 铺灰色底纹的物质参见常见危险化学品初始隔离和防护距离一览表（表1）。未铺灰色底纹的物质在"公众安全"项指示的隔离距离的基础上加大下风向的隔离距离。

火灾

- 火场内如有储罐、槽车或罐车，四周隔离800米，考虑初始撤离800米。

应急行动

火灾

小火

- 用干粉、CO_2、水幕或常规泡沫灭火。

大火

- 用水幕、雾状水或常规泡沫灭火。
- 不得用高压水流驱散泄漏物。
- 在确保安全的前提下将容器移离火场。
- 筑堤收容消防水以备处理。

储罐火灾

- 用大量水冷却容器，直至火扑灭。
- 若安全阀发出声响或储罐变色，应立即撤离。
- 远离着火的储罐。

泄漏处置

- 禁止接触或跨越泄漏物。
- 在保证安全的情况下堵漏。
- 避免扬尘。
- 避免吸入石棉尘。

小量固体泄漏

- 用洁净的铲子将泄漏物收集于干净、干燥且盖子较松的容器内，并将容器移离泄漏区。

小量泄漏

- 用砂或其他不燃性吸收材料吸收，置于容器中待稍后处理。

大量泄漏

- 在液体泄漏物前方筑堤堵截以备处理。
- 用塑料薄膜或帆布覆盖粉末泄漏物以减少扩散。
- 防止泄漏物进入水体、下水道、地下室或密闭空间。

急救

- 确保医学救援人员了解该物质相关信息，并且注意个体防护。
- 将受害者移至空气新鲜处。
- 拨打"120"或其他应急医疗服务电话。
- 若呼吸停止，给予人工呼吸。
- 若呼吸困难，给吸氧。
- 脱去并隔离污染的衣物和鞋。
- 若皮肤或眼睛接触本品，应立即用流动清水冲洗至少20分钟。

处置方案编号 172　镓和汞

潜 在 危 害

健康危害

- 吸入蒸气或与本品接触可导致污染和潜在危害作用。
- 燃烧可产生刺激性、腐蚀性和/或有毒的气体。

燃烧、爆炸

- 物质本身不燃，但受热反应产生腐蚀性和/或有毒烟雾。
- 消防废水可能污染水体。

公 众 安 全

- 首先拨打运输标签上的应急电话，若没有合适的信息，拨打国家危险化学品事故应急咨询电话 0532-83889090。
- 立即隔离泄漏区至少 50 米。
- 在上风、上坡或上游处停留。
- 疏散无关人员。

个体防护

- 佩戴正压自给式呼吸器(SCBA)。
- 一般消防防护服仅能提供有限的保护。

疏散

大量泄漏

- 考虑最初下风向撤离至少 100 米。

火灾

- 火场内如有大容器，考虑初始撤离 500 米。

应 急 行 动

火灾

- 选择合适的灭火剂灭火。
- **禁止将水喷向加热的金属。**

泄漏处置

- 禁止接触或跨越泄漏物。
- 未穿全身防护服时，禁止触及毁损容器或泄漏物。
- 在保证安全的情况下堵漏。
- 防止泄漏物进入水体、下水道、地下室或密闭空间。
- 禁止使用钢或铝制工具或设备。
- 用土、砂或其他不燃性材料覆盖，接着盖上塑料薄膜，以减少扩散或避免淋雨。
- 对汞泄漏，用汞泄漏工具箱收集。
- 用硫化钙或硫代硫酸钠冲洗汞泄漏污染区，中和残留汞。

急救

- 确保医学救援人员了解该物质相关信息，并且注意个体防护。
- 将受害者移至空气新鲜处。
- 拨打"120"或其他应急医疗服务电话。
- 若呼吸停止，给予人工呼吸。
- 若呼吸困难，给吸氧。
- 脱去并隔离污染的衣物和鞋。
- 若皮肤或眼睛接触本品，应立即用流动清水冲洗至少 20 分钟。
- 受害者注意保温，保持安静。

处置方案编号 173　吸附气体——毒性的*

潜 在 危 害

健康危害

- **有毒；吸入或经皮吸收可致死。**
- 蒸气具有刺激性。
- 接触气体可引起灼伤和损害。
- 燃烧会产生刺激性、腐蚀性和/或有毒气体。
- 消防排水可引起污染。

燃烧、爆炸

- 有些气体可能因热、火花或火焰而燃烧或被点燃，但由于运输压力低而不易燃烧。
- 可与空气形成爆炸混合物。
- 氧化剂遇可燃物(木材、纸、油、衣物等)可燃烧，但由于运输压力低而不易燃烧。
- 蒸气扩散后，遇火源着火回燃。
- 有些物质与水剧烈反应。
- 气瓶暴露于火中，可能通过减压装置放出有毒的易燃气体。
- 泄漏物有燃烧危险。

公 众 安 全

- 首先拨打运输标签上的应急电话，若没有合适的信息，拨打国家危险化学品事故应急咨询电话 0532-83889090。
- 立即在所有方向上隔离泄漏区至少 100 米。
- 疏散无关人员。
- 在上风、上坡和/或上游处停留。
- 大多数气体比空气重，沿地面扩散，积聚于低洼处或密闭空间(如下水道、地下室、罐)。
- 进入密闭空间前先通风。

个体防护

- 佩戴正压自给式呼吸器(SCBA)。
- 穿生产商特别推荐的化学防护服，注意该类防护服可能不防热。
- 穿防护服仅用于灭火时防护，对泄漏防护则无效。

疏散

泄漏
- 初步隔离和防护距离见表 1。
火灾
- 火场内如果有几个小包裹(槽车或拖车)，四周隔离 1600 米，并考虑初步撤离 1600 米。

· 369 ·

应 急 行 动

火灾

- 若不能切断气源，则不得熄灭正在燃烧的气体火灾。

小火
- 用干粉、CO_2、水雾或抗醇泡沫灭火。
- 涉及到 UN 3515、UN 3518、UN 3520，只用水灭火；不用干粉、CO_2 或 Halon® 灭火。

大火
- 用水幕、雾状水或抗醇泡沫灭火。
- 容器内禁止注水。
- 在确保安全的前提下将容器移离火场。
- 损坏的钢瓶只能由专业人员处理。

涉及多个小包裹(铁路或拖车)的火灾
- 从远处或者使用遥控水枪、水炮灭火。
- 用大量水冷却容器，直至火扑灭。
- 切勿对泄漏口或安全阀直接喷水。
- 若安全阀发出声响或储罐变色，应立即撤离。
- 远离着火的储罐。

泄漏处置

- 有些气体可能是易燃的。消除所有点火源(泄漏区附近禁止吸烟，消除所有明火、火花或火焰)。
- 对于易燃气体，作业时所有设备必须接地。
- 泄漏但未着火时应穿全封闭蒸气防护服。
- 对于氧化性物质，远离可燃物(如木材、纸张、油品等)。
- 禁止接触或跨越泄漏物。
- 在保证安全的情况下堵漏。
- 禁止用水直接冲击泄漏物或泄漏源。
- 喷雾状水抑制蒸气或改变蒸气云流向，避免水流接触泄漏物。
- 防止泄漏物进入水体、下水道、地下室或密闭空间。
- 隔离泄漏区直至气体散尽。

急救

- 确保医学救援人员了解该物质相关信息，并且注意个体防护。
- 将受害者移至空气新鲜处。
- 拨打"120"或其他应急医疗服务电话。
- 若呼吸停止，给予人工呼吸。
- 如果食入或吸入本品，禁止口对口人工呼吸。如需要人工呼吸可用带单向阀的小型面罩或其他适当的医学设备。
- 若呼吸困难，给吸氧。
- 脱去并隔离污染的衣物和鞋。
- 皮肤或眼睛接触本品，立即用流动清水冲洗至少 20 分钟。
- 万一烧伤，立即用冷水冷却烧伤部位。若衣服与皮肤粘连，切勿脱衣。
- 受害者注意保温，保持安静。
- 持续观察受害者。
- 吸入或接触可引起迟发反应。

处置方案编号 174　吸附气体——易燃的或氧化的

潜 在 危 害

健康危害

- 没有任何预兆，蒸气可引起头晕或窒息。
- 吸入高浓度蒸气可引起刺激。
- 接触气体可引起灼伤和损害。
- 燃烧可产生刺激性和/或有毒气体。

燃烧、爆炸

- 有些气体可能因热、火花或火焰而燃烧或被点燃，但由于运输压力低而不易燃烧。
- 不燃但可助燃。
- 蒸气扩散后，遇火源着火回燃。
- 气瓶暴露于火中，可能通过减压装置放出易燃气体。
- 容器长期处在火焰冲击下可发生爆炸。

公 众 安 全

- 首先拨打运输标签上的应急电话，若没有合适的信息，拨打国家危险化学品事故应急咨询专线电话 **0532-83889090**。
- 立即在所有方向上隔离泄漏区至少 100 米。
- 疏散无关人员。
- 在上风、上坡和/或上游处停留。
- 大多数气体比空气重，沿地面扩散，积聚于低洼处或密闭空间(如下水道、地下室、罐)。
- 进入密闭空间前先通风。

个体防护

- 佩戴正压自给式呼吸器(SCBA)。
- 一般消防防护服仅能提供有限的保护。

疏散

大量泄漏
- 考虑最初下风向撤离至少 800 米。

火灾
- 火场内如果有几个小包裹(槽车或拖车)，四周隔离 1600 米，并考虑初步撤离 1600 米。

应 急 行 动

火灾

- 若不能切断气源，则不得熄灭正在燃烧的气体火灾。
- 使用适合周围火灾的灭火剂。

小火
- 用干粉或 CO_2 灭火。

大火
- 用水幕或雾状水灭火。
- 在确保安全的前提下将容器移离火场。
- 损坏的钢瓶只能由专业人员处理。

涉及多个小包裹（铁路或拖车）的火灾
- 从远处或者使用遥控水枪、水炮灭火。
- 用大量水冷却容器，直至火扑灭。
- 切勿对泄漏口或安全阀直接喷水。
- 若安全阀发出声响或储罐变色，应立即撤离。
- 远离着火的储罐。
- 大面积火灾，使用遥控水枪、水炮灭火；否则，立即撤离，让其自行燃烧。

泄漏处置

- 对于易燃气体，请消除所有点火源（泄漏区附近禁止吸烟，消除所有明火、火花或火焰）。
- 对于氧化性物质，远离可燃物（如木材、纸张、油品等）。
- 作业时所有设备必须接地。
- 禁止接触或跨越泄漏物。
- 在保证安全的情况下堵漏。
- 喷雾状水抑制蒸气或改变蒸气云流向，避免水流接触泄漏物。
- 禁止用水直接冲击泄漏物或泄漏源。
- 防止泄漏物进入水体、下水道、地下室或密闭空间。
- 泄漏场所保持通风。
- 隔离泄漏区直至气体散尽。

急救

- 确保医学救援人员了解该物质相关信息，并且注意个体防护。
- 将受害者移至空气新鲜处。
- 拨打"120"或其他应急医疗服务电话。
- 若呼吸停止，给予人工呼吸。
- 若呼吸困难，给吸氧。
- 脱去并隔离污染的衣物和鞋。
- 万一烧伤，立即用冷水冷却烧伤部位。若衣服与皮肤粘连，切勿脱衣。
- 受害者注意保温，保持安静。

危险化学品初始隔离和防护距离

危险化学品初始隔离和防护距离

(一)初始隔离和防护距离一览表(表1)介绍

表1初始隔离和防护距离中所建议的距离,对保护人们免受危险品(包括化学试剂或遇水产生毒性气体的物质)泄漏所产出的有毒蒸气的危害非常有用。在具有专业技术资质的应急响应人员到来前,表1为第一响应者提供初始指导。所建议的距离是指在物质泄漏后的最初30min内可能影响的、随着时间的推移可能增大的区域。

1. 初始隔离区和防护区

初始隔离区是指环绕事故点的一个区域,在该区域内毒物可能对暴露人群构成危险(上风向)和生命威胁(下风向)。防护区是指事故点下风向的一个区域,在该区域内人们可能失去能力,不能采取保护措施和/或导致严重或不可恢复的健康影响(如图1所示)。表1为白天或夜间发生的小量和大量泄漏提供了具体指导。

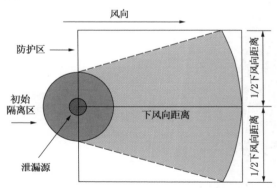

图1 初始隔离区和防护区示意图

对于一起具体的事故,可能有许多相互影响的因素导致距离需要调整,但必须由有技术资质的人员作出这样的调整。因此，本文没有提供精确的指导来帮助调整表上的距离；不过下文中提供了一般性的指导。

2. 影响防护距离的因素

橙边页的处置方案在疏散部分明确给出了火灾时为防止大容器破碎危及人群需要撤离的距离。当物质处于火场中，毒性危害的严重性可能就低于火灾、爆炸危害。

如果事故中多个槽车、罐车、移动式储罐或大型钢瓶发生泄漏，表1中"大量泄漏"的初始隔离和防护距离要增加。

对于防护距离为11.0+km的物质，指在某些天气条件下，实际的距离可能会比11.0km要大。若危险物质的蒸气云流经一条峡谷或穿过多栋高层建筑物形成渠流流动，导致蒸气云不易与大气混合，距离可能比表1中列出的更大。如果在强逆温、积雪的地方白天发生泄漏，或泄漏发生在日落时，由于空气污染物的混合和扩散变得更慢，可能在下风向移动得更远，也需要增加防护距离。在这种情况下夜间的防护距离可能更合适。另外，对于液体泄漏，当物质或室外温度超过30℃时，防护距离需要增大。

表1中包含了与水反应放出大量有毒气体的物质。需要注意的是，某些本身为TIH的物质与水反应物质（WRM）（如三氟化溴1746，亚硫酰氯1836等）泄漏到水里时，会产生另一种TIH物质。此类物质在表1中列出了两个条目（分为在陆地上泄漏和在水中泄漏）。若不清楚泄漏是发生在陆地上还是水中，或既发生在陆地上又发生在水中，选择较大的防护距离。表1后是表2与水反应产生吸入性毒性气体的物质，表中列出了此类与水反应物质泄漏到水中后生成的有毒气体。

当遇水反应产生TIH气体的物质泄漏到江、河等水路，毒性气体污染源可能从泄漏点顺流向下游迁移相当长一段距离。

最后是表3，列出了最常遇到的吸入毒性危害物质的初始隔离和防护距离。这些物质为无水氨（UN 1005）、氯（UN 1017）、环氧乙烷（UN 1040）、氯化氢（UN 1050）和氯化氢冷冻液体

(UN 2186)、氟化氢(UN 1052)、二氧化硫(UN 1079)。

物质按名称顺序排列,并提供不同容器类型(不同容积)、白天和夜间、不同风速情况下发生大量泄漏(泄漏量大于208L)时的初始隔离和防护距离。本手册中的初始隔离和防护距离来自运输事故的历史数据和数值模型的使用。对于最坏的情况——整个包装物瞬时释放(如恐怖袭击、阴谋破坏、灾难事故),距离应大大增加。对于此类事件,在没有其他信息的情况下,初始隔离和防护距离应加倍。

(二)决定防护行动时需要考虑的因素

在给定情况下,选择何种防护措施取决于许多因素。在有些情况下,撤离是最好的选择;在其他情况下原地避难可能是最佳做法。有时,两种方法可以结合使用。在任何紧急情况下,政府官员都必须尽快给公众指示。无论是撤离还是原地避难,公众都需要不断获取信息和指导。

对下面列出的因素进行完全的评估后即可确定撤离或原地避难的有效性。这些因素的重要性会随着紧急情况的变化而变化。在具体的紧急情况下,可能需要识别和考虑其他因素。下面是作出初步决定需要考虑的各种因素。

1. 危险品

(1) 健康危害;

(2) 理化性质;

(3) 涉及的数量;

(4) 泄漏的抑制/控制;

(5) 蒸气移动速度。

2. 危及的人群

(1) 地理位置;

(2) 人数;

(3) 可用来撤离或就地避难的时间;

(4) 调节撤离或就地避难的能力;

(5) 建筑物类型和可用性;

（6）特殊机构或群体，如疗养院、医院、监狱等。

3. 天气情况

（1）对蒸气和烟云漂移的影响；

（2）变化的可能性；

（3）对撤离或就地保护的影响。

（三）防护行动

防护行动　是指发生危险品泄漏事故时为保护公众和应急救援人员的健康和安全所采取的措施。表1中常见危险化学品初始隔离和防护距离预测了毒气云影响的下风向区域的大小。该区域内的人员应该撤离或就地在建筑物内避难。

隔离危险区并禁止进入　指不直接参与应急救援操作的人员应远离的区域。未防护的应急救援人员也应禁止进入隔离区。"隔离"任务首先是建立操作控制区。这对于随后采取的防护措施是第一步。关于具体物质的更详细信息参见表1。

撤离　是指将所有人员从危险区转移到安全区域。为了实施撤离，必须有足够的时间向人们报警，以做好准备离开该区域。如果时间充裕，撤离是最好的防护措施。开始时应先撤离附近人群和那些直接能看到现场的室外人员。当有更多援助到达时，则把下风向和侧风向的撤离区域至少扩大到本手册建议的区域。即使人们已转移到建议的距离外，也并非绝对安全不会受到伤害。因此不允许人们在这个距离内聚集逗留。应通过特殊途径将疏散者送到足够远的指定地点，保证在风向改变的情况下也不需要再转移。

就地防护　指人们在建筑物内寻求庇护并直到危险过去。当疏散公众比待在原地风险更大或不能实施撤离时，应采取就地防护。指导室内人员关闭所有门窗，切断所有通风、供暖和制冷系统。在以下情形下就地防护不是最佳选择：(a)如果蒸气可燃；(b)如果需要很长时间才能使气体消散；(c)如果建筑物不能紧闭。如果窗户和通风系统关闭，交通工具可在短时间内提供一定的保护作用，但不能达到像建筑物一样的防护效果。

重要的是与建筑物内的临时组织者保持联系,以便他们了解状况的改变。应当警告就地防护的人远离窗户,因为可能会有来自玻璃以及火灾和爆炸散射的金属碎片的危险。

每一起危险品事故各不相同。每起事故都有特殊的问题和关注点。必须仔细选择保护公众的行动。本手册可帮助初步决定如何保护公众。在威胁消除之前,官方必须持续收集信息并检测现场状况。

(四)初始隔离和防护距离一览表(表1)的背景资料

在本手册中对白天或夜间发生的小量泄漏和大量泄漏规定了初始隔离和防护距离。其中全面统计分析了:排放速率和扩散模型的技术状况和性质;美国运输部有害物质事故报告系统(HMIS)数据库中的资料;对美国、加拿大、墨西哥的120多个特定区域做的气象学观察资料;以及最新的毒理学暴露指标。

对每一种化学品,模拟数千次可能发生的泄漏来计算泄漏量和大气状况的统计变化。基于这些统计实例,对于每一种和每一类化学品选出90%概率的防护距离列在表中。下面提出了分析的简要描述。概述初始隔离和防护距离产生所使用的方法和数据的详细报告可以从美国交通部管道与危险物品安全管理局获得。

进入大气的泄漏量及释放速率 是根据以下资料进行统计模拟的:(1)来源于美国运输部有害物质事故报告系统(HMIS)的数据;(2)危险品运输时使用的容器类型及大小,见美国联邦法规49 CFR §172.101和173节的说明;(3)每个物质的物理特性;(4)来自历史数据库的大气资料。释放模型可以计算由于地面液池蒸发释放的蒸气量、直接由容器释放的蒸气量,或者两者同时发生,当闪燃的液化气体发生泄漏时形成蒸气/气溶胶混合物和蒸发的液池。此外,释放模型也可以计算与水反应物质泄漏到水中产生的有毒蒸气的释放量。泄漏量小于或等于208L(固体为300kg)的泄漏为小量泄漏,而泄漏量大于208L(固体为300kg)的泄漏为大量泄漏。但某些化学试剂例外,小量泄漏以 2kg 为界，大量泄漏则以 25kg 为界。这些化学毒剂是 BZ、CX、GA、GB、GD、GF、HD、HL、HN1、HN2、HN3、L 和 VX。

模拟的每一个案例均评估蒸气的下风向扩散。影响扩散和释放速率的大气参数从美国、加拿大和墨西哥的 120 个城市的每小时气象数据统计资料库中获取。扩散计算不仅要考虑由泄漏源的的扩散速率决定的时间，还要考虑蒸气云的密度（即重气影响）。由于夜间在分散蒸气云方面大气混合的效果较差，所以白天和夜间需要分开分析。

应用物质的毒理学短期暴露指南确定可能使人失去能力而不能采取保护措施或导致严重健康影响的下风向距离。毒理学暴露指南可以从 AEGL-2 或 ERPG-2 应急响应指南中选取，AEGL-2 值为首选。对于没有这两种数值的物质，可以参照动物实验所取得的致死浓度估算应急响应指南，这些数据由来自工业和学术界的毒理学专家独立小组推荐。

（五）如何使用初始隔离和防护距离一览表（表1）

（1）应急人员应当已经：

① 通过物质名称或 UN 号确定物质；

② 参照物质应急处置方案和表1采取应急措施；

③ 注意风向。

（2）在表1中查找事故物质的 UN 号和名称。有些 UN 号可能包含多个物质，应找出物质具体名称（如果物质名称不详且同时 UN 号包含多个物质时，取最大防护距离）。

（3）确定事故是大量泄漏还是小量泄漏，是白天还是夜间。一般来说，小量泄漏是指单个小包装（例如最高约 208L 的桶）、小钢瓶或大包装的少量泄漏。大量泄漏是指一个大包装的泄漏或许多小包装的多处泄漏。白天是指日出之后、日落之前的时间。夜间是指日落和日出之间的时间。

（4）查找初始隔离距离。指挥所有人从侧风向撤离到指定距离，远离泄漏源。

（5）查找初始防护距离。对于给定的物质、泄漏大小、白天或夜间，表 1 给出了下风向应采取防护行动的距离。出于实际考虑，防护区(即人处于有害暴露危险中的区域)是一个正方形，其长度和宽度与表 1 中的下风向距离相同。

（6）开展初始防护行动，并避免在下风向工作。当与水反应产生 TIH 的物质泄漏到河流中时，毒性气体污染源可能从泄漏点顺流向下游迁移相当长一段距离。

附表

表 1　初始隔离与防护距离

UN号	处置方案编号	中文名称	英文名称	小量泄漏			大量泄漏		
				初始隔离距离/m	下风向防护距离/km		初始隔离距离/m	下风向防护距离/km	
					白天	夜晚		白天	夜晚
1005*	125	氨,无水的	Ammonia, anhydrous	30	0.1	0.2	参考表3		
		无水氨	Anhydrous ammonia						
1008	125	三氟化硼	Boron trifluoride	30	0.1	0.7	400	2.2	4.8
		三氟化硼,压缩气体	Boron trifluoride, compressed						
1016	119	一氧化碳	Carbon monoxide	30	0.1	0.2	200	1.2	4.4
		一氧化碳,压缩气体	Carbon monoxide, compressed						
1017*	124	氯	Chlorine	60	0.3	1.1	参考表3		
1026	119	氰	Cyanogen	30	0.1	0.4	60	0.3	1.1
1040*	119P	环氧乙烷	Ethylene oxide	30	0.1	0.2	参考表3		
		环氧乙烷,含氮的	Ethylene oxide with Nitrogen						
1045	124	氟	Fluorine	30	0.1	0.2	100	0.5	2.2
		氟,压缩气体	Fluorine, compressed						

表1 初始隔离与防护距离

续表

UN号	处置方案编号	中文名称	英文名称	小量泄漏 初始隔离距离/m	小量泄漏 下风向防护距离/km 白天	小量泄漏 下风向防护距离/km 夜晚	大量泄漏 初始隔离距离/m	大量泄漏 下风向防护距离/km 白天	大量泄漏 下风向防护距离/km 夜晚
1048	125	溴化氢,无水的	Hydrogen bromide, anhydrous	30	0.1	0.2	150	0.9	2.6
1050*	125	氯化氢,无水的	Hydrogen chloride, anhydrous	30	0.1	0.3	参考表3	参考表3	参考表3
1051	117	氰化氢	AC(when used as a weapon)	60	0.3	1.0	1000	3.7	8.4
1051	117	氢氰酸水溶液,含氰化氢大于20% 氰化氢,无水,稳定的 氰化氢,稳定的	Hydrocyanic acid, aqueous solutions, with more than 20% Hydrogen cyanide Hydrogen cyanide, anhydrous, stabilized Hydrogen cyanide, stabilized	60	0.2	0.9	300	1.1	2.4
1052*	125	氟化氢,无水的	Hydrogen fluoride, anhydrous	30	0.1	0.4	参考表3	参考表3	参考表3
1053	117	硫化氢	Hydrogen sulfide	30	0.1	0.4	400	2.1	5.4
1061	118	甲胺,无水的	Methylamine, anhydrous	30	0.1	0.2	200	0.6	1.9
1062	123	甲基溴	Methyl bromide	30	0.1	0.1	150	0.3	0.7
1064	117	甲硫醇	Methyl mercaptan	30	0.1	0.3	200	1.1	3.1
1067	124	四氧化二氮 二氧化氮	Dinitrogen tetroxide Nitrogen dioxide	30	0.1	0.4	400	1.2	3.0
1069	125	氯化亚硝酰	Nitrosyl chloride	30	0.2	1.0	500	3.4	8.3
1076	125	光气(战争毒剂)	CG(when used as a weapon)	150	0.8	3.2	1000	7.5	11.0+

续表

UN号	处置方案编号	中文名称	英文名称	小量泄漏 初始隔离距离/m	小量泄漏 下风向防护距离/km 白天	小量泄漏 下风向防护距离/km 夜晚	大量泄漏 初始隔离距离/m	大量泄漏 下风向防护距离/km 白天	大量泄漏 下风向防护距离/km 夜晚
1076	125	双光气(战争毒剂)	DP(when used as a weapon)	30	0.2	0.7	200	1.0	2.4
1076	125	光气	Phosgene	100	0.6	2.5	500	3.0	9.0
1079 *	125	二氧化硫	Sulfur dioxide	100	0.7	2.2	参考表3		
1082	119P	制冷剂气体R-1113 三氟氯乙烯,稳定的	Refrigerant gas R-1113 Trifluorochloroethylene, stabilized	30	0.1	0.1	60	0.3	0.7
1092	131P	丙烯醛,稳定的	Acrolein, inhibited	100	1.3	3.4	500	6.1	11.0
1093	131P	丙烯腈,稳定的	Acrylonitrile, stabilized	30	0.2	0.5	100	1.1	2.1
1098	131	烯丙醇	Allyl alcohol	30	0.2	0.3	60	0.7	1.2
1135	131	2-氯乙醇	Ethylene chlorohydrin	30	0.1	0.2	60	0.4	0.6
1143	131P	丁烯醛 丁烯醛,稳定的	Crotonaldehyde Crotonaldehyde, stabilized	30	0.1	0.2	60	0.5	0.8
1162	155	二甲基二氯硅烷(当泄漏到水里时)	Dimethyldichlorosilane (when spilled in water)	30	0.1	0.2	60	0.5	1.7
1163	131	1,1-二甲肼 不对称二甲肼	1,1-Dimethylhydrazine Dimethylhydrazine, unsymmetrical	30	0.2	0.5	100	1.0	1.8

表1 初始隔离与防护距离

UN号	处置方案编号	中文名称	英文名称	小量泄漏			大量泄漏		
				初始隔离距离/m	下风向防护距离/km 白天	下风向防护距离/km 夜晚	初始隔离距离/m	下风向防护距离/km 白天	下风向防护距离/km 夜晚
1182	155	氯甲酸乙酯	Ethyl chloroformate	30	0.1	0.1	60	0.3	0.5
1183	139	乙基二氯硅烷(当泄漏到水里时)	Ethyldichlorosilane(when spilled in water)	30	0.1	0.2	60	0.6	2.0
1185	131P	吖丙啶,稳定的	Ethyleneimine, stabilized	30	0.2	0.5	100	1.0	2.0
1196	155	乙基三氯硅烷(当泄漏到水里时)	Ethyltri chlorosilane(when spilled in water)	30	0.2	0.7	200	2.1	6.3
1238	155	氯甲酸甲酯	Methyl chloroformate	30	0.2	0.6	150	1.1	2.1
1239	131	甲基·氯甲基醚	Methylchloromethyl ether	60	0.5	1.4	300	3.0	5.6
1242	139	甲基二氯硅烷(当泄漏到水里时)	Methyldichlorosilane(when spilled in water)	30	0.1	0.3	60	0.7	2.2
1244	131	甲基肼	Methylhydrazine	30	0.3	0.6	100	1.3	2.1
1250	155	甲基三氯硅烷(当泄漏到水里时)	Methyltrichlorosilane(when spilled in water)	30	0.1	0.3	60	0.8	2.4
1251	131P	甲基·乙烯基酮,稳定的	Methyl vinyl ketone, stabilized	100	0.3	0.7	800	1.5	2.6
1259	131	羰基镍	Nickel carbonyl	100	1.4	4.9	1000	11.0+	11.0+
1295	139	三氯硅烷(当泄漏到水里时)	Trichlorosilane(when spilled in water)	30	0.1	0.2	60	0.6	2.0
1298	155	三甲基氯硅烷(当泄漏到水里时)	Trimethylchlorosilane(when spilled in water)	30	0.1	0.2	60	0.5	1.4

续表

UN号	处置方案编号	中文名称	英文名称	小量泄漏			大量泄漏		
				初始隔离距离/m	下风向防护距离/km		初始隔离距离/m	下风向防护距离/km	
					白天	夜晚		白天	夜晚
1305	155P	乙烯基三氯硅烷(当泄漏到水里时)	Vinyltrichlorosilane(when spilled in water)	30	0.1	0.2	60	0.6	1.8
		乙烯基三氯硅烷,稳定的(当泄漏到水里时)	Vinyltrichlorosilane, stabilized(when spilled in water)						
1340	139	五硫化二磷,不含黄磷和白磷(当泄漏到水里时)	Phosphorus pentasulfide, free from yellow or white Phosphorus(when spilled in water)	30	0.1	0.2	60	0.3	1.3
1360	139	磷化钙(当泄漏到水里时)	Calcium phosphide(when spilled in water)	30	0.2	0.6	300	1.0	3.7
1380	135	皮硼烷	Pentaborane	60	0.5	1.9	150	2.0	4.7
1384	135	亚硫酸氢钠(当泄漏到水里时)	Sodium hydrosulfite(when spilled in water)	30	0.2	0.5	60	0.6	2.2
		连二亚硫酸钠(当泄漏到水里时)	Sodium dithionite(when spilled in water)						
1397	139	磷化铝(当泄漏到水里时)	Aluminum phosphide(when spilled in water)	60	0.2	0.9	500	2.0	7.1
1419	139	磷化铝镁(当泄漏到水里时)	Magnesium aluminum phosphide(when spilled in water)	60	0.2	0.8	500	1.8	6.2
1432	139	磷化钠(当泄漏到水里时)	Sodium phosphide(when spilled in water)	30	0.2	0.6	300	1.3	4.0
1510	143	四硝基甲烷	Tetranitromethane	30	0.2	0.3	30	0.4	0.7

表 1　初始隔离与防护距离

续表

UN号	处置方案编号	中文名称	英文名称	小量泄漏 初始隔离距离/m	小量泄漏 下风向防护距离/km 白天	小量泄漏 下风向防护距离/km 夜晚	大量泄漏 初始隔离距离/m	大量泄漏 下风向防护距离/km 白天	大量泄漏 下风向防护距离/km 夜晚
1541	155	丙酮氰醇,稳定的(当泄漏到水里时)	Acetone cyanohydrin, stabilized(when spilled in water)	30	0.1	0.1	100	0.3	1.0
1556	152	甲基二氯胂(战争毒剂)	MD(when used as a weapon)	300	1.6	4.3	1000	11.0+	11.0+
1556	152	甲基二氯胂	Methyldichloroarsine	100	1.3	2.0	300	3.2	4.2
1556	152	苯基二氯胂(战争毒剂)	PD(when used as a weapon)	60	0.4	0.4	300	1.6	1.6
1560	157	三氯化砷 / 五氯化砷	Arsenic trichloride / Arsenic chloride	30	0.2	0.3	100	1.0	1.4
1569	131	溴丙酮	Bromoacetone	30	0.4	1.2	150	1.8	3.4
1580	154	三氯硝基甲烷	Chloropicrin	60	0.5	1.2	200	2.2	3.6
1581	123	三氯硝基甲烷和溴甲烷混合物 / 溴甲烷和三氯硝基甲烷混合物	Chloropicrin and Methyl bromide mixture / Methyl bromide and Chloropicrin mixtures	30	0.1	0.6	300	2.1	5.9
1582	119	三氯硝基甲烷和氯甲烷混合物 / 氯甲烷和三氯硝基甲烷混合物	Chloropicrin and Methyl chloride mixture / Methyl chloride and Chloropicrin mixtures	30	0.1	0.4	60	0.4	1.7
1583	154	三氯硝基甲烷混合物,未另作规定的	Chloropicrin mixture,n.o.s.	60	0.5	1.2	200	2.2	3.6
1589	125	氯化氰(战争毒剂)	CK(when used as a weapon)	800	5.3	11.0+	1000	11.0+	11.0+

续表

UN号	处置方案编号	中文名称	英文名称	小量泄漏 初始隔离距离/m	小量泄漏 下风向防护距离/km 白天	小量泄漏 下风向防护距离/km 夜晚	大量泄漏 初始隔离距离/m	大量泄漏 下风向防护距离/km 白天	大量泄漏 下风向防护距离/km 夜晚
1589	125	氯化氰,稳定的	Cyanogen chloride, stabilized	300	1.8	6.2	1000	9.4	11.0+
1595	156	硫酸二甲酯	Dimethyl sulfate	30	0.2	0.2	60	0.5	0.6
1605	154	二溴化乙烯	Ethylene dibromide	30	0.1	0.1	30	0.1	0.2
1612	123	四磷酸六乙酯和压缩气体混合物 压缩气体和四磷酸六乙酯混合物	Hexaethyl tetraphosphate and compressed gas mixture Compressed gas and hexaethyl tetraphosphate mixture	100	0.8	2.7	400	3.5	8.1
1613	154	氢氰酸水溶液,含氰化氢不大于20% 氰化氢水溶液,含氰化氢不大于20%	Hydrocyanic acid, aqueous solution, with not more than 20% Hydrogen cyanide Hydrogen cyanide, aqueous solution, with not more than 20% Hydrogen cyanide	30	0.1	0.1	100	0.5	1.1
1614	152	氰化氢,稳定的(被吸收的)	Hydrogen cyanide, stabilized(absorbed)	60	0.2	0.6	150	0.5	1.6
1647	151	二溴化乙烯和溴甲烷混合物,液体 溴甲烷和二溴化乙烯混合物,液体	Ethylene dibromide and Methyl bromide mixture, liquid Methyl bromide and Ethylene dibromide mixture, liquid	30	0.1	0.1	150	0.3	0.7

表1　初始隔离与防护距离

续表

UN号	处置方案编号	中文名称	英文名称	小量泄漏			大量泄漏		
				初始隔离距离/m	下风向防护距离/km		初始隔离距离/m	下风向防护距离/km	
					白天	夜晚		白天	夜晚
1660	124	一氧化氮,压缩的	Nitric oxide, compressed	30	0.1	0.5	100	0.5	2.2
1670	157	全氯甲硫醇	Perchloromethyl mercaptan	30	0.2	0.3	100	0.6	1.1
1672	151	二氯代苯胂	Phenylcarbylamine chloride	30	0.2	0.2	60	0.5	0.7
1680	157	氰化钾(当泄漏到水里时)	Potassium cyanide(when spilled in water)	30	0.1	0.2	100	0.3	1.2
		氰化钾,固体(当泄漏到水里时)	Potassium cyanide,solid(when spilled in water)						
1689	157	氰化钠(当泄漏到水里时)	Sodium cyanide(when spilled in water)	30	0.1	0.2	100	0.4	1.4
		氰化钠,固体(当泄漏到水里时)	Sodium cyanide,solid(when spilled in water)						
1694	159	氯丙酮(战争毒剂)	CA(when used as a weapon)	30	0.1	0.4	100	0.5	2.6
1695	131	氯丙酮,稳定的	Chloroacetone,stabilized	30	0.1	0.2	30	0.4	0.6
1697	153	氯乙酰苯(战争毒剂)	CN(when used as a weapon)	30	0.1	0.2	60	0.3	1.2
1698	154	亚当氏剂(战争毒剂)	Adamsite(when used as a weapon)	30	0.1	0.3	60	0.3	1.4
		二苯胺氯胂(战争毒剂)	DM(when used as a weapon)						
1699	151	二苯氯胂(战争毒剂)	DA(when used as a weapon)	30	0.2	0.8	300	1.9	7.5
1716	156	乙酸溴(当泄漏到水里时)	Acetyl bromide(when spilled in water)	30	0.1	0.2	30	0.4	0.9

续表

UN号	处置方案编号	中文名称	英文名称	小量泄漏 初始隔离距离/m	小量泄漏 下风向防护距离/km 白天	小量泄漏 下风向防护距离/km 夜晚	大量泄漏 初始隔离距离/m	大量泄漏 下风向防护距离/km 白天	大量泄漏 下风向防护距离/km 夜晚
1717	155	乙酸氯(当泄漏到水里时)	Acetyl chloride (when spilled in water)	30	0.1	0.3	100	0.9	2.5
1722	155	氯碳酸烯丙酯	Allyl chlorocarbonate	100	0.3	0.8	400	1.4	2.4
1724	155	烯丙基三氯硅烷,稳定的(当泄漏到水里时)	Allyltrichlorosilane, stabilized (when spilled in water)	30	0.1	0.2	60	0.5	1.7
1725	137	溴化铝,无水的(当漏到水里时)	Aluminum bromide, anhydrous (when spilled in water)	30	0.1	0.1	30	0.1	0.4
1726	137	氯化铝,无水的(当漏到水里时)	Aluminum chloride, anhydrous (when spilled in water)	30	0.1	0.3	60	0.5	2.0
1728	155	戊基三氯硅烷(当泄漏到水里时)	Amyltrichlorosilane (when spilled in water)	30	0.1	0.2	60	0.5	1.7
1732	157	五氟化锑(当泄漏到水里时)	Antimony pentafluoride (when spilled in water)	30	0.1	0.5	100	1.0	3.8
1741	125	三氯化硼(当泄漏到陆地上时)	Boron trichloride (when spilled on land)	30	0.1	0.3	100	0.6	1.3
1741	125	三氯化硼(当泄漏到水里时)	Boron trichloride (when spilled in water)	30	0.1	0.4	100	1.1	3.5
1744	154	溴 溴溶液 溴溶液,吸入危害区A	Bromine Bromine, solution Bromine, solution (Inhalation Hazard Zone A)	60	0.8	2.3	300	3.7	7.5

表1 初始隔离与防护距离

续表

UN号	处置方案编号	中文名称	英文名称	小量泄漏 初始隔离距离/m	小量泄漏 下风向防护距离 km 白天	夜晚	大量泄漏 初始隔离距离/m	大量泄漏 下风向防护距离 km 白天	夜晚
1744	154	溴溶液，吸入危害区 B	Bromine, solution (Inhalation Hazard ZoneB)	30	0.1	0.2	30	0.3	0.5
1745	144	五氟化溴（当泄漏到陆地上时）	Bromine pentafluoride(when spilled on land)	60	0.8	2.4	400	4.9	10.2
1745	144	五氟化溴 当泄漏到水里时	Bromine pentafluoride(when spilled in water)	30	0.1	0.5	100	1.1	3.9
1746	144	三氟化溴（当泄漏到陆地上时）	Bromine trifluoride(when spilled on land)	30	0.1	0.2	30	0.3	0.5
1746	144	三氟化溴（当泄漏到水里时）	Bromine trifluoride(when spilled in water)	30	0.1	0.5	100	1.0	3.7
1747	155	丁基三氯硅烷（当泄漏到水里时）	Butyltrichlorosilane(when spilled in water)	30	0.1	0.2	60	0.5	1.6
1749	124	三氟化氯	Chlorine trifluoride	60	0.3	1.1	300	1.4	4.1
1752	156	氯乙酰氯（当泄漏到陆地上时）	Chloroacetyl chloride(when spilled on land)	30	0.3	0.6	100	1.1	1.9
1752	156	氯乙酰氯（当泄漏到水里时）	Chloroacetyl chloride(when spilled in water)	30	0.1	0.1	30	0.3	0.8
1753	156	氯苯基三氯硅烷（当泄漏到水里时）	Chlorophenyltrichlorosilane (when spilled in water)	30	0.1	0.1	30	0.3	0.9
1754	137	氯磺酸（当泄漏到陆地上时）	Chlorosulfonic acid (when spilled on land)	30	0.1	0.1	30	0.2	0.3
1754	137	氯磺酸（当泄漏到水里时）	Chlorosulfonic acid (when spilled in water)	30	0.1	0.3	60	0.7	2.2
1754	137	氯磺酸和三氧化硫混合物（当泄漏到陆地上时）	Chlorosulfonic acid and Sulfur trioxide mixture(when spilled on land)	30	0.1	0.1	30	0.2	0.3

续表

UN号	处置方案编号	中文名称	英文名称	小量泄漏 初始隔离距离/m	小量泄漏 下风向防护距离/km 白天	小量泄漏 下风向防护距离/km 夜晚	大量泄漏 初始隔离距离/m	大量泄漏 下风向防护距离/km 白天	大量泄漏 下风向防护距离/km 夜晚
1754	137	氯磺酸和三氧化硫混合物（当泄漏到水里时）	Chlorosulfonic acid and Sulfur trioxide mixture（when spilled in water）	30	0.1	0.3	60	0.7	2.2
1758	137	氯氧化铬（当泄漏到水里时）	Chromium oxychloride（when spilled in water）	30	0.1	0.1	30	0.2	0.7
1762	156	环己烯基三氯硅烷（当泄漏到水里时）	Cyclohexenyltrichlorosilane（when spilled in water）	30	0.1	0.2	30	0.4	1.2
1763	156	环己基三氯硅烷（当泄漏到水里时）	Cyclohexyltrichlorosilane（when spilled in water）	30	0.1	0.2	30	0.4	1.3
1765	156	二氯乙酰氯（当泄漏到水里时）	Dichloroacetyl chloride（when spilled in water）	30	0.1	0.1	30	0.3	0.9
1766	156	二氯苯基三氯硅烷（当泄漏到水里时）	Dichlorophenyltrichlorosilane（when spilled in water）	30	0.1	0.2	60	0.6	1.9
1767	155	二乙基二氯硅烷（当泄漏到水里时）	Diethyldichlorosilane（when spilled in water）	30	0.1	0.1	30	0.4	1.0
1769	156	二苯基二氯硅烷（当泄漏到水里时）	Diphenyldichlorosilane（when spilled in water）	30	0.1	0.2	30	0.4	1.2
1771	156	十二烷基三氯硅烷（当泄漏到水里时）	Dodecyltrichlorosilane（when spilled in water）	30	0.1	0.2	60	0.5	1.3

表1　初始隔离与防护距离

续表

UN号	处置方案编号	中文名称	英文名称	小量泄漏 初始隔离距离/m	下风向防护距离/km 白天	夜晚	大量泄漏 初始隔离距离/m	下风向防护距离/km 白天	夜晚
1777	137	氟磺酸（当泄漏到水里时）	Fluorosulfonic acid(when spilled in water)	30	0.1	0.1	30	0.2	0.7
1781	156	十六烷基三氯硅烷（当泄漏到水里时）	Hexadecyltrichlorosilane(when spilled in water)	30	0.1	0.1	30	0.2	0.6
1784	156	已基三氯硅烷（当泄漏到水里时）	Hexyltrichlorosilane(when spilled in water)	30	0.1	0.2	30	0.4	1.4
1799	156	壬基三氯硅烷（当泄漏到水里时）	Nonyltrichlorosilane(when spilled in water)	30	0.1	0.2	60	0.5	1.4
1800	156	十八烷基三氯硅烷（当泄漏到水里时）	Octadecyltrichlorosilane(when spilled in water)	30	0.1	0.2	30	0.4	1.4
1801	156	辛基三氯硅烷（当泄漏到水里时）	Octyltrichlorosilane(when spilled in water)	30	0.1	0.2	60	0.5	1.5
1804	156	苯基三氯硅烷（当泄漏到水里时）	Phenyltrichlorosilane(when spilled in water)	30	0.1	0.2	30	0.4	1.4
1806	137	五氯化磷（当泄漏到水里时）	Phosphorus pentachloride(when spilled in water)	30	0.1	0.2	30	0.4	1.4
1808	137	三溴化磷（当泄漏到水里时）	Phosphorus tribromide(when spilled in water)	30	0.1	0.3	30	0.4	1.3
1809	137	三氯化磷（当泄漏到陆地上时）	Phosphorus trichloride(when spilled on land)	30	0.2	0.5	100	1.1	2.2
1809	137	三氯化磷（当泄漏到水里时）	Phosphorus trichloride(when spilled in water)	30	0.1	0.3	60	0.7	2.3

续表

UN号	处置方案编号	中文名称	英文名称	小量泄漏 初始隔离距离/m	小量泄漏 下风向防护距离/km 白天	小量泄漏 下风向防护距离/km 夜晚	大量泄漏 初始隔离距离/m	大量泄漏 下风向防护距离/km 白天	大量泄漏 下风向防护距离/km 夜晚
1810	137	三氯氧磷(当泄漏到陆地上时)	Phosphorus oxychloride (when spilled on land)	30	0.3	0.6	100	1.0	1.8
1810	137	三氯氧磷(当泄漏到水里时)	Phosphorus oxychloride(when spilled in water)	30	0.1	0.2	60	0.6	2.0
1815	132	丙酰氯(当泄漏到水里时)	Propionyl chloride(when spilled in water)	30	0.1	0.1	30	0.3	0.7
1816	155	丙基三氯硅烷(当泄漏到水里时)	Propyltrichlorosilane(when spilled in water)	30	0.1	0.2	60	0.6	1.8
1818	157	四氯化硅(当泄漏到水里时)	Silicon tetrachloride(when spilled in water)	30	0.1	0.3	60	0.8	2.5
1828	137	氯化硫(当泄漏到陆地上时)	Sulfur chlorides(when spilled on land)	30	0.1	0.1	60	0.3	0.4
1828	137	氯化硫(当泄漏到水里时)	Sulfur chlorides(when spilled in water)	30	0.1	0.2	30	0.4	1.2
1829	137	三氧化硫,稳定的	Sulfur trioxide, stabilized	60	0.4	1.0	300	2.9	5.7
1831	137	硫酸,发烟的 硫酸,发烟的,含游离三氧化硫不小于30%	Sulfuric acid, fuming Sulfuric acid, fuming, with not less than 30% free Sulfur trioxide	60	0.4	1.0	300	2.9	5.7
1834	137	磺酰氯(当泄漏到陆地上时)	Sulfuryl chloride(when spilled on land)	30	0.2	0.4	60	0.8	1.5
1834	137	磺酰氯(当泄漏到水里时)	Sulfuryl chloride(when spilled in water)	30	0.1	0.2	60	0.5	1.6

表 1　初始隔离与防护距离

UN号	处置方案编号	中文名称	英文名称	小量泄漏 初始隔离距离/m	小量泄漏 下风向防护距离/km 白天	小量泄漏 下风向防护距离/km 夜晚	大量泄漏 初始隔离距离/m	大量泄漏 下风向防护距离/km 白天	大量泄漏 下风向防护距离/km 夜晚
1836	137	亚硫酰氯（当泄漏到陆地上时）	Thionyl chloride(when spilled on land)	30	0.2	0.6	60	0.7	1.5
1836	137	亚硫酰氯（当泄漏到水里时）	Thionyl chloride(when spilled in water)	100	0.9	2.4	600	7.9	11.0+
1838	137	四氯化钛（当泄漏到陆地上时）	Titanium tetrachloride(when spilled on land)	30	0.1	0.1	30	0.1	0.2
1838	137	四氯化钛（当泄漏到水里时）	Titanium tetrachloride(when spilled in water)	30	0.1	0.2	60	0.5	1.6
1859	125	四氟化硅 四氟化硅,压缩的	Silicon tetrafluoride Silicon tetrafluoride,compressed	30	0.2	0.7	100	0.5	1.8
1892	151	乙基二氯胂（战争毒剂）	ED(when used as a weapon)	150	2.0	2.9	1000	10.4	11.0+
1892	151	乙基二氯胂	Ethyldichloroarsine	150	1.4	2.1	400	4.6	6.3
1898	156	乙酰碘（当泄漏到水里时）	Acetyl iodide(when spilled in water)	30	0.1	0.2	30	0.4	1.0
1911	119	乙硼烷 乙硼烷,压缩的 乙硼烷,混合物	Diborane Diborane,compressed Diborane mixtures	60	0.3	1.0	200	1.3	4.0
1923	135	连二亚硫酸钙（当泄漏到水里时） 亚硫酸氢钙（当泄漏到水里时）	Calcium dithionite(when spilled in water) Calcium hydrosulfite(when spilled in water)	30	0.2	0.5	60	0.6	2.2

续表

UN号	处置方案编号	中文名称	英文名称	小量泄漏			大量泄漏		
				初始隔离距离/m	下风向防护距离/km 白天	夜晚	初始隔离距离/m	下风向防护距离/km 白天	夜晚
1929	135	连二亚硫酸钾（当泄漏到水里时）	Potassium dithionite(when spilled in water)	30	0.1	0.5	60	0.6	2.0
		亚硫氢钾（当泄漏到水里时）	Potassium hydrosulfite(when spilled in water)						
1931	171	连二亚硫酸锌（当泄漏到水里时）	Zinc dithionite(when spilled in water)	30	0.1	0.5	60	0.6	2.0
		亚硫酸氢锌（当泄漏到水里时）	Zinc hydrosulfite(when spilled in water)						
1953	119	压缩气体，有毒，易燃，未另作规定的	Compressed gas,toxic,flammable,n.o.s.	150	1.0	3.8	1000	5.6	10.2
1953	119	压缩气体，有毒，易燃，未另作规定的，吸入危害区A	Compressed gas, poisonous, flammable, n.o.s.(Inhalation Hazard Zone A)						
1953	119	压缩气体，有毒，易燃，未另作规定的，吸入危害区B	Compressed gas, poisonous, flammable, n.o.s.(Inhalation Hazard ZoneB)	30	0.1	0.4	200	1.2	2.6
1953	119	压缩气体，有毒，易燃，未另作规定的，吸入危害区C	Compressed gas, poisonous, flammable, n.o.s.(Inhalation Hazard ZoneC)	30	0.1	0.3	150	0.9	2.4
1953	119	压缩气体，有毒，易燃，未另作规定的，吸入危害区D	Compressed gas, poisonous, flammable, n.o.s.(Inhalation Hazard ZoneD)	30	0.1	0.2	100	0.7	1.9

表 1　初始隔离与防护距离

续表

UN号	处置方案编号	中文名称	英文名称	小量泄漏 初始隔离距离/m	小量泄漏 下风向防护距离/km 白天	小量泄漏 下风向防护距离/km 夜晚	大量泄漏 初始隔离距离/m	大量泄漏 下风向防护距离/km 白天	大量泄漏 下风向防护距离/km 夜晚
1955	123	压缩气体，有毒，未另作规定的	Compressed gas, toxic, n. o. s.	100	0.5	2.5	1000	5.6	10.2
1955	123	压缩气体，有毒，未另作规定的，吸入危害区 A	Compressed gas, poisonous, n. o. s. (Inhalation Hazard Zone A)	30	0.2	0.8	300	1.4	4.1
1955	123	压缩气体，有毒，未另作规定的，吸入危害区 B	Compressed gas, poisonous, n. o. s. (Inhalation Hazard ZoneB)	30	0.1	0.3	150	0.9	2.4
1955	123	压缩气体，有毒，未另作规定的，吸入危害区 C	Compressed gas, poisonous, n. o. s. (Inhalation Hazard ZoneC)	30	0.1	0.2	100	0.7	1.9
		压缩气体，有毒，未另作规定的，吸入危害区 D	Compressed gas, poisonous, n. o. s. (Inhalation Hazard ZoneD)						
		混有压缩气体的有机磷化合物	Organic phosphate compound mixed with compressed gas						
1955	123	混有压缩气体的有机磷化合物	Organic phosphorus compound mixed with compressed gas	100	1.0	3.4	500	4.4	9.6
		混有压缩气体的有机磷酸盐	Organic phosphate mixed with compressed gas						
1967	123	气体杀虫剂，有毒，未另作规定的	Insecticide gas, toxic, n. o. s.	100	1.0	3.4	500	4.4	9.6
		对硫磷和压缩气体混合物	Parathion and compressed gas mixture						

续表

UN号	处置方案编号	中文名称	英文名称	小量泄漏 初始隔离距离/m	小量泄漏 下风向防护距离/km 白天	小量泄漏 下风向防护距离/km 夜晚	大量泄漏 初始隔离距离/m	大量泄漏 下风向防护距离/km 白天	大量泄漏 下风向防护距离/km 夜晚
1975	124	四氧化二氮和一氧化氮混合物	Dinitrogen tetroxide and Nitric oxide mixture	30	0.1	0.5	100	0.5	2.2
		一氧化氮和四氧化二氮混合物	Nitric oxide and Dinitrogen tetroxide mixture						
		一氧化氮和二氧化氮混合物	Nitric oxide and Nitrogen dioxide mixture						
		二氧化氮和一氧化氮混合物	Nitrogen dioxide and Nitric oxide mixture						
1994	131	五羰基铁	Iron pentacarbonyl	100	0.9	2.0	400	4.5	7.4
2004	135	二氨基镁(当泄漏到水里时)	Magnesium diamide(when spilled in water)	30	0.1	0.5	60	0.6	2.1
2011	139	二磷化三镁(当泄漏到水里时)	Magnesium phosphide (when spilled in water)	60	0.2	0.8	400	1.7	5.7
2012	139	磷化钾(当泄漏到水里时)	Potassium phosphide(when spilled in water)	30	0.1	0.6	300	1.2	3.8
2013	139	磷化锶(当泄漏到水里时)	Strontium phosphide(when spilled in water)	30	0.1	0.5	300	1.1	3.7
2032	157	硝酸,发红烟的	Nitric acid,red fuming	30	0.1	0.1	150	0.2	0.4
2186*	125	氯化氢,冷冻液体	Hydrogen chloride,refrigerated liquid	参考表3					
2188	119	胂	Arsine	150	1.0	3.8	1000	5.6	10.2
2188	119	胂(战争毒剂)	SA(when used as a weapon)	300	1.9	5.7	1000	8.9	11.0+

表1 初始隔离与防护距离

续表

UN号	处置方案编号	中文名称	英文名称	小量泄漏 初始隔离距离/m	小量泄漏 下风向防护距离/km 白天	夜晚	大量泄漏 初始隔离距离/m	大量泄漏 下风向防护距离/km 白天	夜晚
2189	119	二氯硅烷	Dichlorosilane	30	0.1	0.4	200	1.2	2.6
2190	124	二氟化氧 二氟化氧，压缩的	Oxygen difluoride Oxygen difluoride, compressed	300	1.6	6.7	1000	9.8	11.0+
2191	123	硫酰氟	Sulfuryl fluoride	30	0.1	0.5	300	1.9	4.4
2192	119	锗烷	Germane	150	0.7	3.0	500	2.9	6.7
2194	125	六氟化硒	Selenium hexafluoride	200	1.1	3.4	600	3.4	7.8
2195	125	六氟化碲	Tellurium hexafluoride	600	3.6	8.6	1000	11.0+	11.0+
2196	125	六氟化钨	Tungsten hexafluoride	30	0.2	0.7	150	0.9	2.8
2197	125	碘化氢，无水的	Hydrogen iodide, anhydrous	30	0.1	0.3	150	0.9	2.4
2198	125	五氟化磷 五氟化磷，压缩的	Phosphorus pentafluoride Phosphorus pentafluoride, compressed	30	0.2	0.8	150	0.8	2.9
2199	119	磷化氢	Phosphine	60	0.2	1.0	300	1.3	3.8
2202	117	硒化氢，无水的	Hydrogen selenide, anhydrous	300	1.7	5.9	1000	11.0+	11.0+
2204	119	硫化羰	Carbonyl sulfide	30	0.1	0.3	300	1.3	3.2

续表

UN号	处置方案编号	中文名称	英文名称	小量泄漏 初始隔离距离/m	小量泄漏 下风向防护距离/km 白天	小量泄漏 下风向防护距离/km 夜晚	大量泄漏 初始隔离距离/m	大量泄漏 下风向防护距离/km 白天	大量泄漏 下风向防护距离/km 夜晚
2232	153	氯乙醛	Chloroacetaldehyde	30	0.2	0.3	60	0.6	1.1
2285	156	2-氯乙醛	2-Chloroethanal	30	0.1	0.2	30	0.4	0.6
2308	157	异氰酸三氟甲苯酯	Isocyanatobenzotrifluorides	30	0.1	0.4	300	1.0	2.8
		亚硝基硫酸,液体(当泄漏到水里时)	Nitrosylsulfuric acic, liquid(when spilled in water)						
		亚硝基硫酸,固体(当泄漏到水里时)	Nitrosylsulfuric acic, solid(when spilled in water)						
2334	131	烯丙胺	Allylamine	30	0.2	0.5	150	1.4	2.5
2337	131	苯硫醇	Phenyl mercaptan	30	0.1	0.1	30	0.3	0.4
2353	132	丁酰氯(当泄漏到水里时)	Butyryl chloride(when spilled in water)	30	0.1	0.1	30	0.3	0.9
2382	131	对称二甲肼	Dimethylhydrazine, symmetrical	30	0.2	0.3	60	0.7	1.3
2395	132	异丁酰氯(当泄漏到水里时)	Isobutyryl chloride(when spilled in water)	30	0.1	0.1	30	0.2	0.6
2407	155	氯甲酸异丙酯	Isopropyl chloroformate	30	0.1	0.2	60	0.5	0.9
2417	125	碳酰氟	Carbonyl fluoride	100	0.6	2.2	600	3.6	8.1
		碳酰氟,压缩的	Carbonyl fluoride, compressed						

表1　初始隔离与防护距离

续表

UN号	处置方案编号	中文名称	英文名称	小量泄漏			大量泄漏		
				初始隔离距离/m	下风向防护距离/km		初始隔离距离/m	下风向防护距离/km	
					白天	夜晚		白天	夜晚
2418	125	四氟化硫	Sulfur tetrafluoride	100	0.5	2.4	400	2.1	6.0
2420	125	六氟丙酮	Hexafluoroacetone	100	0.6	2.6	1000	11.0+	11.0+
2421	124	三氧化二氮	Nitrogen trioxide	60	0.3	1.1	150	0.9	3.0
2434	156	二苄基二氯硅烷（当泄漏到水里时）	Dibenzyldichlorosilane（when spilled in water）	30	0.1	0.1	30	0.2	0.6
2435	156	乙基苯基二氯硅烷（当泄漏到水里时）	Ethylphenyldichlorosilane（when spilled in water）	30	0.1	0.1	30	0.3	1.0
2437	156	甲基苯基二氯硅烷（当泄漏到水里时）	Methylphenyldichlorosilane（when spilled in water）	30	0.1	0.2	30	0.4	1.3
2438	132	三甲基乙酰氯	Trimethylacetyl chloride	60	0.5	1.0	150	2.0	3.2
2442	156	三氯乙酰氯	Trichloroacetyl chloride	30	0.2	0.3	60	0.6	1.0
2474	157	硫光气	Thiophosgene	60	0.6	1.7	200	2.2	4.1
2477	131	异硫氰酸甲酯	Methyl isothiocyanate	30	0.1	0.1	30	0.2	0.3
2478	155	异氰酸酯溶液,易燃,有毒的,未另作规定 / 异氰酸酯,易燃,有毒的,未另作规定	Isocyanate solution, flammable, poisonous, n.o.s. / Isocyanates, flammable, poisonous ,n.o.s.	60	0.8	1.8	400	4.3	7.0

续表

UN号	处置方案编号	中文名称	英文名称	小量泄漏			大量泄漏		
				初始隔离距离/m	下风向防护距离/km		初始隔离距离/m	下风向防护距离/km	
					白天	夜晚		白天	夜晚
2480	155	异氰酸甲酯	Methyl isocyanate	150	1.5	4.4	1000	11.0+	11.0+
2481	155	异氰酸乙酯	Ethyl isocyanate	150	2.0	5.1	1000	11.0+	11.0+
2482	155	异氰酸正丙酯	n-Propyl isocyanate	100	1.3	2.7	600	7.1	10.8
2483	155	异氰酸异丙酯	Isopropyl isocyanate	100	1.4	3.0	800	8.4	11.0+
2484	155	异氰酸叔丁酯	tert-Butyl isocyanate	60	0.8	1.8	400	4.3	7.0
2485	155	异氰酸正丁酯	n-Butyl isocyanate	60	0.6	1.2	200	2.6	4.0
2486	155	异氰酸异丁酯	Isobutyl isocyanate	60	0.6	1.1	200	2.5	4.0
2487	155	异氰酸苯酯	Phenyl isocyanate	60	0.8	1.3	300	3.1	4.6
2488	155	异氰酸环己酯	Cyclohexyl isocyanate	30	0.3	0.4	100	0.9	1.3
2495	144	五氟化碘（当泄漏到水里时）	Iodine pentafluoride(when spilled in water)	30	0.1	0.5	100	1.1	4.1
2521	131P	双烯酮,稳定的	Diketene, inhibited	30	0.1	0.1	30	0.3	0.4
2534	119	甲基氯硅烷	Methylchlorosilane	30	0.1	0.3	100	0.6	1.4
2548	124	五氟化氯	Chlorine pentafluoride	100	0.5	2.5	800	5.2	11.0+
2600	119	一氧化碳和氢混合物,压缩的	Carbon monoxide and Hydrogen mixture, compressed	30	0.1	0.2	200	1.2	4.4

表1　初始隔离与防护距离

UN号	处置方案编号	中文名称	英文名称	小量泄漏 初始隔离距离/m	小量泄漏 下风向防护距离/km 白天	小量泄漏 下风向防护距离/km 夜晚	大量泄漏 初始隔离距离/m	大量泄漏 下风向防护距离/km 白天	大量泄漏 下风向防护距离/km 夜晚
2600	119	氢气和一氧化碳的混合物,压缩的	Hydrogen and Carbon monoxide mixture, compressed	30	0.1	0.2	200	1.2	4.4
2605	155	异氰酸甲氧基甲酯	Methoxymethyl isocyanate	30	0.3	0.5	100	1.0	1.5
2606	155	原硅酸甲酯	Methyl orthosilicate	30	0.2	0.3	60	0.6	0.9
2644	151	甲基碘	Methyl iodide	30	0.1	0.2	60	0.3	0.6
2646	151	六氯环戊二烯	Hexachlorocyclopentadiene	30	0.1	0.1	30	0.3	0.4
2668	131	氯乙腈	Chloroacetonitrile	30	0.1	0.1	30	0.3	0.4
2676	119	锑化氢	Stibine	60	0.3	1.6	200	1.2	4.2
2691	137	五溴化磷(当泄漏到水里时)	Phosphorus pentabromide (when spilled in water)	30	0.1	0.1	30	0.2	0.7
2692	157	三溴化硼(当泄漏到陆地上时)	Boron tribromide (when spilled on land)	30	0.1	0.2	30	0.2	0.4
2692	157	三溴化硼(当泄漏到水里时)	Boron tribromide (when spilled in water)	30	0.1	0.3	60	0.5	1.7
2740	155	氯甲酸正丙酯	n-Propyl chloroformate	30	0.1	0.3	60	0.5	1.0
2742	155	氯甲酸仲丁酯	sec-Butyl chloroformate	30	0.1	0.2	30	0.4	0.5
2742	155	氯甲酸酯,有毒,有腐蚀性,易燃,未另作规定	Chloroformates, poisonous, corrosive, flammable, n. o. s.	30	0.1	0.2	30	0.4	0.5

UN号	处置方案编号	中文名称	英文名称	小量泄漏 初始隔离距离/m	小量泄漏 下风向防护距离/km 白天	小量泄漏 下风向防护距离/km 夜晚	大量泄漏 初始隔离距离/m	大量泄漏 下风向防护距离/km 白天	大量泄漏 下风向防护距离/km 夜晚
2742	155	氯甲酸异丁酯	Isobutyl chloroformate	30	0.1	0.1	30	0.3	0.4
2743	155	氯甲酸正丁酯	n-Butyl chloroformate	30	0.1	0.1	30	0.3	0.4
2806	138	氮化锂(当泄漏到水里时)	Lithium nitride(when spilled in water)	30	0.1	0.4	60	0.6	1.9
2810	153	二苯羟乙酸(战争毒剂)	Buzz(when used as a weapon)	60	0.4	1.7	400	2.2	8.1
2810	153	毕兹(战争毒剂)	BZ(when used as a weapon)						
2810	153	西埃斯(战争毒剂)	CS(when used as a weapon)	30	0.1	0.6	100	0.4	1.9
2810	153	二氯(2-氯乙烯)胂(战争毒剂)	DC(when used as a weapon)	30	0.1	0.6	60	0.4	1.8
2810	153	塔崩(战争毒剂)	GA(when used as a weapon)	30	0.2	0.2	100	0.5	0.6
2810	153	沙林(战争毒剂)	GB(when used as a weapon)	60	0.4	1.1	400	2.1	4.9
2810	153	索曼(战争毒剂)	GD(when used as a weapon)	60	0.4	0.7	300	1.8	2.7
2810	153	GF毒气(战争毒剂)	GF(when used as a weapon)	30	0.2	0.3	150	0.8	1.0
2810	153	芥子气(战争毒剂)	H(when used as a weapon)						
2810	153	芥子气—路易斯气(用于冷冻)(战争毒剂)	HD(when used as a weapon)	30	0.1	0.1	60	0.3	0.4

表1　初始隔离与防护距离

续表

UN号	处置方案编号	中文名称	英文名称	小量泄漏 初始隔离距离/m	小量泄漏 下风向防护距离/km 白天	夜晚	大量泄漏 初始隔离距离/m	大量泄漏 下风向防护距离/km 白天	夜晚
2810	153	芥子气纯品(战争毒剂)	HL(when used as a weapon)	30	0.1	0.3	100	0.5	1.0
2810	153	氮芥,氮芥-1(战争毒剂)	HN-1(nitrogen mustard)(when used as a weapon)	60	0.3	0.5	200	1.1	1.8
2810	153	氮芥,氮芥-2(战争毒剂)	HN-2(when used as a weapon)	60	0.3	0.6	300	1.3	2.1
2810	153	氮芥,氮芥-3(战争毒剂)	HN-3(when used as a weapon)	30	0.1	0.1	60	0.3	0.3
2810	153	路易斯(毒)气(战争毒剂)	L(Lewisite)(when used as a weapon)	30	0.1	0.3	100	0.5	1.0
2810	153	芥末(战争毒剂)	Mustard(when used as a weapon)	30	0.1	0.1	60	0.3	0.4
2810	153	芥末路易斯(毒)气(战争毒剂)	Mustard Lewisite(when used as a weapon)	30	0.1	0.3	100	0.5	1.0
2810	153	沙林(战争毒剂)	Sarin(when used as a weapon)	60	0.4	1.1	400	2.1	4.9
2810	153	索曼(战争毒剂)	Soman(when used as a weapon)	60	0.4	0.7	300	1.8	2.7
2810	153	二甲氨基氰磷酸乙酯(战争毒剂)	Tabun(when used as a weapon)	30	0.2	0.2	100	0.5	0.6
2810	153	塔崩(战争毒剂)	Thickened GD(when used as a weapon)	60	0.4	0.7	300	1.8	2.7
2810	153	维埃克斯(战争毒剂)	VX(when used as a weapon)	30	0.1	0.1	60	0.4	0.3
2811	154	CX(战争毒剂)	CX(when used as a weapon)	60	0.2	1.1	200	1.2	5.1

续表

UN号	处置方案编号	中文名称	英文名称	小量泄漏			大量泄漏		
				初始隔离距离/m	下风向防护距离/km		初始隔离距离/m	下风向防护距离/km	
					白天	夜晚		白天	夜晚
2826	155	氯硫代甲酸乙酯	Ethyl chlorothioformate	30	0.1	0.2	30	0.4	0.5
2845	135	乙基亚磷酸二氯,无水的	Ethyl phosphonous dichloride, anhydrous	30	0.3	0.7	100	1.3	2.3
2845	135	甲基亚磷酸二氯	Methyl phosphonous dichloride	30	0.4	1.0	150	1.9	3.5
2901	124	氯化溴	Bromine chloride	100	0.5	1.8	800	4.5	10.0
2927	154	乙基硫代磷酰二氯,无水的	Ethyl phosphonothioic dichloride, anhydrous	30	0.1	0.1	30	0.2	0.2
2927	154	二氯磷酸乙酯	Ethyl phosphorodichloridate	30	0.1	0.1	30	0.3	0.3
2977	166	放射性物质,六氟化铀,裂变的（当泄漏到水里时）	Radioactive material, Uranium hexafluoride, fissile(when spilled in water)	30	0.1	0.4	60	0.5	2.1
2977	166	六氟化铀,放射性物质,裂变的（当泄漏到水里时）	Uranium hexafluoride, radioactive material, fissile(when spilled in water)	30	0.1	0.4	60	0.5	2.1
2978	166	放射性物质,六氟化铀,不裂变或者特殊情况下裂变（当泄漏到水里时）	Radioactive material, Uranium hexafluoride, non fissile or fissile-excepted(when spilled in water)	30	0.1	0.4	60	0.5	2.1
2978	166	六氟化铀,放射性物质,不裂变或者特殊情况下裂变（当泄漏到水里时）	Uranium hexafluoride, radioactive material, non fissile or fissile-excepted(when spilled in water)	30	0.1	0.4	60	0.5	2.1

表1　初始隔离与防护距离

续表

UN号	处置方案编号	中文名称	英文名称	小量泄漏			大量泄漏		
				初始隔离距离/m	下风向防护距离/km		初始隔离距离/m	下风向防护距离/km	
					白天	夜晚		白天	夜晚
2985	155	氯硅烷，易燃，腐蚀性，未另作规定的（当泄漏到水里时）	Chlorosilanes, flammable, corrosive, n. o. s. (when spilled in water)	30	0.1	0.2	60	0.5	1.6
2986	155	氯硅烷，腐蚀性，易燃，未另作规定的（当泄漏到水里时）	Chlorosilanes, corrosive, flammable, n. o. s. (when spilled in water)	30	0.1	0.2	60	0.5	1.6
2987	156	氯硅烷，腐蚀性，未另作规定的（当泄漏到水里时）	Chlorosilanes, corrosive, n. o. s. (when spilled in water)	30	0.1	0.2	60	0.5	1.6
2988	139	氯硅烷，遇水反应，易燃，腐蚀性，未另作规定的（当泄漏到水里时）	Chlorosilanes, water – reactive, flammable, corrosive, n. o. s. (when spilled in water)	30	0.1	0.2	60	0.5	1.6
3023	131	2-甲基-2-庚硫醇	2-Methyl-2-heptanethiol	30	0.1	0.2	60	0.5	0.7
3048	157	磷化铝农药（当泄漏到水里时）	Aluminum phosphide pesticide (when spilled in water)	60	0.2	0.9	500	2.0	7.0
3049	138	卤化烷基金属，遇水反应，未另作规定的（当泄漏到水里时）	Metal alkyl halides, water – reactive, n. o. s. (when spilled in water)	30	0.1	0.2	60	0.4	1.3
3049	138	卤化芳基金属，遇水反应，未另作规定的（当泄漏到水里时）	Metal aryl halides, water – reactive, n. o. s. (when spilled in water)	30	0.1	0.2	60	0.4	1.3

续表

UN 号	处置方案编号	中文名称	英文名称	小量泄漏 初始隔离距离/m	小量泄漏 下风向防护距离/km 白天	小量泄漏 下风向防护距离/km 夜晚	大量泄漏 初始隔离距离/m	大量泄漏 下风向防护距离/km 白天	大量泄漏 下风向防护距离/km 夜晚
3052	135	卤化烷基铝,液体(当泄漏到水里时)	Aluminum alkyl halides, liquid (when spilled in water)	30	0.1	0.2	60	0.4	1.3
	135	卤化烷基铝,固体(当泄漏到水里时)	Aluminum alkyl halides, solid (when spilled in water)	30	0.1	0.2	60	0.4	1.3
3057	125	三氟乙酰氯	Trifluoroacetyl chloride	30	0.2	0.9	600	4.0	9.5
3079	131P	甲基丙烯腈,稳定的	Methacrylonitrile, stabilized	30	0.3	0.7	150	1.4	2.5
3083	124	高氯酰氟	Perchloryl fluoride	30	0.2	1.1	800	4.5	9.6
3160	119	液化气体,有毒,易燃,未另作规定的,吸入危害区 A	Liquefied gas, toxic, flammable, n. o. s. (Inhalation Hazard Zone A)	150	1.0	3.8	1000	5.6	10.2
3160	119	液化气体,有毒,易燃,未另作规定的,吸入危害区 B	Liquefied gas, toxic, flammable, n. o. s. (Inhalation Hazard Zone B)	30	0.1	0.4	200	1.2	2.6
3160	119	液化气体,有毒,易燃,未另作规定的,吸入危害区 C	Liquefied gas, toxic, flammable, n. o. s. (Inhalation Hazard Zone C)	30	0.1	0.3	150	0.9	2.4
3160	119	液化气体,有毒,易燃,未另作规定的,吸入危害区 D	Liquefied gas, toxic, flammable, n. o. s. (Inhalation Hazard Zone D)	30	0.1	0.2	100	0.7	1.9

表 1　初始隔离与防护距离

UN号	处置方案编号	中文名称	英文名称	小量泄漏			大量泄漏		
				初始隔离距离/m	下风向防护距离/km		初始隔离距离/m	下风向防护距离/km	
					白天	夜晚		白天	夜晚
3160	119	液化气体,有毒,未另作规定的	Liquefied gas, toxic, n. o. s.	100	0.5	2.5	1000	5.6	10.2
3160	119	液化气体,有毒,未另作规定的 入危害区 A	Liquefied gas, poisonous, n. o. s. (Inhalation Hazard Zone A)						
3160	119	液化气体,有毒,未另作规定的 入危害区 B	Liquefied gas, poisonous, n. o. s. (Inhalation Hazard ZoneB)	30	0.2	0.8	300	1.4	4.1
3160	119	液化气体,有毒,未另作规定的 入危害区 C	Liquefied gas, poisonous, n. o. s. (Inhalation Hazard ZoneC)	30	0.1	0.3	150	0.9	2.4
3160	119	液化气体,有毒,未另作规定的 入危害区 D	Liquefied gas, poisonous, n. o. s. (Inhalation Hazard ZoneD)	30	0.1	0.2	100	0.7	1.9
3246	156	甲磺酰氯	Methanesulfonyl chloride	30	0.2	0.3	60	0.6	0.8
3275	131	腈类,有毒,易燃,未另作规定的	Nitriles, toxic, flammable, n. o. s.	30	0.3	0.7	150	1.4	2.5
3276	151	腈类,有毒,液体,未另作规定的	Nitriles, toxic, liquid, n. o. s.	30	0.3	0.7	150	1.4	2.5
3276		腈类,有毒,未另作规定的	Nitriles, toxic, n. o. s.						
3278	151	有机磷化合物,有毒,液体,未另作规定的	Organophosphorus compound, toxic, liquid, n. o. s.	30	0.4	1.0	150	1.9	3.5
3278		有机磷化合物,有毒,未另作规定的	Organophosphorus compound, toxic, n. o. s.						

续表

UN号	处置方案编号	中文名称	英文名称	小量泄漏			大量泄漏		
				初始隔离距离/m	下风向防护距离/km		初始隔离距离/m	下风向防护距离/km	
					白天	夜晚		白天	夜晚
3279	131	有机磷化合物,有毒,易燃,未另作规定的	Organophosphorus compound, toxic, flammable, n. o. s.	30	0.4	1.0	150	1.9	3.5
3280	151	有机砷化合物,液体,未另作规定的	Organoarsenic compound, liquid, n. o. s.	30	0.2	0.7	150	1.5	3.5
3280	151	有机砷化合物,未另作规定的	Organoarsenic compound, n. o. s.						
3281	151	羰基金属,液体,未另作规定的	Metal carbonyls, liquid, n. o. s.	100	1.4	4.9	1000	11.0+	11.0+
3281	151	羰基金属,未另作规定的	Metal carbonyls, n. o. s.						
3294	131	氰化氢,乙醇溶液,含氰化氢不大于45%	Hydrogen cyanide, solution in alcohol, with not more than 45% Hydrogen cyanide	30	0.1	0.3	200	0.5	1.9
3300	119P	二氧化碳和环氧乙烷混合物,含环氧乙烷不大于87%	Carbon dioxide and Ethylene oxide mixture, with more than 87% Ethylene oxide	30	0.1	0.2	100	0.7	1.9
3300	119P	环氧乙烷和二氧化碳混合物,含环氧乙烷大于87%	Ethylene oxide and Carbon dioxide mixture, with more than 87% Ethylene oxide						
3303	124	压缩气体,有毒,氧化性,未另作规定的	Compressed gas, toxic, oxidizing, n. o. s.	100	0.5	2.5	800	5.2	11.0+
3303	124	压缩气体,有毒,氧化性,未另作规定的,吸入危害区A	Compressed gas, toxic, oxidizing, n. o. s. (Inhalation Hazard Zone A)						

表1　初始隔离与防护距离

续表

UN号	处置方案编号	中文名称	英文名称	小量泄漏			大量泄漏		
				初始隔离距离/m	下风向防护距离/km		初始隔离距离/m	下风向防护距离/km	
					白天	夜晚		白天	夜晚
3303	124	压缩气体,有毒,氧化性,未另作规定的,吸入危害区B	Compressed gas, toxic, oxidizing, n. o. s. (Inhalation Hazard Zone B)	60	0.3	1.1	800	4.5	9.6
3303	124	压缩气体,有毒,氧化性,未另作规定的,吸入危害区C	Compressed gas, toxic, oxidizing, n. o. s. (Inhalation Hazard Zone C)	30	0.1	0.3	150	0.9	2.4
3303	124	压缩气体,有毒,氧化性,未另作规定的,吸入危害区D	Compressed gas, toxic, oxidizing, n. o. s. (Inhalation Hazard Zone D)	30	0.1	0.2	100	0.7	1.9
3304	123	压缩气体,有毒,腐蚀性,未另作规定的,吸入危害区A	Compressed gas, toxic, corrosive, n. o. s. (Inhalation Hazard Zone A)	100	0.6	2.5	500	3.0	9.0
3304	123	压缩气体,有毒,腐蚀性,未另作规定的,吸入危害区B	Compressed gas, toxic, corrosive, n. o. s. (Inhalation Hazard Zone B)	30	0.2	1.0	400	2.2	4.8
3304	123	压缩气体,有毒,腐蚀性,未另作规定的,吸入危害区C	Compressed gas, toxic, corrosive, n. o. s. (Inhalation Hazard Zone C)	30	0.1	0.4	150	0.9	2.6
3304	123	压缩气体,有毒,腐蚀性,未另作规定的,吸入危害区D	Compressed gas, toxic, corrosive, n. o. s. (Inhalation Hazard Zone D)	30	0.1	0.2	150	0.7	1.9

续表

UN号	处置方案编号	中文名称	英文名称	小量泄漏 初始隔离距离/m	小量泄漏 下风向防护距离/km 白天	小量泄漏 下风向防护距离/km 夜晚	大量泄漏 初始隔离距离/m	大量泄漏 下风向防护距离/km 白天	大量泄漏 下风向防护距离/km 夜晚
3305	119	压缩气体,有毒,易燃,腐蚀性,未另作规定的	Compressed gas, toxic, flammable, corrosive, n. o. s.	150	1.0	3.8	1000	5.6	10.2
3305	119	压缩气体,有毒,易燃,腐蚀性,未另作规定的,吸入危害区A	Compressed gas, toxic, flammable, corrosive, n. o. s. (Inhalation Hazard Zone A)	30	0.1	0.4	200	1.2	2.6
3305	119	压缩气体,有毒,易燃,腐蚀性,未另作规定的,吸入危害区B	Compressed gas, toxic, flammable, corrosive, n. o. s. (Inhalation Hazard Zone B)	30	0.1	0.3	150	0.9	2.4
3305	119	压缩气体,有毒,易燃,腐蚀性,未另作规定的,吸入危害区C	Compressed gas, toxic, flammable, corrosive, n. o. s. (Inhalation Hazard Zone C)	30	0.1	0.2	100	0.7	1.9
3305	119	压缩气体,有毒,易燃,腐蚀性,未另作规定的,吸入危害区D	Compressed gas, toxic, flammable, corrosive, n. o. s. (Inhalation Hazard Zone D)	100	0.5	2.5	800	5.2	11.0+
3306	124	压缩气体,有毒,氧化性,腐蚀性,未另作规定的	Compressed gas, toxic, oxidizing, corrosive, n. o. s. Compressed gas, toxic, oxidizing, corrosive, n. o. s. (Inhalation Hazard Zone A)	100	0.5	2.5	800	5.2	11.0+
3306	124	压缩气体,有毒,氧化性,腐蚀性,未另作规定的,吸入危害区B	Compressed gas, toxic, oxidizing, corrosive, n. o. s. (Inhalation Hazard Zone B)	60	0.3	1.1	800	4.5	9.6

表1 初始隔离与防护距离

UN号	处置方案编号	中文名称	英文名称	小量泄漏 初始隔离距离/m	小量泄漏 下风向防护距离/km 白天	小量泄漏 下风向防护距离/km 夜晚	大量泄漏 初始隔离距离/m	大量泄漏 下风向防护距离/km 白天	大量泄漏 下风向防护距离/km 夜晚
3306	124	压缩气体,有毒,氧化性,腐蚀性,未另作规定的,吸入危害区C	Compressed gas, toxic, oxidizing, corrosive, n. o. s. (Inhalation Hazard Zone C)	30	0.1	0.3	150	0.9	2.4
3306	124	压缩气体,有毒,氧化性,腐蚀性,未另作规定的,吸入危害区D	Compressed gas, toxic, oxidizing, corrosive, n. o. s. (Inhalation Hazard Zone D)	30	0.1	0.2	100	0.7	1.9
3307	124	液体气体,有毒,氧化性,未另作规定的	Liquefied gas, toxic, oxidizing, n. o. s.						
3307	124	液体气体,有毒,氧化性,未另作规定的,吸入危害区A	Liquefied gas, toxic, oxidizing, n. o. s. (Inhalation Hazard Zone A)	100	0.5	2.5	800	5.2	11.0+
3307	124	液体气体,有毒,氧化性,未另作规定的,吸入危害区B	Liquefied gas, toxic, oxidizing, n. o. s. (Inhalation Hazard Zone B)	60	0.3	1.1	800	4.5	9.6
3307	124	液体气体,有毒,氧化性,未另作规定的,吸入危害区C	Liquefied gas, toxic, oxidizing, n. o. s. (Inhalation Hazard Zone C)	30	0.1	0.3	150	0.9	2.4
3307	124	液体气体,有毒,氧化性,未另作规定的,吸入危害区D	Liquefied gas, toxic, oxidizing, n. o. s. (Inhalation Hazard Zone D)	30	0.1	0.2	100	0.7	1.9

续表

UN号	处置方案编号	中文名称	英文名称	小量泄漏			大量泄漏		
				初始隔离距离/m	下风向防护距离/km		初始隔离距离/m	下风向防护距离/km	
					白天	夜晚		白天	夜晚
3308	123	液化气体,有毒,腐蚀性,未另作规定的	Liquefied gas, toxic, corrosive, n. o. s.						
3308	123	液化气体,有毒,腐蚀性,未另作规定的,吸入危害区A	Liquefied gas, toxic, corrosive, n. o. s. (Inhalation Hazard Zone A)	100	0.6	2.5	500	3.0	9.0
3308	123	液化气体,有毒,腐蚀性,未另作规定的,吸入危害区B	Liquefied gas, toxic, corrosive, n. o. s. (Inhalation Hazard Zone B)	30	0.2	1.0	400	2.2	4.8
3308	123	液化气体,有毒,腐蚀性,未另作规定的,吸入危害区C	Liquefied gas, toxic, corrosive, n. o. s. (Inhalation Hazard Zone C)	30	0.1	0.4	150	0.9	2.6
3308	123	液化气体,有毒,腐蚀性,未另作规定的,吸入危害区D	Liquefied gas, toxic, corrosive, n. o. s. (Inhalation Hazard Zone D)	30	0.1	0.2	150	0.7	1.9
3309	119	液化气体,有毒,易燃,腐蚀性,未另作规定的	Liquefied gas, toxic, flammable, corrosive, n. o. s.						
3309	119	液化气体,有毒,易燃,腐蚀性,未另作规定的,吸入危害区A	Liquefied gas, toxic, flammable, corrosive, n. o. s. (Inhalation Hazard Zone A)	150	1.0	3.8	1000	5.6	10.2
3309	119	液化气体,有毒,易燃,腐蚀性,未另作规定的,吸入危害区B	Liquefied gas, toxic, flammable, corrosive, n. o. s. (Inhalation Hazard Zone B)	30	0.1	0.4	200	1.2	2.6

表 1　初始隔离与防护距离

续表

UN 号	处置方案编号	中文名称	英文名称	小量泄漏			大量泄漏		
				初始隔离距离/m	下风向防护距离/km		初始隔离距离/m	下风向防护距离/km	
					白天	夜晚		白天	夜晚
3309	119	液化气体,有毒,易燃,腐蚀性,未另作规定的,吸入危害区 C	Liquefied gas, toxic, flammable, corrosive, n. o. s. (Inhalation Hazard Zone C)	30	0.1	0.3	150	0.9	2.4
3309	119	液化气体,有毒,易燃,腐蚀性,未另作规定的,吸入危害区 D	Liquefied gas, toxic, flammable, corrosive, n. o. s. (Inhalation Hazard Zone D)	30	0.1	0.2	100	0.7	1.9
3310		液化气体,有毒,氧化性,腐蚀性,未另作规定的	Liquefied gas, toxic, oxidizing, corrosive, n. o. s.	100	0.5	2.5	800	5.2	11.0+
3310	124	液化气体,有毒,氧化性,腐蚀性,未另作规定的,吸入危害区 A	Liquefied gas, toxic, oxidizing, corrosive, n. o. s. (Inhalation Hazard Zone A)						
3310	124	液化气体,有毒,氧化性,腐蚀性,未另作规定的,吸入危害区 B	Liquefied gas, toxic, oxidizing, corrosive, n. o. s. (Inhalation Hazard Zone B)	60	0.3	1.1	800	4.5	9.6
3310	124	液化气体,有毒,氧化性的,吸入危害区 C	Liquefied gas, toxic, oxidizing, corrosive, n. o. s. (Inhalation Hazard Zone C)	30	0.1	0.3	150	0.9	2.4
3310	124	液化气体,有毒,氧化性的,吸入危害区 D	Liquefied gas, toxic, oxidizing, corrosive, n. o. s. (Inhalation Hazard Zone D)	30	0.1	0.2	100	0.7	1.9
3318	125	氨溶液,含氨大于50%	Ammonia solution, with more than 50% Ammonia	30	0.1	0.2	150	0.7	1.9

续表

UN号	处置方案编号	中文名称	英文名称	小量泄漏 初始隔离距离/m	小量泄漏 下风向防护距离/km 白天	小量泄漏 下风向防护距离/km 夜晚	大量泄漏 初始隔离距离/m	大量泄漏 下风向防护距离/km 白天	大量泄漏 下风向防护距离/km 夜晚
3355	119	气体杀虫剂,有毒,易燃,未另作规定的	Insecticide gas,toxic,flammable,n.o.s	150	1.0	3.8	1000	5.6	10.2
3355	119	气体杀虫剂,有毒,易燃,未另作规定的,吸入危害区A	Insecticide gas, toxic, flammable, n. o. s (Inhalation Hazard Zone A)	30	0.1	0.4	200	1.2	2.6
3355	119	气体杀虫剂,有毒,易燃,未另作规定的,吸入危害区B	Insecticide gas, toxic, flammable, n. o. s (Inhalation Hazard Zone B)	30	0.1	0.3	150	0.9	2.4
3355	119	气体杀虫剂,有毒,易燃,未另作规定的,吸入危害区C	Insecticide gas, toxic, flammable, n. o. s (Inhalation Hazard Zone C)	30	0.1	0.2	100	0.7	1.9
3355	119	气体杀虫剂,有毒,易燃,未另作规定的,吸入危害区D	Insecticide gas, toxic, flammable, n. o. s (Inhalation Hazard Zone D)	30	0.1	0.2	60	0.5	1.6
3361	156	氯硅烷,毒性,腐蚀性,未另作规定的	Chlorosilanes, toxic, corrosive, n. o. s. (when spilled in water)	30	0.1	0.2	60	0.5	1.6
3362	155	氯硅烷,毒性,腐蚀性,易燃,未另作规定的	Chlorosilanes, toxic, corrosive, flammable, n. o. s. (when spilled in water)	30	0.1	0.2	60	0.5	1.6
3381	151	吸入有毒液体,未另作规定的,吸入危害区A	Poisonous by inhalation liquid, n. o. s. (Inhalation Hazard Zone A)	30	0.4	1.2	200	2.5	4.0

表 1　初始隔离与防护距离

UN号	处置方案编号	中文名称	英文名称	小量泄漏			大量泄漏		
				初始隔离距离/m	下风向防护距离/km		初始隔离距离/m	下风向防护距离/km	
					白天	夜晚		白天	夜晚
3382	151	吸入有毒液体，未另作规定，吸入危害区B	Poisonous by inhalation liquid, n. o. s. (Inhalation Hazard Zone B)	30	0.1	0.2	60	0.5	0.7
3383	131	吸入有毒易燃液体，未另作规定的，吸入危害区A	Poisonous by inhalation liquid, flammable, n. o. s. (Inhalation Hazard Zone A)	60	0.5	1.4	150	2.0	4.7
3384	131	吸入有毒易燃液体，未另作规定的，吸入危害区B	Poisonous by inhalation liquid, flammable, n. o. s. (Inhalation Hazard Zone B)	30	0.2	0.2	60	0.5	0.8
3385	139	吸入有毒液体，可与水反应，未另作规定的，吸入危害区A	Poisonous by inhalation liquid, water–reactive, n. o. s. (Inhalation Hazard Zone A)	30	0.4	1.2	200	2.5	4.0
3386	139	吸入有毒液体，可与水反应，未另作规定的，吸入危害区B	Poisonous by inhalation liquid, water–reactive, n. o. s. (Inhalation Hazard Zone B)	30	0.1	0.2	60	0.5	0.7
3387	142	吸入有毒液体，氧化性，未另作规定的，吸入危害区A	Poisonous by inhalation liquid, oxidizing, n. o. s. (Inhalation Hazard Zone A)	30	0.4	1.2	200	2.4	4.0
3388	142	吸入有毒液体，氧化性，未另作规定的，吸入危害区B	Poisonous by inhalation liquid, oxidizing, n. o. s. (Inhalation Hazard Zone B)	30	0.1	0.2	30	0.3	0.5
3389	154	吸入有毒液体，腐蚀性，未另作规定的，吸入危害区A	Poisonous by inhalation liquid, corrosive, n. o. s. (Inhalation Hazard Zone A)	60	0.3	0.7	300	1.5	2.6

危险化学品应急处置手册(第二版)

续表

UN号	处置方案编号	中文名称	英文名称	小量泄漏 初始隔离距离/m	下风向防护距离/km 白天	夜晚	大量泄漏 初始隔离距离/m	下风向防护距离/km 白天	夜晚
3390	154	吸入有毒液体,腐蚀性,未另作规定的,吸入危害区B	Poisonous by inhalation liquid, corrosive, n.o.s. (Inhalation Hazard Zone B)	30	0.1	0.2	60	0.5	0.6
3416	153	CN(战争毒剂)	CN(when used as a weapon)	30	0.1	0.2	60	0.3	1.2
3456	157	亚硝基硫酸,固体(当泄漏到水里时)	Nitrosylsulfuric acid, solid (when spilled in water)	60	0.2	0.6	300	0.8	2.8
3461	135	烷基铝氢化物,固体(当泄漏到水里时)	Aluminum alkyl halides, solid (when spilled in water)	30	0.1	0.2	60	0.4	1.3
3488	131	吸入有毒液体,易燃,腐蚀性,未另作规定的,吸入危害区A	Poisonous by inhalation liquid, flammable, corrosive, n.o.s. (Inhalation Hazard Zone A)	100	0.9	2.0	400	4.5	7.4
3489	131	吸入有毒液体,易燃,腐蚀性,未另作规定的,吸入危害区B	Poisonous by inhalation liquid, flammable, corrosive, n.o.s. (Inhalation Hazard Zone B)	30	0.2	0.2	60	0.5	0.8
3490	155	吸入有毒液体,与水反应,易燃,未另作规定的,吸入危害区A	Poisonous by inhalation liquid, water-reactive, flammable, n.o.s. (Inhalation Hazard Zone A)	60	0.5	1.4	150	2.0	4.7
3491	155	吸入有毒液体,与水反应,易燃,未另作规定的,吸入危害区B	Poisonous by inhalation liquid, water-reactive, flammable, n.o.s. (Inhalation Hazard Zone B)	30	0.2	0.2	60	0.5	0.8

表 1　初始隔离与防护距离

续表

UN号	处置方案编号	中文名称	英文名称	小量泄漏 初始隔离距离/m	小量泄漏 下风向防护距离/km 白天	小量泄漏 下风向防护距离/km 夜晚	大量泄漏 初始隔离距离/m	大量泄漏 下风向防护距离/km 白天	大量泄漏 下风向防护距离/km 夜晚
3492	131	吸入有毒液体,腐蚀性,易燃,未另作规定的,吸入危害区 A	Poisonous by inhalation liquid, corrosive, flammable, n. o. s. (Inhalation Hazard Zone A)	100	0.9	2.0	400	4.5	7.4
3493	131	吸入有毒液体,腐蚀性,易燃,未另作规定的,吸入危害区 B	Poisonous by inhalation liquid, corrosive, flammable, n. o. s. (Inhalation Hazard Zone B)	30	0.2	0.2	60	0.5	0.8
3494	131	酸性原油,易燃,有毒	Petroleum sour crude oil, flammable, poisonous	30	0.1	0.2	60	0.5	0.7
3507	166	六氟化铀,放射性物质,外包装小于 0.1kg/包,不裂变或者特殊情况下裂变(当泄漏到水里)	Uranium hexafluoride, radioactive material, excepted package, less than 0. 1kg per package, non-fissile or fissile-excepted (when spilled in water)	30	0.1	0.1	30	0.1	0.1
3512	173	吸附气体,有毒,未另作规定的	Adsorbed gas, poisonous, n. o. s.	30	0.1	0.2	30	0.1	0.4
3512	173	吸附气体,有毒,未另作规定的,吸入危害区 A	Adsorbed gas, poisonous, n. o. s. (Inhalation hazard zone A)						
		吸附气体,有毒,未另作规定的,吸入危害区 B	Adsorbed gas, poisonous, n. o. s. (Inhalation hazard zone B)						
		吸附气体,有毒,未另作规定的,吸入危害区 C	Adsorbed gas, poisonous, n. o. s. (Inhalation hazard zone C)	30	0.1	0.1	30	0.1	0.1
		吸附气体,有毒,未另作规定的,吸入危害区 D	Adsorbed gas, poisonous, n. o. s. (Inhalation hazard zone D)						

续表

UN号	处置方案编号	中文名称	英文名称	小量泄漏			大量泄漏		
				初始隔离距离/m	下风向防护距离/km 白天	夜晚	初始隔离距离/m	下风向防护距离/km 白天	夜晚
3514	173	吸附气体,有毒,易燃,未另作规定的	Adsorbed gas, poisonous, flammable, n. o. s.						
		吸附气体,有毒,易燃,未另作规定的,吸入危害区A	Adsorbed gas, poisonous, flammable, n. o. s. (Inhalation hazard zone A)	30	0.1	0.2	30	0.1	0.4
		吸附气体,有毒,易燃,未另作规定的,吸入危害区B	Adsorbed gas, poisonous, flammable, n. o. s. (Inhalation hazard zone B)						
3514	173	吸附气体,有毒,易燃,未另作规定的,吸入危害区C	Adsorbed gas, poisonous, flammable, n. o. s. (Inhalation hazard zone C)	30	0.1	0.1	30	0.1	0.1
		吸附气体,有毒,易燃,未另作规定的,吸入危害区D	Adsorbed gas, poisonous, flammable, n. o. s. (Inhalation hazard zone D)						
3515	173	吸附气体,有毒,氧化性,未另作规定的	Adsorbed gas, poisonous, oxidizing, n. o. s.						
		吸附气体,有毒,氧化性,未另作规定的,吸入危害区A	Adsorbed gas, poisonous, oxidizing, n. o. s. (Inhalation hazard zone A)	30	0.1	0.2	30	0.1	0.4

表1 初始隔离与防护距离

续表

UN号	处置方案编号	中文名称	英文名称	小量泄漏 初始隔离距离/m	小量泄漏 下风向防护距离/km 白天	小量泄漏 下风向防护距离/km 夜晚	大量泄漏 初始隔离距离/m	大量泄漏 下风向防护距离/km 白天	大量泄漏 下风向防护距离/km 夜晚
3515	173	吸附气体,有毒,氧化性,未另作规定的,吸入危害区 B	Adsorbed gas, poisonous, oxidizing, n. o. s. (Inhalation hazard zone B)						
		吸附气体,有毒,氧化性,未另作规定的,吸入危害区 C	Adsorbed gas, poisonous, oxidizing, n. o. s. (Inhalation hazard zone C)	30	0.1	0.1	30	0.1	0.1
		吸附气体,有毒,氧化性,未另作规定的,吸入危害区 D	Adsorbed gas, poisonous, oxidizing, n. o. s. (Inhalation hazard zone D)						
3516	173	吸附气体,有毒,腐蚀性,未另作规定的	Adsorbed gas, poisonous, corrosive, n. o. s. (Inhalation hazard zone A)						
		吸附气体,有毒,腐蚀性,未另作规定的,吸入危害区 B	Adsorbed gas, poisonous, corrosive, n. o. s. (Inhalationhazard zone B)	30	0.1	0.2	30	0.1	0.4
3516	173	吸附气体,有毒,腐蚀性,未另作规定的,吸入危害区 C	Adsorbed gas, poisonous, corrosive, n. o. s. (Inhalation hazard zone C)	30	0.1	0.1	30	0.1	0.1
		吸附气体,有毒,腐蚀性,未另作规定的,吸入危害区 D	Adsorbed gas, poisonous, corrosive, n. o. s. (Inhalation hazard zone D)						

续表

UN号	处置方案编号	中文名称	英文名称	小量泄漏 初始隔离距离/m	小量泄漏 下风向防护距离/km 白天	小量泄漏 下风向防护距离/km 夜晚	大量泄漏 初始隔离距离/m	大量泄漏 下风向防护距离/km 白天	大量泄漏 下风向防护距离/km 夜晚
3517	173	吸附气体,有毒,易燃,腐蚀性,未另作规定的	Adsorbed gas, poisonous, flammable, corrosive, n. o. s.						
		吸附气体,有毒,易燃,腐蚀性,未另作规定的,吸入危害区A	Adsorbed gas, poisonous, flammable, corrosive, n. o. s. (Inhalation hazard zone A)	30	0.1	0.2	30	0.1	0.4
		吸附气体,有毒,易燃,腐蚀性,未另作规定的,吸入危害区B	Adsorbed gas, poisonous, flammable, corrosive, n. o. s. (Inhalation hazard zoneB)						
3517	173	吸附气体,有毒,易燃,腐蚀性,未另作规定的,吸入危害区C	Adsorbed gas, poisonous, flammable, corrosive, n. o. s. (Inhalation hazard zoneC)	30	0.1	0.1	30	0.1	0.1
		吸附气体,有毒,易燃,腐蚀性,未另作规定的,吸入危害区D	Adsorbed gas, poisonous, flammable, corrosive, n. o. s. (Inhalation hazard zoneD)						
		吸附气体,有毒,氧化性,腐蚀性,未另作规定的	Adsorbed gas, poisonous, oxidizing, corrosive, n. o. s						
3518	173	吸附气体,有毒,氧化性,腐蚀性,未另作规定的,吸入危害区A	Adsorbed gas, poisonous, oxidizing, corrosive, n. o. s. (Inhalation hazard zone A)	30	0.1	0.2	30	0.1	0.4

表 1　初始隔离与防护距离

续表

UN 号	处置方案编号	中文名称	英文名称	小量泄漏			大量泄漏		
				初始隔离距离 /m	下风向防护距离 /km		初始隔离距离 /m	下风向防护距离 /km	
					白天	夜晚		白天	夜晚
3518	173	吸附气体，有毒，氧化性，腐蚀性，未另作规定的，吸入危害区 B	Adsorbed gas, poisonous, oxidizing, corrosive, n. o. s. (Inhalation hazard zone B)	30	0.1	0.1	30	0.1	0.1
		吸附气体，有毒，氧化性，腐蚀性，未另作规定的，吸入危害区 C	Adsorbed gas, poisonous, oxidizing, corrosive, n. o. s. (Inhalation hazard zone C)						
		吸附气体，有毒，氧化性，腐蚀性，未另作规定的，吸入危害区 D	Adsorbed gas, poisonous, oxidizing, corrosive, n. o. s. (Inhalation hazard zone D)						
3519	173	三氧化硼，吸附的	Boron trifluoride, adsorbed	30	0.1	0.1	30	0.1	0.1
3520	173	氯，吸附的	Chlorine, adsorbed	30	0.1	0.1	30	0.1	0.1
3521	173	四氟化硅，吸附的	Silicon tetrafluoride, adsorbed	30	0.1	0.1	30	0.1	0.1
3522	173	砷化氢，吸附的	Arsine, adsorbed	30	0.1	0.2	30	0.1	0.4
3523	173	锗烷，吸附的	Germane, adsorbed	30	0.1	0.2	30	0.1	0.4
3524	173	五氟化磷，吸附的	Phosphorus pentafluoride, adsorbed	30	0.1	0.1	30	0.1	0.1
3525	173	磷化氢，吸附的	Phosphine, adsorbed	30	0.1	0.2	30	0.1	0.2
3526	173	硒化氢，吸附的	Hydrogen selenide, adsorbed	30	0.1	0.2	30	0.1	0.4

续表

UN号	处置方案编号	中文名称	英文名称	小量泄漏			大量泄漏		
				初始隔离距离/m	下风向防护距离/km 白天	夜晚	初始隔离距离/m	下风向防护距离/km 白天	夜晚
9191	143	二氧化氯,水合物,冷冻的(当泄漏到水里时)	Chlorine dioxide, hydrate, frozen (when spilled in water)	30	0.1	0.1	30	0.2	0.5
9202	168	一氧化碳,冷冻液体(低温液体)	Carbon monoxide, refrigerated liquid (cryogenic liquid)	30	0.1	0.2	200	1.2	4.4
9206	137	二氯化甲基膦酸	Methyl phosphonic dichloride	30	0.1	0.2	30	0.4	0.5
9263	156	氯新戊酰氯	Chloropivaloyl chloride	30	0.1	0.1	30	0.2	0.3
9264	151	3,5-二氯-2,4,6-三氟吡啶	3,5-Dichloro-2,4,6-trifluoropyridine	30	0.1	0.1	30	0.2	0.3
9269	132	三甲氧基硅烷	Trimethoxysilane	30	0.2	0.6	100	1.3	2.4

注:标有"*"的请查阅表3。

如何使用表2，详见如下：

表2列出了当泄漏到水里时产生大量吸入毒性危害气体的物质及其产生的吸入毒性危害气体。

物质按 UN 号顺序排列。

这些与水反应物质在表1中很容易辨认，因为物质名称后面紧跟着"（当泄漏到水里时）"。

注意1：有些与水反应物质本身也是吸入毒性危害物质，如三氟化溴（UN 1746）、亚硫酰氯（UN 1836）等，这类物质在表1中列出了两个条目：在陆地上泄漏和在水中泄漏。如果与水反应物质不是吸入毒性危害物质，而且也没有泄漏到水里，表1和表2不使用，应在相应的处置方案中寻找安全距离。

注意2：分类为 4.3 的物质指的是，遇水反应产生大量容易自燃或者释放出易燃气体或者有毒气体的物质。表2列出了当泄漏到水里时产生大量吸入毒性危害气体的物质。但分类为 4.3 的物质也不全都包含在表2里。

表 2　与水反应产生有毒气体的物质

UN号	指南号	中文名称	英文名称	产生的TIH气体
1162	155	二甲基二氯硅烷	Dimethyldichlorosilane	HCl
1183	139	乙基二氯硅烷	Ethyldichlorosilane	HCl
1196	155	乙基三氯硅烷	Ethyltrichlorosilane	HCl
1242	139	甲基二氯硅烷	Methyldichlorosilane	HCl
1250	155	甲基三氯硅烷	Methyltrichlorosilane	HCl
1295	139	三氯硅烷	Trichlorosilane	HCl
1298	155	三甲基氯硅烷	Trimethylchlorosilane	HCl
1305	155P	乙烯基三氯硅烷	Vinyltrichlorosilane	HCl
1305	155P	乙烯基三氯硅烷，稳定的	Vinyltrichlorosilane, stabilized	HCl
1340	139	五硫化二磷，不含黄磷和白磷	Phosphorus pentasulfide, free from yellow and white Phosphorus	H_2S
1340	139	五硫化二磷，不含黄磷和白磷	Phosphorus pentasulphide, free from yellow and white Phosphorus	H_2S
1360	139	磷化钙	Calcium phosphide	PH_3
1384	135	连二亚硫酸钠	Sodium dithionite	H_2S SO_2
1384	135	亚硫酸氢钠	Sodium hydrosulfite	H_2S SO_2
1384	135	亚硫酸氢钠	Sodium hydrosulphite	H_2S SO_2
1397	139	磷化铝	Aluminum phosphide	PH_3
1419	139	磷化铝镁	Magnesium aluminum phosphide	PH_3
1432	139	磷化钠	Sodium phosphide	PH_3
1541	155	丙酮氰醇，稳定的	Acetone cyanohydrin, stabilized	HCN
1680	157	氰化钾	Potassium cyanide	HCN
1680	157	氰化钾，固体	Potassium cyanide, solid	HCN

表2 与水反应产生有毒气体的物质

UN号	指南号	中文名称	英文名称	产生的 TIH 气体
1689	157	氰化钠	Sodium cyanide	HCN
1689	157	氰化钠，固体	Sodium cyanide, solid	HCN
1716	156	乙酸溴	Acetyl bromide	HBr
1717	155	乙酸氯	Acetyl chloride	HCl
1724	155	烯丙基三氯硅烷，稳定的	Allyltrichlorosilane, stabilized	HCl
1725	137	溴化铝，无水的	Aluminum bromide, anhydrous	HBr
1726	137	氯化铝，无水的	Aluminum chloride, anhydrous	HCl
1728	155	戊基三氯硅烷	Amyltrichlorosilane	HCl
1732	157	五氟化锑	Antimony pentafluoride	HF
1741	125	三氯化硼	Boron trichloride	HCl
1745	144	五氟化溴	Bromine pentafluoride	HF Br_2
1746	144	三氟化溴	Bromine trifluoride	HF Br_2
1747	155	丁基三氯硅烷	Butyltrichlorosilane	HCl
1752	156	氯乙酰氯	Chloroacetyl chloride	HCl
1753	156	氯苯基三氯硅烷	Chlorophenyltrichlorosilane	HCl
1754	137	氯磺酸(含或不含三氧化硫)	Chlorosulfonic acid （with or without sulfur trioxide mixture）	HCl
1754	137	氯磺酸(含或不含三氧化硫)	Chlorosulphonic acid （with or without sulphur trioxide mixture）	HCl
1758	137	氯氧化铬	Chromium oxychloride	HCl
1762	156	环己烯基三氯硅烷	Cyclohexenyltrichlorosilane	HCl
1763	156	环己基三氯硅烷	Cyclohexyltrichlorosilane	HCl
1765	156	二氯乙酰氯	Dichloroacetyl chloride	HCl
1766	156	二氯苯基三氯硅烷	Dichlorophenyltrichlorosilane	HCl
1767	155	二乙基二氯硅烷	Diethyldichlorosilane	HCl
1769	156	二苯基二氯硅烷	Diphenyldichlorosilane	HCl

UN 号	指南号	中文名称	英文名称	产生的 TIH 气体
1771	156	十二烷基三氯硅烷	Dodecyltrichlorosilane	HCl
1777	137	氟磺酸	Fluorosulfonic acid	HF
1777	137	氟磺酸	Fluorosulphonic acid	HF
1781	156	十六烷基三氯硅烷	Hexadecyltrichlorosilane	HCl
1784	156	己基三氯硅烷	Hexyltrichlorosilane	HCl
1799	156	壬基三氯硅烷	Nonyltrichlorosilane	HCl
1800	156	十八烷基三氯硅烷	Octadecyltrichlorosilane	HCl
1801	156	辛基三氯硅烷	Octyltrichlorosilane	HCl
1804	156	苯基三氯硅烷	Phenyltrichlorosilane	HCl
1806	137	五氯化磷	Phosphorus pentachloride	HCl
1808	137	三溴化磷	Phosphorus tribromide	HBr
1809	137	三氯化磷	Phosphorus trichloride	HCl
1810	137	三氯氧化磷	Phosphorus oxychloride	HCl
1815	132	丙酰氯	Propionyl chloride	HCl
1816	155	丙基三氯硅烷	Propyltrichlorosilane	HCl
1818	157	四氯化硅	Silicon tetrachloride	HCl
1828	137	氯化硫	Sulfur chlorides	HCl SO_2 H_2S
1828	137	氯化硫	Sulphur chlorides	HCl SO_2 H_2S
1834	137	磺酰氯	Sulfuryl chloride	HCl
1834	137	磺酰氯	Sulphuryl chloride	HCl
1836	137	亚硫酰氯	Thionyl chloride	HCl SO_2
1838	137	四氯化钛	Titanium tetrachloride	HCl
1898	156	乙酰碘	Acetyl iodide	HI
1923	135	连二亚硫酸钙	Calcium dithionite	H_2S SO_2
1923	135	亚硫酸氢钙	Calcium hydrosulfite	H_2S SO_2
1923	135	亚硫酸氢钙	Calcium hydrosulphite	H_2S SO_2

表 2 与水反应产生有毒气体的物质

UN 号	指南号	中文名称	英文名称	产生的 TIH 气体
1929	135	连二亚硫酸钾	Potassium dithionite	H_2S SO_2
1929	135	亚硫酸氢钾	Potassium hydrosulfite	H_2S SO_2
1929	135	亚硫酸氢钾	Potassium hydrosulphite	H_2S SO_2
1931	171	连二亚硫酸锌	Zinc dithionite	H_2S SO_2
1931	171	亚硫酸氢锌	Zinc hydrosulfite	H_2S SO_2
1931	171	亚硫酸氢锌	Zinc hydrosulphite	H_2S SO_2
2004	135	二氨基镁	Magnesium diamide	NH_3
2011	139	二磷化三镁	Magnesium phosphide	PH_3
2012	139	磷化钾	Potassium phosphide	PH_3
2013	139	磷化锶	Strontium phosphide	PH_3
2308	157	亚硝基硫酸，液体	Nitrosylsulfuric acid, liquid	NO_2
2308	157	亚硝基硫酸，固体	Nitrosylsulfuric acid, solid	NO_2
2308	157	亚硝基硫酸，液体	Nitrosylsulphuric acid, liquid	NO_2
2308	157	亚硝基硫酸，固体	Nitrosylsulphuric acid, solid	NO_2
2353	132	丁酰氯	Butyryl chloride	HCl
2395	132	异丁酰氯	Isobutyryl chloride	HCl
2434	156	二苄基二氯硅烷	Dibenzyldichlorosilane	HCl
2435	156	乙基苯基二氯硅烷	Ethylphenyldichlorosilane	HCl
2437	156	甲基苯基二氯硅烷	Methylphenyldichlorosilane	HCl
2495	144	五氟化碘	Iodine pentafluoride	HF
2691	137	五溴化磷	Phosphorus pentabromide	HBr
2692	157	三溴化硼	Boron tribromide	HBr
2806	138	氮化锂	Lithium nitride	NH_3
2977	166	放射性物质，六氟化铀，裂变的	Radioactive material, Uranium hexafluoride, fissile	HF

UN号	指南号	中文名称	英文名称	产生的TIH气体
2977	166	六氟化铀，放射性物质，裂变的	Uranium hexafluoride, radioactive material, fissile	HF
2978	166	放射性物质，六氟化铀，不裂变或特殊情况下裂变	Radioactive material, Uranium hexafluoride, non fissile or fissile-excepted	HF
2978	166	六氟化铀，放射性物质，不裂变或特殊情况下裂变	Uranium hexafluoride, radioactive material, non fissile or fissile-excepted	HF
2985	155	氯硅烷，易燃，腐蚀，未另作规定的	Chlorosilanes, flammable, corrosive, n. o. s.	HCl
2986	155	氯硅烷，腐蚀，易燃，未另作规定的	Chlorosilanes, corrosive, flammable, n. o. s.	HCl
2987	156	氯硅烷，腐蚀，未另作规定的	Chlorosilanes, corrosive, n. o. s.	HCl
2988	139	氯硅烷，遇水反应，易燃，腐蚀，未另作规定的	Chlorosilanes, water-reactive, flammable, corrosive, n. o. s.	HCl
3048	157	磷化铝农药	Aluminum phosphide pesticide	PH$_3$
3049	138	卤化烷基金属，遇水反应，未另作规定的	Metal alkyl halides, water-reactive, n.o.s.	HCl
3049	138	卤化芳基金属，遇水反应，未另作规定的	Metal aryl halides, water-reactive, n.o.s.	HCl
3052	135	卤化烷基铝，液体	Aluminum alkyl halides, liquid	HCl
3052	135	卤化烷基铝，固体	Aluminum alkyl halides, solid	HCl
3361	156	氯硅烷，毒性，腐蚀性，未另作规定的	Chlorosilanes, poisonous, corrosive, n. o. s.	HCl
3361	156	氯硅烷，毒性，腐蚀性，未另作规定的	Chlorosilanes, toxic, corrosive, n. o. s.	HCl
3362	155	氯硅烷，毒性，腐蚀性，易燃，未另作规定的	Chlorosilanes, poisonous, corrosive, flammable, n. o. s.	HCl

表2　与水反应产生有毒气体的物质

UN 号	指南号	中文名称	英文名称	产生的 TIH 气体
3362	155	氯硅烷，毒性，腐蚀性，易燃，未另作规定的	Chlorosilanes, toxic, corrosive, flammable, n. o. s.	HCl
3456	157	亚硝基硫酸，固体	Nitrosylsulfuric acid, solid	NO_2
3456	157	亚硝基硫酸，固体	Nitrosylsulphuric acid, solid	NO_2
3461	135	烷基铝氢化物，固体	Aluminum alkyl halides, solid	HCl
3507	166	六氟化铀，放射性物质，外包装小于 0.1kg/包，不裂变或特殊情况下裂变	Uranium hexafluoride, radioactive material, excepted package, less than 0.1 kg per package, non-fissile or fissile-excepted	HF
9191	143	二氧化氯，水合物，冷冻的	Chlorine dioxide, hydrate, frozen	Cl_2

如何使用表3，详见如下：

表3列出了最常遇到的吸入毒性危害物质。

这些物质是：

- 无水氨（UN 1005）；
- 氯（UN 1017）；
- 环氧乙烷（UN 1040）；
- 氯化氢（UN 1050）和氯化氢冷冻液体（UN 2186）；
- 氟化氢（UN 1052）；
- 二氧化硫（UN 1079）。

物质按名称顺序排列，提供了不同容器类型（不同容积）、白天和夜间、不同风速情况下发生大量泄漏（泄漏量大于 208L）时的初始隔离和防护距离。

表3 六种常见吸入毒性危害气体大量泄漏（泄漏量大于208L）的初始隔离和防护距离一览表

物质名称	运输容器	初始隔离距离/m	下风向防护距离/km					
			白天			夜间		
			低风速 (<10km/h)	中风速 (10~20km/h)	高风速 (>20km/h)	低风速 (<10km/h)	中风速 (10~20km/h)	高风速 (>20km/h)
氨，无水的 UN 1005	铁路罐车	300	1.7	1.3	1.0	4.3	2.3	1.3
	公路罐车或拖车	150	0.9	0.5	0.4	2.0	0.8	0.6
	农用储罐	60	0.5	0.3	0.3	1.3	0.3	0.3
	多个小钢瓶	30	0.3	0.2	0.1	0.7	0.3	0.2
二氧化硫 UN 1079	铁路罐车	1000	11+	11+	7.0	11+	11+	9.8
	公路罐车或拖车	1000	11+	5.8	5.0	11+	8.0	6.1
	多个吨瓶	500	5.2	2.4	1.8	7.5	4.0	2.8
	多个小钢瓶或单个吨瓶	200	3.1	1.5	1.1	5.6	2.4	1.5

续表

物质名称	运输容器	初始隔离距离/m	下风向防护距离/km					
			白天			夜间		
			低风速(<10km/h)	中风速(10~20km/h)	高风速(>20km/h)	低风速(<10km/h)	中风速(10~20km/h)	高风速(>20km/h)
氟化氢 UN 1052	铁路罐车	400	3.1	1.9	1.6	6.1	2.9	1.9
	公路罐车或拖车	200	1.9	1.0	0.9	3.4	1.6	0.9
	多个小钢瓶或单个吨瓶	100	0.8	0.4	0.3	1.6	0.5	0.3
环氧乙烷 UN 1040	铁路罐车	200	1.6	0.8	0.7	3.3	1.4	0.8
	公路罐车或拖车	100	0.9	0.5	0.4	2.0	0.7	0.4
	多个小钢瓶或单个吨瓶	30	0.4	0.2	0.1	0.9	0.3	0.2
氯 UN 1017	铁路罐车	1000	9.9	6.4	5.1	11+	9.0	6.7
	公路罐车或拖车	600	5.8	3.4	2.9	6.7	5.0	4.1
	多个吨瓶	300	2.1	1.3	1.0	4.0	2.4	1.3
	多个小钢瓶或单个吨瓶	150	1.5	0.8	0.5	2.9	1.3	0.6
氯化氢 UN 1050 氯化氢冷冻液体 UN 2186	铁路罐车	500	3.7	2.0	1.7	9.9	3.4	2.3
	公路罐车或拖车	200	1.5	0.8	0.6	3.8	1.5	0.8
	多个吨瓶	30	0.4	0.2	0.1	1.1	0.3	0.2
	多个小钢瓶或单个吨瓶	30	0.3	0.2	0.1	0.9	0.3	0.2

附录

附录 I 危险化学品单位应急救援物资配备要求

Requirements on emergency materials equipment for hazardous chemical enterprises

（GB 30077—2013）

目　　次

前　　言

本标准第 5.1、5.2、第 6 章、7.1、7.2.1 和 7.3 为强制性的，其余为推荐性的。

本标准按照 GB/T 1.1—2009 给出的规则起草。

本标准由国家安全生产监督管理总局提出。

本标准由全国安全生产标准化技术委员会化学品安全分技术委员会(SAC/TC288/SC 3)归口。

本标准起草单位：中国石油化工股份有限公司青岛安全工程研究院、危险化学品安全控制国家重点实验室。

本标准主要起草人：付靖春、袁纪武、翟良云、姜春明、赵永华。

危险化学品单位应急救援物资配备要求

1 范围

本标准规定了危险化学品单位应急救援物资的配备原则、总体配备要求、作业场所配备要求、企业应急救援队伍配备要求、其他配备要求和管理维护。

本标准适用于危险化学品生产和储存单位应急救援物资的配备。危险化学品使用、经营、运输和处置废弃单位应急救援物资的配备，参照本标准执行。

2 规范性引用文件

下列文件对于本文件的应用是必不可少的。凡是注日期的引用文件，仅注日期的版本适用于本文件。凡是不注日期的引用文件，其最新版本(包括所有的修改单)适用于本文件。

GB/T 18664 呼吸防护用品的选择、使用与维护

GB 50313 消防通信指挥系统设计规范

GBZ 1 工业企业设计卫生标准

AQ/T 6107 化学防护服的选择、使用和维护

3 术语和定义

下列术语和定义适用于本标准。

3.1

危险化学品应急救援 hazardous chemical accidents emergency rescue

由危险化学品造成或可能造成人员伤害、财产损失和环境污染及其他较大社会危害时，为及时控制事故源，抢救受害人

员，指导群众防护和组织撤离，清除危害后果而组织的救援活动。

3.2

　　应急救援物资　emergency materials

　　危险化学品单位配备的用于处置危险化学品事故的车辆和各类侦检、个体防护、警戒、通信、输转、堵漏、洗消、破拆、排烟照明、灭火、救生等物资及其他器材。

3.3

　　企业应急救援队伍　industrial emergency team

　　企业内承担处置各类危险化学品事故、救援遇险人员等应急救援任务的专业队伍。

3.4

　　作业场所　workplace

　　可能使从业人员接触危险化学品的任何作业活动场所，如一个工厂的生产区，或生产区中的一个车间。

4　配备原则

4.1　危险化学品单位应急救援物资应根据本单位危险化学品的种类、数量和危险化学品事故可能造成的危害进行配置，本标准范围内的危险化学品单位分为三类，危险化学品单位类别划分方法见附录 A。

4.2　应急救援物资应符合实用性、功能性、安全性、耐用性以及单位实际需要的原则，应满足单位员工现场应急处置和企业应急救援队伍所承担救援任务的需要。

5　总体配备要求

　　5.1　本标准是危险化学品单位应急救援物资配备的最低要求，危险化学品单位可根据实际情况增配应急救援物资的种类和数量。

　　5.2　危险化学品单位应急救援物资及其配备，除应符合本标准外，尚应符合国家现行的有关标准、规范的要求。

6 作业场所配备要求

在危险化学品单位作业场所，应急救援物资应存放在应急救援器材专用柜或指定地点。作业场所应急物资配备应符合表 1 的要求。

表 1 作业场所救援物资配备要求

序号	物资名称	技术要求或功能要求	配备	备注
1	正压式空气呼吸器	技术性能符合 GB/T 18664 要求	2 套	
2	化学防护服	技术性能符合 AQ/T 6107 要求	2 套	具有有毒、腐蚀性危险化学品的作业场所
3	过滤式防毒面具	技术性能符合 GB/T 18664 要求	1 个/人	类型根据有毒有害物质确定，数量根据当班人数确定
4	气体浓度检测仪	检测气体浓度	2 台	根据作业场所的气体确定
5	手电筒	易燃易爆场所，防爆	1 个/人	根据当班人数确定
6	对讲机	易燃易爆场所，防爆	4 台	
7	急救箱或急救包	物资清单见 GBZ 1	1 包	
8	吸附材料或堵漏器材	处理化学品泄漏	*	以工作介质理化性质选择吸附材料，常用吸附材料为干沙土(具有爆炸危险性的除外)
9	洗消设施或清洗剂	洗消受污染或可能受污染的人员、设备和器材	*	在工作地点配备
10	应急处置工具箱	工作箱内配备常用工具或专业处置工具	*	防爆场所应配置无火花工具

注："*"表示由单位根据实际需要进行配置，本标准不作规定。

·442·

7　企业应急救援队伍配备要求

7.1　企业应急救援队伍应急救援人员的个人防护装备配备应符合表2的要求。

表2　应急救援人员个体防护装备配备要求

序号	名称	主要用途	配备	备份比	备注
1	头盔	头部、面部及颈部的安全防护	1顶/人	4：1	
2	二级化学防护服装	化学灾害现场作业时的躯体防护	1套/10人	4：1	1）以值勤人员数量确定 2）至少配备2套
3	一级化学防护服装	重度化学灾害现场全身防护	*		
4	灭火防护服	灭火救援作业时的身体防护	1套/人	3：1	指挥员可选配消防指挥服
5	防静电内衣	可燃气体、粉尘、蒸汽等易燃易爆场所作业时的躯体内层防护	1套/人	4：1	
6	防化手套	手部及腕部防护	2副/人		应针对有毒有害物质穿透性选择手套材料
7	防化靴	事故现场作业时的脚部和小腿部防护	1双/人	4：1	易燃易爆场所应配备防静电靴
8	安全腰带	登梯作业和逃生自救	1根/人	4：1	
9	正压式空气呼吸器	缺氧或有毒现场作业时的呼吸防护	1具/人	5：1	1）以值勤人员数量确定 2）备用气瓶按照正压式空气呼吸器总量1：1备份

续表

序号	名称	主要用途	配备	备份比	备注
10	佩戴式防爆照明灯	单人作业照明	1个/人	5∶1	
11	轻型安全绳	救援人员的救生、自救和逃生	1根/5人	4∶1	
12	消防腰斧	破拆和自救	1把/人	5∶1	

注1：表中"备份比"是指应急救援人员防护装备配备投入使用数量与备用数量之比。

注2：根据备份比计算的备份数量为非整数时应向上取整。

注3：第三类危险化学品单位应急救援人员可使用作业场所配备的个体防护装备，不配备该表中的装备。

注4："＊"表示由单位根据实际需要进行配置，本标准不作规定。

7.2 企业应急救援队伍抢险救援车辆配备要求

7.2.1 企业应急救援队伍抢险救援车辆配备数量应符合表3的要求。

表3 企业应急救援队伍抢险救援车辆配备数量

危险化学品单位级别	第一类危险化学品单位	第二类危险化学品单位	第三类危险化学品单位
抢险救援车辆数	≥3	1~2	0~1

7.2.2 企业应急救援队伍抢险救援车品种，宜符合表4的要求，生产、储存剧毒或高毒危险化学品的单位宜配备气体防护车。

表4 企业应急救援队伍常用抢险救援车辆品种配备要求

序号	设备名称		第一类危险化学品单位	第二类危险化学品单位	第三类危险化学品单位
1	灭火抢险救援车	水罐或泵浦抢险救援车			1
2		水罐或泡沫抢险救援车	1	1	1
3		干粉泡沫联用抢险救援车			
4		干粉抢险救援车	—	—	

· 444 ·

序号		设备名称	第一类危险化学品单位	第二类危险化学品单位	第三类危险化学品单位
5	举高抢险救援车	登高平台抢险救援车		—	—
6		云梯抢险救援车	*	—	—
7		举高喷射抢险救援车		—	—
8	专勤抢险救援车	多功能抢险救援车或气防车	1	*	—
9		排烟抢险救援车或照明抢险救援车	—	—	—
10		危险化学品事故抢险救援车或防化洗消抢险救援车	1	*	—
11					
12		通信指挥抢险救援车	—	—	—
		供气抢险救援车	—	—	—
13	后勤抢险救援车	自装卸式抢险救援车（含器材保障、生活保障、供液集装箱）	—	—	—
14		器材抢险救援车或供水抢险救援车	*	—	—

注："＊"表示由单位根据实际需要进行配置，本标准不作规定。

7.2.3　企业应急救援队伍主要抢险救援车辆的技术性能应符合表 5 的要求，气体防护车内应急救援物资配备可参考表 6 配置。

表 5 企业应急救援队伍主要抢险救援车辆的技术性能

技术性能		第一类危险化学品单位		第二类危险化学品单位		第三类危险化学品单位	
发动机功率/kW		≥191		≥132		≥132	
比功率/(kW/t)		≥10		≥8		≥8	
水罐抢险救援车出水性能	出口压力/MPa	1	1.8	1	1.8	1	1.8
	流量/L/s	60	30	40	20	40	20
水罐抢险救援车出泡沫性能类		A、B		A、B		B	
举高抢险救援车额定工作高度 m		≥30		≥20		≥20	
多功能抢险救援车	起吊质量/kg	≥5000		≥3000		≥3000	
	牵引质量/kg	≥10000		≥10000		≥10000	

表 6 气体防护车内应急救援物资配备要求

序号	物资名称	主要功能或技术要求	配备	备注
1	正压式空气呼吸器	技术性能符合 GB/T 18664 要求	2套	配备空气瓶1个/套
2	苏生器	自动进行正负压人工呼吸	1套	
3	医用氧气瓶	治疗中毒人员	2个	
4	移动式长管供气系统	在缺氧或有毒有害气体环境中的抢险救灾人员提供长时间呼吸保护	1台	
5	对讲机	易燃易爆场所应防爆型	2台	

续表

序号	物资名称	主要功能或技术要求	配备	备注
6	抢险救援服	抢险人员躯体保护，橘红色	1套/人	根据气体防护车上配备的人员确定
7	头戴式照明灯	灭火和抢险救援现场作业时的照明，易燃易爆场所应为防爆型	1个/人	根据气体防护车上配备的人员确定
8	一级化学防护服	重度化学灾害现场全身防护	2套	
9	二级化学防护服	化学灾害现场作业时的躯体防护	2套	
10	隔热服	强热辐射场所的全身防护	*	
11	折叠担架	运送事故现场受伤人员	2副	
12	急救包	盛放常规外伤和化学伤害急救所需的敷料、药品和器械等	1个	
13	可燃气体检测仪	检测事故现场易燃易爆气体，可检测多种易燃易爆气体的体积浓度	2台	根据企业可燃气体的种类配备
14	有毒气体检测仪	具备自动识别、防水、防爆性能，能探测有毒、有害气体及氧含量	2台	根据企业有毒有害气体的种类配备

注："*"表示由单位根据实际需要进行配置，本标准不作规定。

447

7.3 企业应急救援队伍抢险救援物资配备要求

7.3.1 第一类危险化学品单位应急救援队伍的抢险救援物资配备的种类和数量不应低于表7~表17的要求。

7.3.2 第二类危险化学品单位应急救援队伍的抢险救援物资配备的种类和数量不应低于表18的要求。

7.3.3 第三类危险化学品单位应急救援队伍可使用作业场所应急救援物资作为抢险救援物资。

表7 第一类危险化学品单位侦检器材配备要求

序号	物资名称	主要用途或技术要求	配备	备注
1	有毒气体探测仪	具备自动识别、防水、防爆性能；能探测有毒、有害气体及氧含量	2台	
2	可燃气体检测仪	检测事故现场易燃易爆气体，可检测多种易燃易爆气体的浓度	2台	
3	红外测温仪	测量事故现场温度；可预设高、低温危险报警	1台	
4	便携式气象仪	测量风速、风向、温度、湿度、大气压等气象参数	1台	
5	水质分析仪	定性分析液体内的化学成分	*	
6	红外热像仪	事故现场黑暗、浓烟环境中的搜寻；温差分辨率不小于0.25℃，有效检测距离不小于40m	*	

注："*"表示由单位根据实际需要进行配置，本标准不作规定。

表8 第一类危险化学品单位警戒器材配备要求

序号	物资名称	主要用途或技术要求	配备	备注
1	警戒标志杆	灾害事故现场警戒，有反光功能	10根	
2	锥形事故标志柱	灾害事故现场道路警戒	10根	
3	隔离警示带	灾害事故现场警戒；双面反光，每盘长度约500m	10盘	备份2盘

续表

序号	物资名称	主要用途或技术要求	配备	备注
4	出入口标志牌	灾害事故现场标示；图案、文字、边框均为反光材料，与标志杆配套使用，易燃易爆环境应为无火花材料	2组	
5	危险警示牌	灾害事故现场警戒警示；分为有毒、易燃、泄漏、爆炸、危险等5种标志，图案为反光材料。与标志杆配套使用，易燃易爆环境应为无火花材料	5块	
6	闪光警示灯	灾害事故现场警戒警示；频闪型，光线暗时自动闪亮	5个	备份2个
7	手持扩音器	灾害事故现场指挥；功率大于10W，同时应具备警报功能	2个	

表9　第一类危险化学品单位灭火器材配备要求

序号	物资名称	主要用途或技术要求	配备	备注
1	机动手抬泵	可人力搬运，用作输送水或泡沫溶液等液体灭火剂的专用泵	3台	
2	移动式消防炮	扑救可燃化学品火灾	2个	
3	A、B类比例混合器、泡沫液桶、空气泡沫枪	扑救小面积化工类火灾；由储液桶、吸液管和泡沫管枪组成，操作轻便快捷	2套	
4	二节拉梯	登高作业	3个	
5	三节拉梯	登高作业	2个	
6	移动式水带卷盘或水带槽	清理水带	3个	
7	水带	消防用水的输送	2800m	
8	其他	按所配车辆技术标准要求配备	1套	扳手、水枪、分水器、接口、包布、护桥等常规器材工具

表 10 第一类危险化学品单位通信器材配备要求

序号	物资名称	主要用途或技术要求	配备	备注
1	移动电话	易燃易爆环境应防爆	2 部	指挥员
2	对讲机	应急救援人员间以及与后方指挥员的通讯，通讯距离不低于 1000m，易燃易爆环境应防爆	1 部/人	按执勤人数配备
3	通信指挥系统	符合 GB 50313 要求	1 套	

表 11 第一类危险化学品单位救生物资配备要求

序号	物资名称	主要用途或技术要求	配备	备注
1	缓降器	高处救人和自救；安全负荷不低于 1300N，绳索防火、耐磨	2 套	
2	医药急救箱	盛放常规外伤和化学伤害急救所需的敷料、药品和器械等	1 个	
3	逃生面罩	灾害事故现场被救人员呼吸防护	10 个	备份 10 个
4	折叠式担架	运送事故现场受伤人员；为金属框架，高分子材料表面质材，便于洗消，承重不小于 100kg	1 架	
5	救援三角架	高处、井下等救援作业；金属框架，配有手摇式绞盘，牵引滑轮，最大承载 2500N，绳索长度不小于 30m	1 个	
6	救生软梯	登高救生作业	1 条	
7	安全绳	灾害事故现场救援，长度 50m	2 组	
8	救生绳	救人或自救工具，也可用于运送消防施救器材，50m	2 组	

表 12 第一类危险化学品单位破拆器材配备要求

序号	物资名称	主要用途或技术要求	配备	备注
1	液压破拆工具组	灾害现场破拆作业	1 套	根据企业实际情况选配
2	无齿锯	切割金属和混凝土材料		
3	机动链锯	切割各类木质结构障碍物		
4	手动破拆工具组	灾害现场破拆作业		

表13 第一类危险化学品单位堵漏器材配备要求

序号	物资名称	主要用途或技术要求	配备	备注
1	木制堵漏楔	各类孔洞状较低压力的堵漏作业；经专门绝缘处理，防裂，不变形	1套	每套不少于28种规格
2	气动吸盘式堵漏工具	封堵不规则孔洞；气动、负压式吸盘，可输转作业		根据企业实际情况和工艺特点，选配1套堵漏工具
3	粘贴式堵漏工具	各种罐体和管道表面点状、线状泄漏的堵漏作业；无火花材料	1套	
4	电磁式堵漏工具	各种罐体和管道表面点状、线状泄漏的堵漏作业；适用温度不大于80℃		
5	注入式堵漏工具	阀门或法兰盘堵漏作业；无火花材料；配有手动液压泵，液压不小于74MPa，使用温度−100~400℃	1套	含注入式堵漏胶1箱
6	无火花工具	易燃、易爆事故现场的手动作业，铜制材料	1套	每套不小于11种
7	金属堵漏套管	各种金属管道裂缝的密封堵漏	1套	
8	内封式堵漏袋	圆形容器和管道的堵漏作业；由防腐橡胶制成，工作压力0.15MPa，4种，直径分别为：10mm /20mm、20mm /40mm、30mm /60mm、50mm /100mm	*	
9	外封式堵漏袋	罐体外部堵漏作业；由防腐橡胶制成，工作压力0.15MPa，2种，尺寸5mm /20mm、20mm/48mm	*	
10	捆绑式堵漏袋	管道断裂堵漏作业；由防腐橡胶制成，工作压力0.15MPa，尺寸为5mm /20mm、20mm/48mm	*	
11	阀门堵漏套具	阀门泄漏的堵漏作业	*	
12	管道粘结剂	小空洞或砂眼的堵漏	*	

注："＊"表示由单位根据实际需要进行配置，本标准不作规定。

表 14　第一类危险化学品单位输转物资配备要求

序号	物资名称	主要用途或技术要求	配备	备注
1	输转泵	吸附、输转各种液体；易燃易爆场所应为防爆	1 台	
2	有毒物质密封桶	装载有毒有害物质；防酸碱,耐高温	2 个	
3	吸附垫、吸附棉	小范围内的吸附酸、碱和其他腐蚀性液体	2 箱	
4	集污袋	装载有害物质	2 只	

表 15　第一类危险化学品单位洗消物资配备要求

序号	物资名称	主要用途或技术要求	配备	备注
1	强酸、碱清洗剂	手部或身体小面积部位的洗消	5 瓶	酸碱环境下配备
2	强酸、碱洗消器	化学灼伤部位的洗消	2 只	酸碱环境下配备
3	洗消帐篷	消防人员洗消；配有电动充气泵、喷淋、照明等系统	1 套	
4	洗消粉	按比例与水混合后,对人体、物品和场地的降毒洗消	*	

注："*"表示由单位根据实际需要进行配置,本标准不作规定。

表 16　第一类危险化学品单位排烟照明器材配备要求

序号	物资名称	主要用途或技术要求	配备	备注
1	移动式排烟机	灾害现场的排烟和送风,配有相应口径的风管	1 台	
2	坑道小型空气输送机	缺氧空间作业,排风量符合常用救灾的要求	*	
3	移动照明灯组	灾害现场的作业照明,照度符合作业要求	1 套	
4	移动发电机	灾害现场等电器设备的供电	2 台	

注："*"表示由单位根据实际需要进行配置,本标准不作规定。

表 17　第一类危险化学品单位其他物资配备要求

序号	物资名称	主要用途或技术要求	配备	备注
1	心肺复苏人体模型	急救训练用	1 套	
2	空气充填泵	现场为空气呼吸器储气瓶充气	1 套	

表 18　第二类危险化学品单位抢险救援物资配备要求

序号	种类	物资名称	主要用途或技术要求	配备	备注
1	侦检	有毒气体探测仪	具备自动识别、防水、防爆性能、能探测有毒、有害气体及氧含量	2 台	根据企业有毒有害气体的种类配备
2		可燃气体检测仪	检测事故现场易燃易爆气体；可检测多种易燃易爆气体的浓度	2 台	根据企业可燃气体的种类配备
3	警戒	各类警示牌	灾害事故现场警戒警示	1 套	
4		隔离警示带	灾害事故现场警戒警示、双面反光	5 盘	备用 2 盘
5	灭火	移动武式消防炮	扑救可燃化学品火灾	1 个	
6		水带	消防用水的输送	1200 米	
7		常规器材工具，扳手、水枪等	按所配备车辆技术标准要求配备	1 套	扳手、水枪、分水器、接口、包布、护桥等常规器材工具
8	通信	移动电话	易燃易爆环境防爆	2 部	
9		对讲机	易燃易爆环境应防爆	2 台	
10	救生	缓降器	高处救人和自救；安全负荷不低于 1300 N，绳索防火、耐磨	2 套	
11		逃生面罩	灾害事故现场救人员呼吸防护	10 个	备用 5 个

续表

序号	种类	物资名称	主要用途或技术要求	配备	备注
12	救生	折叠式担架	运送事故现场受伤人员,为金属框架,高分子材料表面质材,便于洗消,承重不小于100kg	1架	
13		救援三角架	金属框架,配有手摇式绞盘,牵引滑轮最大承载2500N,缆索长度不小于30m	1个	
14		救生软梯	登高救生作业	1个	
15		安全绳	长度50m	2组	
16		医药急救箱	盛放常规外伤和化学伤害急救所需的敷料、药品和器械等	1个	
17	破拆	液压破拆工具组	灾害现场破拆作业	1套	根据企业实际情况选择其中一项
18		无齿锯	切割金属和混凝土材料		
19		手动破拆工具组	灾害现场破拆作业		
20	堵漏	木制堵漏楔	各类孔洞状较低压力的堵漏作业。绝缘处理、防裂、不变形	1套	每套不少于28种规格
21		无火花工具	易燃易爆体的手动作业,经专门铜制材料	1套	
22		粘贴式堵漏工具	各种罐体和管道表面点状、线状泄漏的堵漏作业;无火花材料	*	
23		注入式堵漏工具	闸门或法兰盘堵漏作业,无火花材料;配有手动液压泵,泵缸压力≥74MPa,使用温度-100~400℃	*	

续表

序号	种类	物资名称	主要用途或技术要求	配备	备注
24	输转	输转泵	吸附、输转各种液体，安全防爆	1台	
25		有毒物质密封桶	装载有毒物质，可防酸碱，耐高温	1个	
26		吸附垫	小范围内的吸附酸、碱和其他腐蚀性液体	2箱	
27	洗消	洗消帐篷	消防人员洗消；配有电动充气泵、喷淋、照明等系统	1顶	
28	排烟	移动式排烟机	灾害现场的排烟和送风，配有相应口径的风管	1台	
29	照明	移动照明灯组	灾害现场的作业照明，照度符合作业要求	1组	
30		移动发电机	灾害现场等地照明	*	
31	其他	水幕水带	阻挡或稀释有毒气体和易燃易爆气体或液体蒸汽	1套	

注："*"表示由单位根据实际需要进行配置，本标准不作规定。

8 其他配备要求

8.1 危险化学品单位，除作业场所和应急救援队伍外的其他部门应根据应急响应过程中所承担的职责配备相应的应急救援物资。

8.2 沿江河湖海的危险化学品单位应配备水上灭火抢险救援、水上泄漏物处置和防汛排涝物资。

8.3 除作业场所的应急救援物资外的其他应急救援物资，可由危险化学品单位与其周边其他相关单位或应急救援机构签订互助协议，并能在这些单位或机构接到报警后 5min 内到达现场，可作为本单位的应急救援物资。

9 管理和维护

9.1 危险化学品单位应建立应急救援物资的有关制度和记录：

  ——物资清单
  ——物资使用管理制度
  ——物资测试检修制度
  ——物资租用制度
  ——资料管理制度
  ——物资调用和使用记录
  ——物资检查维护、报废及更新记录

9.2 应急救援物资应明确专人管理；严格按照产品说明书要求，对应急救援物资进行日常检查、定期维护保养；应急救援物资应存放在便于取用的固定场所，摆放整齐，不得随意摆放、挪作他用。

9.3 应急救援物资应保持完好，随时处于备战状态；物资若有损坏或影响安全使用的，应及时修理、更换或报废。

9.4 应急救援物资的使用人员，应接受相应的培训，熟悉装备的用途、技术性能及有关使用说明资料，并遵守操作规程。

附　录　A
（规范性附录）
危险化学品单位类别划分方法

危险化学品单位类别根据从业人数、营业收入和危险化学品重大危险源级别划分，见表 A.1：

表 A.1　危险化学品单位类别划分依据

企业规模	危险化学品重大危险源级别			
	一级危险化学品重大危险源	二级危险化学品重大危险源	三级危险化学品重大危险源	四级危险化学品重大危险源
从业人数 300 人以下或营业收入 2000 万元以下	第二类危险化学品单位	第三类危险化学品单位	第三类危险化学品单位	第三类危险化学品单位
从业人数 300 人以上 1000 人以下或营业收入 2000 万元以上 40000 万元以下	第二类危险化学品单位	第三类危险化学品单位	第三类危险化学品单位	第三类危险化学品单位
从业人数 1000 人以上或营业收入 40000 万元以上	第一类危险化学品单位	第二类危险化学品单位	第二类危险化学品单位	第二类危险化学品单位

注1：表中所称的"以上"包括本数，所称的"以下"不包括本数。
注2：没有危险化学品重大危险源的危险化学品单位可作为第三类危险化学品单位。

附录Ⅱ　危险货物包装标志
Packages symbol of dangerous goods
（GB 190—2009）

前　　言

本标准的第 3 章、第 4 章为强制性的，其余为推荐性的。

本标准修改采用联合国《关于危险货物运输的建议书　规章范本》(第 15 修订版) 第 5 部分：托运程序　第 5.2 章：标记和标签。本标准与其相比，存在以下技术性差异：

——标志图形采用表格形式叙述；

——删除了与标志使用无关的内容。

本标准代替 GB 190—1990《危险货物包装标志》。本标准与 GB 190—1990 相比主要变化如下：

——爆炸品标签从原有的 3 个增加为 4 个；

——气体标签从原有的 3 个增加为 5 个；

——易燃液体标签从原有的 1 个增加为 2 个；

——第 4 类物质标签，从原有的 3 个增加为 4 个；

——第 5 类物质标签中，有机过氧化物变动较大；

——毒性物质标签，从原有的 3 个减少为 1 个；

——第 7 类物质标签中，增加裂变性物质标签；

——增加 4 个标记；

——增加标记和标签使用要求(附录 A)。

本标准的附录 A 为规范性附录。

本标准由全国危险化学品管理标准化技术委员会(SAC/TC 251)提出并归口。

本标准负责起草单位：铁道部标准计量研究所。

本标准主要起草人：张锦、赵靖宇、赵华、兰淑梅、苏学锋。

本标准所代替标准的历次版本发布情况为：

——GB 190—1985、GB 190—1990。

1 范围

本标准规定了危险货物包装图示标志(以下简称标志)的分类图形、尺寸、颜色及使用方法等。

本标准适用于危险货物的运输包装。

2 规范性引用文件

下列文件中的条款通过本标准的引用而成为本标准的条款。凡是注日期的引用文件,其随后所有的修改单(不包括勘误的内容)或修订版均不适用于本标准,然而,鼓励根据本标准达成协议的各方研究是否可使用这些文件的最新版本。凡是不注日期的引用文件,其最新版本适用于本标准。

GB/T 191　包装储运图示标志

GB 6944　危险货物分类和品名编号

GB 11806—2004　放射性物质安全运输规程

GB 12268—危险货物品名表

3 标志分类

标志分为标记(见表1)和标签(见表2)。标记4个、标签26个,其图形分别标示了9类危险货物的主要特性。

表1　标记

序号	标记名称	标记图形
1	危害环境物质和物品标记	 (符号:黑色,底色:白色)

序号	标记名称	标记图形
2	方向标记	 （符号：黑色或正红色，底色：白色） （符号：黑色或正红色，底色：白色）
3	高温运输标记	 （符号：正红色，底色：白色）

表 2　标签

序号	标签名称	标签图形	对应的危险 货物类项号
1	爆炸性物质 或物品	 （符号：黑色，底色：橙红色） （符号：黑色，底色：橙红色） （符号：黑色，底色：橙红色）	1. 1 1. 2 1. 3 1. 4 1. 5

序号	标签名称	标签图形	对应的危险货物类项号
1	爆炸性物质或物品	 ＊＊项号的位置—如果爆炸性是次要危险性，留空白。 ＊配装组字母的位置—如果爆炸性是次要危险性，留空白。	1.6
2	易燃气体	 （符号：黑色，底色：正红色） （符号：白色，底色：正红色）	2.1

序号	标签名称	标签图形	对应的危险货物类项号
2	非易燃无毒气体	（符号：黑色，底色：绿色） （符号：白色，底色：绿色）	2.2
	毒性气体	（符号：黑色，底色：白色）	2.3

序号	标签名称	标签图形	对应的危险货物类项号
3	易燃液体	（符号：黑色，底色：正红色） （符号：白色，底色：正红色）	3
4	易燃固体	（符号：黑色，底色：白色红条）	4.1

序号	标签名称	标签图形	对应的危险货物类项号
4	易于自燃的物质	 (符号：黑色，底色：上白下红)	4.2
	遇水放出易燃气体的物质	 (符号：黑色，底色：蓝色) (符号：白色，底色：蓝色)	4.3

序号	标签名称	标签图形	对应的危险货物类项号
5	氧化性物质	 （符号：黑色，底色：柠檬黄色）	5.1
	有机过氧化物	 （符号：黑色，底色：红色和柠檬黄色） （符号：白色，底色：红色和柠檬黄色）	5.2

序号	标签名称	标签图形	对应的危险货物类项号
6	毒性物质	 （符号：黑色，底色：白色）	6.1
	感染性物质	 （符号：黑色，底色：白色）	6.2
7	一级放射性物质	 （符号：黑色，底色：白色，附一条红竖条） 黑色文字，在标签下半部分写上： "放射性" "内饰物——" "放射性强度——" 在"放射性"字样之后应有一条红竖线	7A

序号	标签名称	标签图形	对应的危险货物类项号
7	二级放射性物质	 （符号：黑色，底色：上黄下白，附两条红竖条） 黑色文字，在标签下半部分写上： "放射性" "内饰物——" "放射性强度——" 在一个黑边框格内写上："运输指数" 在"放射性"字样之后应有两条红竖线	7B
	三级放射性物质	 （符号：黑色，底色：上黄下白，附三条红竖条） 黑色文字，在标签下半部分写上： "放射性" "内饰物——" "放射性强度——" 在一个黑边框格内写上："运输指数" 在"放射性"字样之后应有三条红竖线	7C

序号	标签名称	标签图形	对应的危险货物类项号
7	裂变性物质	(符号：黑色，底色：白色) 黑色文字 在标签下半部分写上："易裂变" 在标签下半部分的一个黑边 框格内写上："临界安全指数"	7E
8	腐蚀性物质	(符号：上黑下白，底色：上白下黑)	8

序号	标签名称	标签图形	对应的危险货物类项号
9	杂类危险物质和物品	**9** （符号：黑色，底色：白色）	9

4 标志的尺寸、颜色

4.1 标志的尺寸

标志的尺寸一般分为 4 种，见表 3。

表 3 标志的尺寸　　　　单位：毫米

尺寸号别	长	宽
1	50	50
2	100	100
3	150	150
4	250	250

注：如遇特大或特小的运输包装件，标志的尺寸可按规定适当扩大或缩小。

4.2 标志的颜色

标志的颜色按表 1 和表 2 中规定。

5 标志的使用方法

5.1 储运的各种危险货物性质的区分及其应标打的标志，应按 GB 6944、GB 12268 及有关国家运输主管部门相关规定选取，出口货物的标志应按我国执行的有关国际公约（规则）办理。

5.2 标志的具体使用方法见附录 A。

附 录 A
(规范性附录)
标记和标签使用要求

A.1 标记

A.1.1 除另有规定外,根据 GB 12268 确定的危险货物正式运输名称及相应编号,应标示在每个包装件上。如果是无包装物品,标记应标示在物品上、其托架上或其装卸、储存或发射装置上。

A.1.2 A.1.1 要求的所有包装件标记:

a)应明显可见而且易读;

b)应能够经受日晒雨淋而不显著减弱其效果;

c)应标示在包装件外表面的反衬底色上;

d)不得与可能大大降低其效果的其他包装件标记放在一起。

A.1.3 救助容器应另外标明"救助"一词。

A.1.4 容量超过 450L 的中型散货集装箱和大型容器,应在相对的两面做标记。

A.1.5 第 7 类的特殊标记规定:

a)第 7 类的特殊标记、运输装置和包装形式应符合 GB 11806—2004 的规定。

b)应在每个包装件的容器外部,醒目而耐久地标上发货人或收货人或两者的识别标志。

c)对于每个包装件(GB 11806—2004 规定的例外包装件除外),应在容器外部醒目而耐久地标上前面冠以 GB 12268 编号和正式运输名称。就例外包装件而言,只需要标上前面冠以 GB 12268 编号。

d)总质量超过 50kg 的每个包装件应在其容器外部醒目而耐久地标上其许可总质量。

e)每个包装件:

——如果符合 IP-1 型包装件、IP-2 型包装件或 IP-3 型包装件的设计，应在容器外部醒目而耐久地酌情标上"IP-1 型"、"IP-2 型"或"IP-3 型"；

——如符合 A 型包装件设计，应在容器外部醒目而耐久地标上"A 型"标记；

——如符合 IP-2 型包装件、IP-3 型包装件或 A 型包装件设计，应在容器外部醒目且耐久地标上原设计国的国际车辆注册代号(VRI 代号)和制造商名称，或原设计国运输主管部门规定的其他容器识别标志。

f) 符合运输主管部门所批准设计的每个包装件应在容器外部醒目而耐久地标上下述标记：

——运输主管部门为该设计所规定的识别标记；

——专用于识别符合该设计的每个容器的序号；

——如为 B(U)型或 B(M)型包装件设计，标上"B(U)型"或"B(M)型"；

——如为 C 型包装件设计，标上"C 型"。

g) 符合 B(U)型或 B(M)型或 C 型包装件设计的每个包装件应在其能防火、防水的最外层贮器的外表面用压纹、压印或其他能防火、防水的方式醒目地标上三叶形标志(见图 A.1)。

h) LSA-Ⅰ物质或 SCO-Ⅰ物体如装在贮器或包裹材料里并且按照运输主管部门容许的独家使用方式运输时，可以在这些贮器或包裹材料的外表面上酌情贴上"放射性 LSA-Ⅰ"或"放射性 SCO-Ⅰ"标记。

i) 如果包装件的国际运输需要运输主管部门对设计或装运的批准，而有关国家适用的批准型号不同，那么标记应按照原设计国的批准证书做出。

A.1.6 危害环境物质的特殊标记规定：

a) 装有符合 GB 12268 和 GB 6944 标准中的危害环境物质(UN 3077 和 UN 3082)的包装件，应耐久地标上危害环境物质标记，但以下容量的单容器和带内容器的组合容器除外：

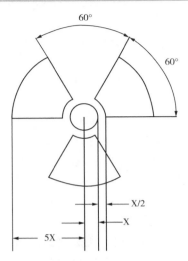

图 A.1　基本的三叶形标志

　　——装载液体的容量为 5L 或以下；

　　——装载固体的容量为 5kg 或以下。

　　b）危害环境物质标记，应位于 A.1.1 要求的各种标记附近，应满足 A.1.2 和 A.1.4 的要求。

　　c）危害环境物质标记，应如表 1 序号 1 图所示。除非包装件的尺寸只能贴较小的标记，容器的标记尺寸应符合表 3 的规定。对于运输装置，最小尺寸应是 250mm×250mm。

　　A.1.7　方向箭头使用规定：

　　a）除 b）规定的情况外：

　　——内容器装有液态危险货物的组合容器；

　　——配有通风口的单一容器；

　　——拟装运冷冻液化气体的开口低温贮器。

　　应清楚地标上与表 1 序号 2 图所示的包装件方向箭头，或者符合 GB/T 191 规定的方向箭头。方向箭头应标在包装件相对的两个垂直面上，箭头显示正确的朝上方向。标识应是长方形的，大小应与包装件的大小相适应，清晰可见。围绕箭头的长方形边框是可以任意选择的。

b）下列包装件不需要标方向箭头：

——压力贮器；

——危险货物装在容积不超过 120mL 的内容器中，内容器与外容器之间有足够的吸收材料，能够吸收全部液体内装物；

——6.2 项感染性物质装在容积不超过 50mL 的主贮器内；

——第 7 类放射性物质装在 B(U)型、B(M)型或 C 型包装件内；

——任何放置方向都不漏的物品(例如装入温度计、喷雾器等的酒精或汞)。

c）用于表明包装件正确放置方向以外的箭头，不应标示在按照本标准作 记的包装件上。

A.1.8　高温物质标记使用规定：

运输装置运输或提交运输时，如装有温度不低于 100℃的液态物质或者温度不低于 240℃的固态物质，应在其每一侧面和每一端面上贴有如表 1 序号 3 图所示的标记。标记为三角形，每边应至少有 250mm，并且应为红色。

A.2　标签

A.2.1　标签规定

A.2.1.1　这些是表现内装货物的危险性分类标签规定(如表 2 所示)。但表明包装件在装卸或贮藏时应加小心的附加标记或符号(例如，用伞作符号表示包装件应保持干燥)，也可在包装件上适当标明。

A.2.1.2　表明主要和次要危险性的标签应与表 2 中所示的序号 1 至序号 9 所有式样相符。"爆炸品"次要危险性标签应使用序号 1 中带有爆炸式样标签图形。

A.2.1.3　危险货物一览表具体列出的物质或物品，应贴有 GB 12268 一览表第 4 栏下所示危险性的类别标签。危险货物一览表第 5 栏中以类号或项号表示的任何危险性，也须加贴次要危险性标签。但如果第 5 栏下未列出次要危险性，或危险货物一览表虽列出次要危险性但对使用标签的要求可予以豁免的情况下，特殊规定也须加贴次要危险性标签。

A.2.1.4 如果某种物质符合几个类别的定义，而且其名称未具体列在 GB 12268 危险货物一览表中，则应利用 GB 6944 中的规定来确定货物的主要危险性类别。除了需要有该主要危险性类的标签外，还应贴危险货物一览表中所列的次要危险性标签。

装有第 8 类物质的包装件不需要贴 6.1 号式样的危险性标签，如果毒性仅仅是由于对生物组织的破坏作用引起的，装有 4.2 项物质的包装件不需要贴 4.1 号式样的次要危险性标签。

A.2.1.5 具有次要危险性的第 2 类气体的标签见表 A.1

表 A.1

项	GB 6944 所示的次要危险性	主要危险性标签	次要危险性标签
2.1	无	2.1	无
2.2	无	2.2	无
	5.1	2.2	5.1
2.3	无	2.3	无
	2.1	2.3	2.1
	5.1	2.3	5.1
	5.1，8	2.3	5.1，8
	8	2.3	8
	2.1，8	2.3	2.1，8

A.2.1.6 对第 2 类规定有三种不同的标签：一种表示 2.1 项的易燃气体(红色)，一种表示 2.2 项的非易燃无毒气体(绿色)，一种表示 2.3 项的毒性气体(白色)。如果 GB 12268 危险货物一览表表明某一种第 2 类气体具有一种或多种次要危险性，应根据 A.2.1.5 使用标签。

A.2.1.7 除 A.2.2.1.2 规定的要求外，每一标签应：

a) 在包装件尺寸够大的情况下，与正式运输名称贴在包装件的同一表面与之靠近的地方；

b）贴在容器上不会被容器任何部分或容器配件或者任何其他标签或标记盖住或遮住的地方；

c）当主要危险性标签和次要危险性标签都需要时，彼此紧挨着贴。

当包装件形状不规则或尺寸太小以致标签无法令人满意地贴上时，标签可用结牢的签条或其他装置挂在包装件上。

A.2.1.8 容量超过 450 L 的中型散货集装箱和大型容器，应在相对的两面贴标签。

A.2.1.9 标签应贴在反衬颜色的表面上。

A.2.1.10 自反应物质的特殊规定：

B 型自反应物质应贴有"爆炸品"次要危险性标签（1 号式样），除非运输主管部门已准许具体容器免贴此种标签，因为试验数据已证明自反应物质在此种容器中不显示爆炸性能。

A.2.1.11 有机过氧化物标签的特殊规定：

装有 GB 12268 危险货物一览表表明的 B、C、D、E 或 F 型有机过氧化物的包装件应贴表 2 序号 5 中 5.2 项标签（5.2 号式样）。这个标签也意味着产品可能易燃，因此不需要贴"易燃液体"次要危险性标签（3 号式样）。另外还应贴下列次要危险性标签：

a）B 型有机过氧化物应贴有"爆炸品"次要危险性标签（1 号式样），除非运输主管部门已准许具体容器免贴此种标签，因为试验数据已证明有机过氧化物在此种容器中不显示爆炸性能；

b）当符合第 8 类物质Ⅰ类或Ⅱ类包装标准时，需要贴"腐蚀性"次要危险性标签（8 号式样）。

A.2.1.12 感染性物质包装件标签的特殊规定：

除了主要危险性标签（6.2 号式样）外，感染性物质包装件还应贴其内装物的性质所要求的任何其他标签。

A.2.1.13 放射性物质标签的特殊规定：

a）除 GT 11806—2004 为大型货物集装箱和罐体规定的情况

外,盛装放射性物质的每个包装件、外包装和货物集装箱应按
照该包装件、外包装或货物集装箱的类别(见 GB 11806—2004
表7)酌情贴上至少两个与7A 号、7B 号和7C 号式样相一致的标
签。标签应贴在包装件外部两个相对的侧面上或货物集装箱外
部所有四个侧面上。盛装放射性物质的每个外包装应在外包装
外部相对的侧面至少贴上两个标签。此外,盛装易裂变材料的
每个包装件、外包装和货物集装箱应贴上与7E 号式样相一致的
标签;这类标签适用时应贴在放射性物质标签旁边。标签不得
盖住规定的标记。任何与内装物无关的标签应除去或盖住。

b) 应符合 GB 11806—2004 的规定在与 7A 号、7B 号和 7C
号式样相一致的每个标签上填写下述资料:

——内装物

除 LSA-I 物质外,以 GB 11806—2004 的 5.3.1.1 表 1 中规
定的符号表示的取自该表的放射性核素的名称。对于放射性核
素的混合物,应尽量地将限制最严格的那些核素列在该栏内直
到写满为止。应在放射性核素的名称后面注明 LSA 或 SCO 的类
别,为此,应使用"LSA-II"、"LSA-III"、"SCO-II"等符号;

对于 LSA-I 物质,仅需填写符号"LSA-I",无需填写放
射性核素的名称。

——放射性活度:放射性内装物在运输期间的最大放射性
活度,以贝克勒尔(Bq)为单位加适当的国际单位制词头符号表
示。对于易裂变材料,可以克(g)或其倍数为单位表示的易裂变
材料质量来代替放射性活度。

——对于外包装和货物集装箱,应在标签的"内装物"栏里
和"放射性活度"栏里分别填写"外包装"和"货物集装箱"全部内
装物加在一起的 A.2.1.13a) 和 A.2.1.13b) 所要求的资料,但装
有含不同放射性核素的包装件的混合货载的外包装或货物集装
箱除外,在它们标签上的这两栏里可填写"见运输票据"。

——运输指数:见 GB 11806—2004 中 6.8[Ⅰ类(白)毋须
填写运输指数]。

c）应在与7E号式样相一致的每个标签上填写与运输主管部门颁发的特殊安排批准证书或包装件设计批准证书上相同的临界安全指数（CSI）。

d）对于外包装和货物集装箱，标签上的临界安全指数栏里应填写外包装或货物集装箱的易裂变内装物加在一起的A.2.1.13c)所要求的资料。

e）如果包装件的国际运输需要运输主管部门对设计或装运的批准，而有关国家适用的批准型号不同，那么标记应按照原设计国的批准证书做出。

A.2.2 标签规定

标签应满足本节的规定，并在颜色、符号和一般格式方面与表2所示的标签式样一致。必要时，表2所示的标签可按照下列a)的规定用虚线标出外缘。标签贴在反衬底色上时不需要这么做，规定如下：

a）标签形状为呈45°角的正方形（菱形），尺寸符合4.1的规定，但包装件的尺寸只能贴更小的标签和b)规定的情况除外。标签上沿着边缘有一条颜色与符号相同、距边缘5mm的线。标签应贴在反衬底色上，或者用虚线或实线标出外缘。

b）第2类的气瓶可根据其形状、放置方向和运输固定装置，贴表2序号2所规定的标签，尺寸符合4.1的规定，但在任何情况下表明主要危险物质的标签和任何标签上的编号均应完全可见，符号易于辨认。

c）标签分为上下两半，除1.4项、1.5项或1.6项外，标签的上半部分为图形符号，下半部分为文字和类号或项号和适当的配装组字母。

d）除1.4项、1.5项和1.6项外，第1类的标签在下半部分标明物质或物品的项号和配装组字母。1.4项、1.5项和1.6项的标签上半部分标明项号，在下半部分标明配装组字母。1.4项S配装组一般不需要标签。但如果认为这类货物需要有标签，则应依照1.4号式样。

e）第 7 类以外的物质的标签，在符号下面的空白部分填写的文字（类号或项号除外）应限于表明危险性质的资料和搬运时应注意的事项。

f）所有标签上的符号、文字和号码应用黑色表示，但下述情况除外：

——第 8 类的标签，文字和类号用白色；

——标签底色全部为绿色、红色或蓝色时，符号、文字和号码可用白色；

——贴在装液化石油气的气瓶和气筒上的 2.1 项标签可以贮器的颜色作底色，但应有足够的颜色对比。

g）所有标记应经受得住风吹雨打日晒，而不明显降低其效果。